しっかり学ぶ 微分積分

田澤義彦 =著

東京電機大学出版局

本書の全部または一部を無断で複写複製（コピー）することは，著作権法上での例外を除き，禁じられています．小局は，著者から複写に係る権利の管理につき委託を受けていますので，本書からの複写を希望される場合は，必ず小局（03-5280-3422）宛ご連絡ください．

はじめに

　本書は理工系大学初年次生のための微分積分学の教科書である．姉妹編『しっかり学ぶ 線形代数』とともに，高校の数学と専門科目の橋渡しを念頭において編集した．

　高校の数学 III までの微分積分学をしっかり学ぶことを目的の半分とし，残り半分で整級数展開・微分方程式・偏微分・重積分など専門科目で必要な項目を扱い，最後に数学をコンピュータで処理するための数値解析の初歩を紹介した．初めの 2 章を飛ばして第 3 章から読み始めてもよい．付録の放物運動と振動を姉妹編『しっかり学ぶ 線形代数』と併せて読むと，物理学の学習の準備になる．

　記述に関しては，学生諸君が自習書として読めるように，できる限り説明の部分を多くした．講義の中でできる証明や式変形の量は極めてわずかなので，その分を本書に書き込んだつもりである．

　今日のコンピュータ環境の下では，理工系の学生に要求される数学の内容や深さも，従来とは大きく変わってきている．そのため本書の作成にあたって筆者が留意したのは，学生諸君が計算技術よりも数学的原理を理解すること，しかも数学の厳密性に迷い込むことなく理解することである．

　本書は，姉妹編『しっかり学ぶ 線形代数』と同様に，数式処理ソフトウェアと一体化した講義用テキストからコンピュータに関する部分をウェブ上に分離して再編したものである．有益なコメントに関して根本 幾氏に，出版に関して植村八潮氏，吉田拓歩氏に感謝の意を表したい．

2008 年 8 月

田澤　義彦

ウェブ上の資料について

　筆者は，2001 年に開設された東京電機大学情報環境学部において，数式処理ソフトウェア *Mathematica* を全面的に取り入れた数学の授業を行っている．キャンパス内ではコンピュータ環境を生かして，授業資料や VOD (video-on-demand) 講義の配信を行っている．姉妹編『しっかり学ぶ 線形代数』と同様，*Mathematica* を併用していることは本書の大きな特色であり，今回本書から分離されたこれらの資料を参照することを前提に本書は書かれている．分離する理由の一つは，*Mathematica* のバージョンアップに対応することである．

　キャンパス外からは，次のサイトでこれらの資料を閲覧できる．ただし VOD 講義に関しては，現時点（2008 年 8 月）でこのサイトにあがっているのは巻末の参考文献 [11]『大学新入生の数学』の VOD 講義のみである．学外向けの VOD 講義は，キャンパス内向けとは別に収録する必要があるからである．

　このサイトには，ミスプリントの訂正も含めて，随時新しいファイルを追加する予定である．

東京電機大学出版局ウェブページ　　http://www.tdupress.jp/

[メインメニュー] → [ダウンロード] → [しっかり学ぶ 微分積分]

目次

第1章 数　1

1.1 実数 1
1.2 複素数 12
1.3 極座標 18
1.4 2進法 23
　　章末問題 25

第2章 集合と論理　26

2.1 集合 26
2.2 写像 32
2.3 記号論理 41
　　章末問題 46

第3章 関数　47

3.1 関数 47
3.2 関数の極限 57
3.3 連続関数 63
　　章末問題 74

第4章 微分　76

4.1 微分 76
4.2 合成関数と逆関数の微分 83
4.3 三角関数の微分 85

4.4　指数関数・対数関数の微分 90
　4.5　関数の増減 95
　　　　章末問題 102

第 5 章　多項式による近似　104

　5.1　テイラーの定理 104
　5.2　整級数展開 112
　　　　章末問題 118

第 6 章　積分　119

　6.1　積分 119
　6.2　基本的な関数の積分 126
　6.3　置換積分 128
　6.4　部分積分 131
　6.5　区分求積法 133
　6.6　立体の体積 136
　6.7　曲線の長さ 140
　6.8　積分の技法 145
　6.9　特異積分 151
　　　　章末問題 154

第 7 章　微分方程式　157

　7.1　1 階常微分方程式 157
　7.2　2 階線形微分方程式 164
　7.3　解の存在と近似解 171
　　　　章末問題 175

第 8 章　偏微分　176

　8.1　2 変数の関数 176
　8.2　偏微分 183

8.3	2変数の関数の極値	190
8.4	陰関数と条件下の極値	196
	章末問題	203

第9章 重積分　205

9.1	重積分	205
9.2	重積分の変数変換	213
	章末問題	217

第10章 数値計算　218

10.1	方程式の数値解	218
10.2	数値積分	221
10.3	微分方程式の数値解	224
	章末問題（参考）	231

付録A　放物運動　233

A.1	ニュートンの運動方程式	233
A.2	落下運動	237
A.3	放物運動	240

付録B　振動　246

B.1	単振動	246
B.2	減衰振動	252
B.3	強制振動	257

問題の解答　267
章末問題の解答　276
参考文献　283
索引　285

第1章

数

この章では，高校までに学んだ数の概念を体系的に整理し，いくつか新しい概念を付け加える．項目としては，この本の微分積分学に直接必要となるものに限定せず，複素数やそれに関連する極座標，あるいはコンピュータで用いられる2進数などのように，微分積分学以外の数学も含めた広い範囲の中から，必要と思われる基本事項を挙げてある．

キーワード 自然数，整数，約数，倍数，素数，最大公約数，最小公倍数，素因数分解，エラトステネスの篩，ユークリッドの互除法，有理数，稠密，実数，複素数，複素平面，実部，虚部，絶対値，偏角，極形式，オイラーの公式，極座標，極方程式，2進法．

1.1 実数

〔1〕自然数

最も基本的な数は，$1, 2, 3, 4, \cdots$ のような自然数[1]（natural number）である．自然数全体の集合を記号 N で表す：

---

[1] ゼロ 0 は自然数としないのが普通であるが，コンピュータ関連の本では 0 を自然数の仲間に入れることもあるので注意せよ．この混乱を避けるため，「自然数」の代わりに「正の整数」といういい方をすることが多い．

$$\mathbb{N} = \{1, 2, 3, 4, \cdots\} \tag{1.1}$$

自然数は，数直線上に等間隔で**離散的に**（とびとびに）分布している（図 1-1）．

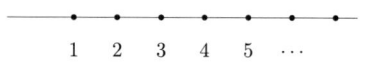

図 1-1　自然数の分布

$\mathbb{N}$ の中では，加法と乗法は自由にできる．つまり，任意の二つの自然数 m, n に対して，和 $m+n$ と積 mn もまた必ず自然数である．しかし，減法は $\mathbb{N}$ の中で自由にできない．たとえば，二つの自然数 3 と 8 の差 $3-8 = -5$ は自然数ではない．

〔2〕整数

整数（integer）全体の集合を $\mathbb{Z}$ で表す：

$$\mathbb{Z} = \{\cdots, -4, -3, -2, -1, 0, 1, 2, 3, 4, \cdots\} \tag{1.2}$$

整数も数直線上に等間隔で離散的に分布している（図 1-2）．

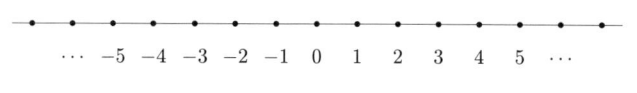

図 1-2　整数の分布

$\mathbb{Z}$ の中では，加法・減法・乗法が自由にできるが，除法は少し注意が必要である．除法をどの範囲で考えているかによって，商（割り算の結果）が異なるからである．たとえば整数 14 を整数 3 で割るとき，整数の範囲で考えれば商が 4 で剰余（余り）が 2 となる．

$$14 \div 3 = 4 \ldots 2 \quad \text{つまり} \quad 14 = 3 \times 4 + 2$$

この場合は，除数（割る数）3 に商 4 をかけても被除数（割られる数）14 にならない．つまり，除法が乗法の逆の演算にはなっていない．これに対して，有理数

の範囲で 14 を 3 で割れば，商は $\dfrac{14}{3}$ となる．

$$14 \div 3 = \dfrac{14}{3} \quad \text{つまり} \quad 14 = 3 \times \dfrac{14}{3}$$

この場合は，除数に商をかけると被除数になり，除法が乗法の逆の演算になっている．したがって，除法を乗法の逆の演算と考えると，整数の集合においては除法は自由に行うことができない．

整数の範囲での剰余を伴った割り算を一般的に表現すると，被除数を a，除数を $b>0$，商を q，剰余を r とすれば

$$a = bq + r, \quad 0 \leqq r < b \tag{1.3}$$

となる．この式で，特に $r=0$ で $a=bq$ となっているとき，a は b で割り切れる，a は b（および q）の**倍数**であるといい，b（および q）は a の**約数**であるという．

二つの整数 a,b の共通の約数を a,b の公約数という．a,b の正の公約数のうちで最大のものを a,b の**最大公約数**（greatest common divisor）といい，$\gcd(a,b)$ で表す．また，a,b の共通の倍数を a,b の公倍数という．a,b の正の公倍数のうちで最小のものを a,b の**最小公倍数**（least common multiple）といい，$\mathrm{lcm}(a,b)$ で表す．

二つの整数 a,b が ± 1 以外に公約数をもたないとき，つまり $\gcd(a,b)=1$ のとき，a,b は**互いに素**であるという．± 1 以外の整数 p で，$\pm 1, \pm p$ 以外の約数をもたない整数を**素数**（prime number）という．± 1 でも素数でもない整数を**合成数**（composite number）という．合成数を素数の積に表すことを**素因数分解**という．

素数が無数に存在することを，**帰謬法**[2]を用いて示しておこう．p が素数なら $-p$ も素数だから，正の範囲で示せば十分である．素数が有限個しかないと仮定して，それらを $p_1, p_2, \cdots, p_n$ とする．$a = p_1 p_2 \cdots p_n + 1$ は $p_1, p_2, \cdots, p_n$ のどれよりも大きいから仮定により合成数である．しかし，a をどの素数 p_i ($i = 1, 2, \cdots, n$) で割っても 1 余るから p_i の倍数ではなく，したがってどの合成数の倍数でもないから，素数でなければならない．これは矛盾であり，したがって素数は無数に存在する．

---

[2] ある命題（命題については 2.3 節を参照）を証明するのに，その命題が成り立たないと仮定すれば矛盾が起こることを示す方法．Proof by contradiction.

素数であるかどうかを調べる方法として，古くから**エラトステネス**[3]の篩（ふるい）が知られている．たとえば 1 から 50 までの整数のうちの素数を求めるには，これらの整数をその順序に並べておき，1 は定義により素数でないから×印をつけて除いておく．次の 2 は素数であるから○印をつけておき，その他の 2 の倍数は素数でないから×印をつけて除いておく（図 1-3 左図）．このとき印のついていない整数のうち最小の数 3 は素数である（3 の正の約数は 3 以下であり，そのうち 1 でも 3 でもないのは 2 のみであるが，3 には×印がついていないので 2 の倍数ではない）．そこで，3 に○印をつけ，その他の 3 の倍数は素数でないから×印をつけて除いておく（図 1-3 右図）．

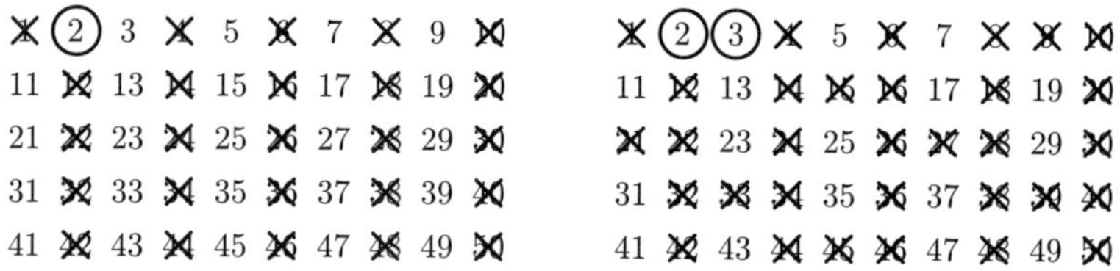

図 1-3　エラトステネスの篩

この操作を続けて素数 p に達し p の倍数に×印をつけたら，p^2 より小さい正の整数で×印のついていないものはすべて素数である．なぜなら，p^2 より小さい合成数は，p 以下の素数の倍数として×印がついているからである．図 1-4 左図では，$p = 7$ の倍数まで×印がついている．$7^2 = 49$ だから，49 以下の正の整数で×

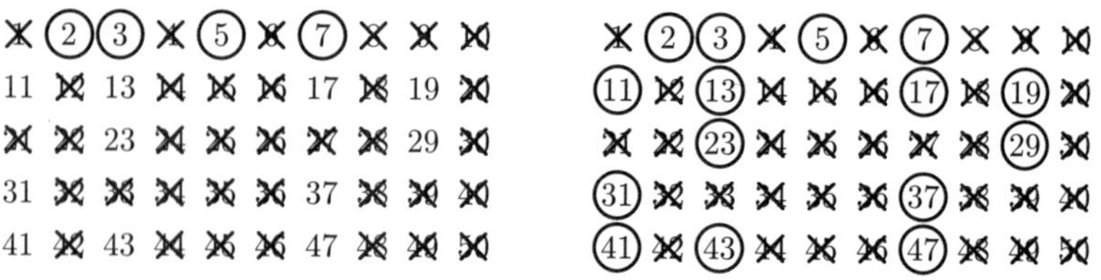

図 1-4　エラトステネスの篩（50 まで）

[3.] Eratosthenes, BC.275–BC.194.

印のないものは素数である．50 はすでに×印がついているから，50 以下の正の素数は

$$2, 3, 5, 7, 11, 13, 17, 19, 23, 29, 31, 37, 41, 43, 47$$

の 15 個である（図 1-4 右図の〇印）．

　容易に想像されるように，非常に大きな整数に対しては，エラトステネスの篩は効率が良くない．巨大な数が素数であるか否かの判定は，現在のコンピュータ技術を用いても難しい問題で，さまざまな工夫がされ続けている[4]．

　二つの正の整数 m, n の素因数分解がわかっていれば，最大公約数 $\gcd(m, n)$ と最小公倍数 $\mathrm{lcm}(m, n)$ は簡単に求められる．素因数分解をそれぞれ

$$m = p_1^{\alpha_1} p_2^{\alpha_2} \cdots p_s^{\alpha_s}, \quad n = \bar{p}_1^{\beta_1} \bar{p}_2^{\beta_2} \cdots \bar{p}_t^{\beta_t}$$

とし，素数 $p_1, \cdots, p_s$, $\bar{p}_1, \cdots, \bar{p}_t$ を重複しないように並べ替えたものを，あらためて $q_1, q_2, \cdots, q_u$ とし，

$$m = q_1^{a_1} q_2^{a_2} \cdots q_u^{a_u}, \quad n = q_1^{b_1} q_2^{b_2} \cdots q_u^{b_u}$$

とおく．q_j が m の素因数分解の中に現れなければ $a_j = 0$ であり，n についても同様である．各番号 $j = 1, \cdots, u$ について

$$h_j = \min(a_j, b_j), \quad k_j = \max(a_j, b_j)$$

とおけば

$$\gcd(m, n) = q_1^{h_1} q_2^{h_2} \cdots q_u^{h_u}, \quad \mathrm{lcm}(m, n) = q_1^{k_1} q_2^{k_2} \cdots q_u^{k_u}$$

となる．ただし，$\min(a, b)$ は a, b のうちの小さいほう（minimum, $a = b$ ならどちらでもよい），$\max(a, b)$ は a, b のうちの大きいほう（maximum, $a = b$ ならどちらでもよい）を表す．たとえば $m = 8085$, $n = 2800$ とすると

$$m = 3 \times 5 \times 7^2 \times 11 = 2^0 \times 3^1 \times 5^1 \times 7^2 \times 11^1$$
$$n = 2 \times 4 \times 5^2 \times 7 = 2^4 \times 3^0 \times 5^2 \times 7^1 \times 11^0$$

---

[4]. 実際，100 桁程度の自然数の素因数分解に非常に時間がかかることを用いて作られた RSA 暗号（Rivest, Shamir, Adelman 三者の頭文字，1987 年）は，現在の代表的な暗号の一つである．

$$\therefore \gcd(m,n) = 5^1 \times 7^1 = 35$$
$$\mathrm{lcm}(m,n) = 2^4 \times 3^1 \times 5^2 \times 7^2 \times 11^1 = 646800$$

つまり，m, n の素因数分解に共通に入っている素数すべてを重複度もこめてまとめて d とし $m = dm'$, $n = dn'$ とすると，m' と n' は互いに素であり，d が最大公約数 $\gcd(m,n)$ で，$dm'n'$ が最小公倍数 $\mathrm{lcm}(m,n)$ である．実際の計算上は，素因数分解そのものがわからなくても d, m', n' がわかれば十分だから，よく知られているように，次の例に示すように計算すればよい．

例題 1.1 $m = 1056$, $n = 396$ の最大公約数と最小公倍数を求めよ．

解答 1056 と 396 を図 1-5 の (A) のように横に並べる．2 数は偶数なので，(A) に示すように 2 で割り，それぞれの商 528, 198 を直下に並べる．528, 198 は偶数なので，(B) に示すように 2 で割り，それぞれの商 264, 99 を直下に並べる．以下同様に，二つの商の共通因数で割り続け，(D) に示すように二つの商が互いに素になるまで操作を続ける．(D) において，縦に並んだ陰影部の整数 2, 2, 2, 11 の積 $2 \times 2 \times 3 \times 11 = 132$ が最大公約数であり，それに横に並んだ陰影部の整数 8, 3 をかけたもの $132 \times 8 \times 3 = 3168$ が最小公倍数である．

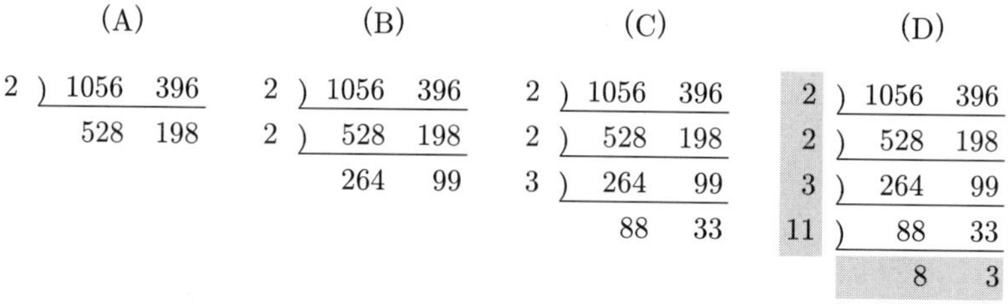

(A)	(B)	(C)	(D)
2) 1056 396	2) 1056 396	2) 1056 396	2) 1056 396
528 198	2) 528 198	2) 528 198	2) 528 198
	264 99	3) 264 99	3) 264 99
		88 33	11) 88 33
			8 3

図 1-5　最大公約数と最小公倍数の求め方

$$\gcd(1056, 396) = 2 \times 2 \times 3 \times 11 = 132$$
$$\mathrm{lcm}(1056, 396) = 132 \times 8 \times 3 = 3168$$

問題 1.1

(1) 150 から 200 までの整数のうちの素数を求めよ．

(2) 次の (a)～(d) について 2 数の最大公約数と最小公倍数を求めよ．
　　(a) 6 と 9　　(b) 12 と 30　　(c) 26 と 30　　(d) 27 と 32

〔3〕ユークリッドの互除法

一般に桁数の大きい整数に対しては素因数分解は困難なことが多い．そのようなときに二つの数の最大公約数を求めるには，ユークリッドの互除法[5]が効率的である[6]．

> **❖ 定義 1.1 ❖　ユークリッドの互除法**
>
> 二つの正の整数 m, n に対して，次の操作を行うことをユークリッドの互除法という．
>
> (1) $n_0 = m$, $n_1 = n$ とおく．n_0 を n_1 で割った余りを n_2 とする．
>
> 以下，帰納的に
>
> (2) $n_i > 0$ ならば，n_{i-1} を n_i で割った余りを n_{i+1} とする．
> (3) $n_i = 0$ ならば，$d = n_i$ とおいて，操作を終了する．

表形式で表せば

割られる数 n_{i-1}	割る数 n_i	余り n_{i+1}	
n_0	n_1	n_2	
n_1	n_2	n_3	
n_2	n_3	n_4	
$\vdots$	$\vdots$	$\vdots$	
n_{k-1}	n_k	0	$d = n_k$

---

[5] 互除法 (algorithm, 現在コンピュータ関連で「曖昧性なく記述された一連の手順」の意味で用いられる「アルゴリズム」の語源) は，ユークリッド (Euclid, BC.300 年頃) の「Principia (原本)」に記載されている．

[6] $m > n$ で n が 10 進 s 桁ならば，互除法は $5s$ 回以内の操作で終わる．

つまり，m, n から出発して次々に余りで割っていき，余りが 0 になったときの一つ手前の余りを d とするのである．

たとえば，$m = 1269, m = 825$ とすると次のようになる．

割られる数 n_{i-1}	割る数 n_i	余り n_{i+1}	
1269	825	444	
825	444	381	
444	381	63	
381	63	3	
63	③	0	$d = 3$

❖ 定理 1.1 ❖

互除法は有限回で完了し，最後の d は最初の m, n の最大公約数である．

【証明】 各番号 $i = 1, 2, \cdots$ に対し，n_{i-1} を n_i で割った余りが n_{i+1} だから，商を q_i とすると

$$n_{i-1} = n_i q_i + n_{i+1}, \quad 0 \leq n_{i+1} < n_i$$

と表される．ゆえにから，数列 $\{n_i\}$ は

$$n_1 > n_2 > \cdots > n_i > n_{i+1} > \cdots \geqq 0$$

を満たし，負でない減少数列である．したがってこの数列は有限項しかなく，必ず $n_h = 0$ となる番号 h が存在し，そこに達したとき互除法は終了する．

一般に，c が整数 a, b の公約数ならば，任意の整数 h, k に対して，c は $ha + kb$ の約数となる（問題 1.2 (1)）．したがって，整数 a を整数 b で割った商を q，余りを r とすると，

$$a = bq + r, \quad r = a - bq$$

と表され，a, b, r が 0 でなければ a, b の公約数は b, r の公約数であり，逆に b, r の公約数は a, b の公約数であるから

$$\gcd(a, b) = \gcd(b, r)$$

互除法が $n_{k+1}=0$ で終わったとし，$d=n_k$ すると，その前のすべての割り算に上のことを用いて

$$\gcd(m,n)=\gcd(n_0,n_1)=\gcd(n_1,n_2)=\cdots=\gcd(n_{k-1},n_k)$$

$n_{k-1}=n_k q_k$ だから，$\gcd(n_{k-1},n_k)=n_k=d$ となり

$$\gcd(m,n)=d$$

∎

例題 1.2 ユークリッドの互除法で 33 と 12 の最大公約数を求めよ．

解答 $33\div 12=2\ldots 9,\quad 12\div 9=1\ldots 3,\quad 9\div 3=3\ldots 0$
∴ $\gcd(33,12)=3$

上の例題を視覚化してみよう．縦 12 横 33 の長方形をとり，その中に 1 辺の長さ 12 の正方形を左詰めで描けるだけ描く（この場合は 2 個）．残りの部分は縦 12 横 9 の長方形で，図 1-6 は割り算 $33\div 12=2\ldots 9$ を表す．

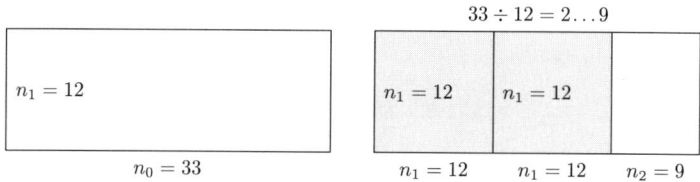

図 1-6　互除法の視覚化 (1)

次に，残りの部分の縦 12 横 9 の長方形の中に，1 辺の長さ 9 の正方形を下詰めで描けるだけ描く（この場合は 1 個）．残りの部分は縦 3 横 9 の長方形で，図 1-7 左図は割り算 $12\div 9=1\ldots 3$ を表す．

さらに，残りの部分の縦 3 横 9 の長方形の中に，1 辺の長さ 3 の正方形を左詰めで描けるだけ描く（この場合は 3 個）．この場合は，正方形は長方形を隙間なく埋めている（図 1-7 右図）．この図は割り算 $9\div 3=3\ldots 0$ を表す．

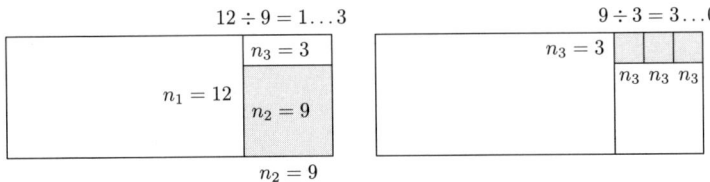

図 1-7　互除法の視覚化 (2)

1 辺の長さ 3 の正方形を図 1-8 に示すように並べていくと，初めの縦 12 横 33 の長方形を隙間なく埋め尽くす．つまり，3 は 33 と 12 の公約数である．1 辺の長さが 3 より大きい正方形では元の長方形を隙間なく埋め尽くせないことも，直感的に理解できるであろう（正確には定理 1.1 の証明による）．つまり，3 は 33 と 12 の最大公約数である．

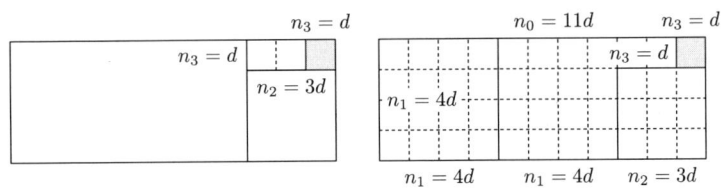

図 1-8　互除法の視覚化 (3)

問題 1.2

(1) c が整数 a, b の公約数ならば，任意の整数 h, k に対して，c は $ha + kb$ の約数となることを示せ．
(2) ユークリッドの互除法を用いて，最大公約数と最小公倍数を求めよ．
  (a) 2004 と 1860　　(b) 1122 と 2112
  (c) 3113 と 1331　　(d) 1357 と 1334

[4] 有理数

整数を分母分子とする分数を有理数（rational number）という．ただし，分母は 0 でないとし，分母分子に公約数があれば約分し尽くして既約分数に直すものとする．有理数全体の集合を $\mathbb{Q}$ で表す：

$$\mathbb{Q} = \left\{ \left. \frac{m}{n} \, \right| \, m, n \in \mathbb{Z}, \, n \neq 0 \right\} \tag{1.4}$$

有理数の範囲では，四則演算（加法，加法の逆演算としての減法，乗法，乗法の逆演算としての除法）が自由にできる．ただし，除法においては除数は 0 でないものとする．

二つの任意の有理数 $a = \dfrac{m}{n}$, $b = \dfrac{m'}{n'}$ に対してその平均

$$\frac{a+b}{2} = \frac{m\,n' + m'n}{2\,n\,n'}$$

は有理数である．数直線でいえば，二つの有理数の中点は有理数である．したがって，数直線のどんなに狭い区間にも有理数は無数に分布していることがわかる．これを，有理数は数直線上で**稠密**（dense）に分布しているという．図1-9では有理数 2 と 3 から出発して次々に中点をとっていくことにより，2 と 3 の間に有理数が稠密に分布している様子を示す．

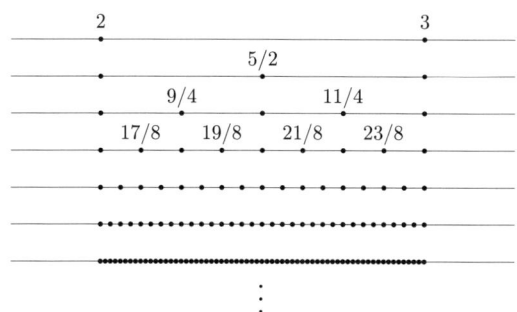

図 1-9　有理数の稠密性

[5] 実数

実数（real number）は数直線上の点に対応した数である[7]．実数全体の集合を $\mathbb{R}$ で表す．$\mathbb{Q}$ と同様に，$\mathbb{R}$ においても四則演算が自由にできる．

数直線上にあって有理数でない数を無理数という．簡単に証明されるように，$\sqrt{2}$ は無理数であり，無理数に有理数をかけたものは無理数である（問題 1.3）．

---

[7] ここでは差し当たりこのような曖昧な表現で説明しておくが，実数の正確な定義については，巻末の参考文献 [1] などを参照せよ．

したがって，たとえば $\sqrt{2}$ に図1-9の有理数をかけたものはすべて無理数となり，無理数も数直線上で稠密に分布していることがわかる（図1-10）．つまり，有理数は数直線上で稠密に分布してはいても，いわばいたるところ穴だらけなのであり，有理数と無理数とを併せて初めて数直線全体が埋められる[8]．

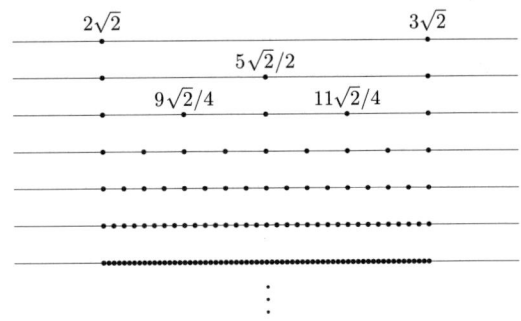

図1-10　無理数の稠密性

実数には大小の順序がある．二つの異なる実数 x, y をとると，数直線上で右にあるものが大きい．たとえば y のほうが右にあれば，$x < y$ である．

問題 1.3
(1) $\sqrt{2}$ は無理数であることを示せ．
(2) 無理数に有理数をかけたものは無理数であることを示せ．

1.2　複素数

〔1〕複素平面

実数 a, b を用いて $a + bi$ と表される数を複素数という．ただし，i は虚数単位で，$i^2 = -1$ を満たす[9]．複素数全体の集合を $\mathbb{C}$ で表す：

---
[8]. 有理数全体の集合 $\mathbb{Q}$ と実数全体の集合 $\mathbb{R}$ の違いについては，2.2節〔7〕も参照せよ．
[9]. 物理の本では，虚数単位を j で表すことが多い．フーリエ変換（三角関数の積分で定義される）を応用した信号処理（音声や画像の処理）の文献を読むときなどは，注意を要する．

$$\mathbb{C} = \{a+bi \mid a, b \in \mathbb{R}\}, \quad i^2 = -1 \tag{1.5}$$

複素数においても四則演算ができる．実数の場合と同じように計算して，i^2 が登場したら -1 で置き換えればよい．ただし，複素数においては大小の順序を考えることはできない．

複素数は，2 次方程式の解に関連して導入された．複素数の範囲で考えれば，2 次方程式は重複度をこめて 2 個の解をもつ（重複度 2 の重複解は 2 個の解が重なったものとみなす）．このことはさらに一般に成り立ち，複素数を係数とする n 次方程式は複素数の範囲で n 個の解をもつことが知られている（代数学の基本定理）．

複素数 $a+bi$ は xy 平面上の点 (a,b) と同一視される．この同一視によって，xy 平面を複素数全体の集合 $\mathbb{C}$ とみなしたものを**複素平面**という．複素平面では横軸・縦軸を実軸・虚軸といい，それぞれ Re, Im で表す（図 1-11）．

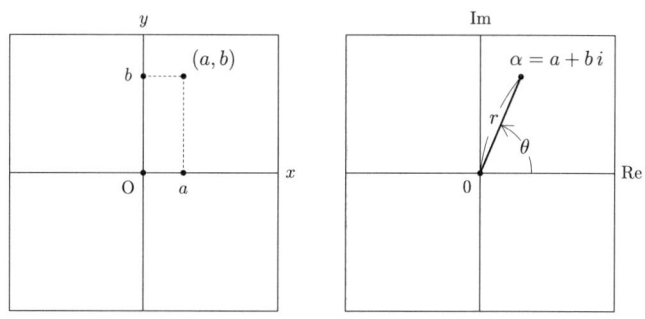

図 1-11　xy 平面（左図）と複素平面 $\mathbb{C}$（右図）

$\alpha = a+bi$ に対して a を α の**実部**（real part），b を α の**虚部**（imaginary part）といい，それぞれ Reα, Imα で表す．$\alpha \neq 0$ のとき，原点 0 から α までの距離 r を α の**絶対値**（absolute value）といい，$|\alpha|$ で表し，実軸の正の方向から 0 と α を結ぶ線分まで正の向きに測った角 θ を α の**偏角**（argument）といい，$\arg \alpha$ で表す（図 1-11 右図）．偏角は $0° \leq \theta < 360°$ の範囲では一意的に定まるが，範囲を制限しないほうが便利なので，$360°$（$= 2\pi$ ラジアン）の整数倍の違いがあってもよいとしておく．$\alpha = 0$ のとき $|\alpha| = 0$ で，$\arg \alpha$ は定まらない．

$|\alpha| = r$, $\arg \alpha = \theta$ ならば，α は

$$\alpha = r\left(\cos\theta + i\sin\theta\right) \qquad (1.6)$$

と表される．右辺を α の**極形式**という．逆に，α が式 (1.6) のように極形式で表されていれば，$|\alpha| = r$, $\arg\alpha = \theta$ である．

例題 1.3 次の複素数を複素平面上に図示し，実部・虚部・絶対値・偏角・極形式を求めよ．$\alpha = -\sqrt{3} + i$, $\beta = \sqrt{2} - \sqrt{2}i$．

解答 図 1-12 より，

- $\operatorname{Re}\alpha = -\sqrt{3}$, $\operatorname{Im}\alpha = 1$, $|\alpha| = 2$, $\arg\alpha = 150° = \frac{5\pi}{6}$, $\alpha = 2\left(\cos 150° + i\sin 150°\right)$
- $\operatorname{Re}\beta = \sqrt{2}$, $\operatorname{Im}\beta = -\sqrt{2}$, $|\beta| = 2$, $\arg\beta = -45° = -\frac{\pi}{4}$, $\beta = 2\left(\cos(-45°) + i\sin(-45°)\right)$

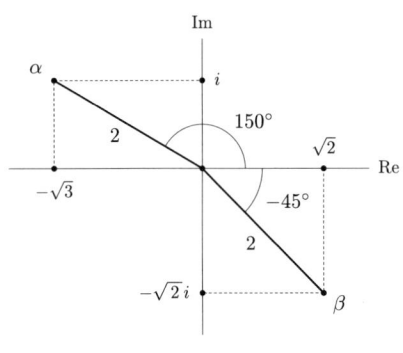

図 1-12

問題 1.4 次の複素数を複素平面上に図示し，実部・虚部・絶対値・偏角・極形式を求めよ．

(1) $\alpha = 1 + i$ (2) $\beta = -2$ (3) $\gamma = -1 + \sqrt{3}\,i$ (4) $\delta = \sqrt{12} - 2i$

〔2〕複素数の和と積

複素数の積と商に関して,次の式が成り立つ.

$$|\alpha\beta| = |\alpha||\beta|, \quad \arg(\alpha\beta) = \arg\alpha + \arg\beta \tag{1.7}$$

$$\left|\frac{\alpha}{\beta}\right| = \frac{|\alpha|}{|\beta|}, \quad \arg\left(\frac{\alpha}{\beta}\right) = \arg\alpha - \arg\beta \tag{1.8}$$

【証明】 $|\alpha| = r,\ \arg\alpha = \theta,\ |\beta| = \rho,\ \arg\beta = \omega$ として α, β を極形式で表せば $\alpha = r(\cos\theta + i\sin\theta),\ \beta = \rho(\cos\omega + i\sin\omega)$ となるから

$$\alpha\beta = (r\rho)(\cos\theta + i\sin\theta)(\cos\omega + i\sin\omega)$$
$$= (r\rho)\{(\cos\theta\cos\omega - \sin\theta\sin\omega) + i(\sin\theta\cos\omega + \cos\theta\sin\omega)\}$$

加法定理により

$$\alpha\beta = (r\rho)(\cos(\theta+\omega) + i\sin(\theta+\omega))$$

右辺は $\alpha\beta$ の極形式だから,$|\alpha\beta| = r\rho,\ \arg(\alpha\beta) = \theta+\omega$ となる.書き換えれば

$$|\alpha\beta| = |\alpha||\beta|, \quad \arg(\alpha\beta) = \arg\alpha + \arg\beta$$

また,式 (1.8) は式 (1.7) より導かれる(章末問題 1). ∎

複素数の加減は,複素平面上では位置ベクトルとしての加減となる.したがって,図 1-13 左図に示すように,二つの複素数 α と β の和 $\alpha+\beta$ は,$0, \alpha, \beta$ を頂点とする平行四辺形の対角線の端点となる.

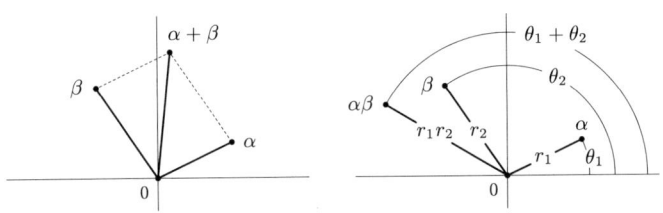

図 1-13 複素数の和(左図)と積(右図)

一方,複素数の乗除は絶対値と偏角で捉えると便利である.上の式 (1.7) により, $|\alpha| = r_1$, $\arg\alpha = \theta_1$, $|\beta| = r_2$, $\arg\beta = \theta_2$ であるとすると,図 1-13 右図に示すように,積 $\alpha\beta$ は原点からの距離が $r_1 \times r_2$ で偏角が $\theta_1 + \theta_2$ の位置にある.

複素数 α が極形式で $r(\cos\theta + i\sin\theta)$ と表されている場合には,次の式が成り立つ(章末問題 2).

$$(r(\cos\theta + i\sin\theta))^n = r^n(\cos n\theta + i\sin n\theta), \quad n = 1, 2, 3, \cdots \tag{1.9}$$

特に $r = 1$ とした式

$$(\cos\theta + i\sin\theta)^n = \cos n\theta + i\sin n\theta, \quad n = 1, 2, 3, \cdots \tag{1.10}$$

を,**ドモアブルの公式**という.

複素数 $\alpha = a + bi$ に対し,$a - bi$ を α の**共役な複素数**といい,$\overline{\alpha}$ で表す.α と $\overline{\alpha}$ は実数軸(横軸)に関して対称な位置にあり,したがって和 $\alpha + \overline{\alpha}$ と積 $\alpha\overline{\alpha}$ は常に実数である(図 1-14).また,容易に確かめられるように

$$\overline{\alpha \times \beta} = \overline{\alpha} \times \overline{\beta}, \quad \overline{\alpha + \beta} = \overline{\alpha} + \overline{\beta} \tag{1.11}$$

が成り立つ.

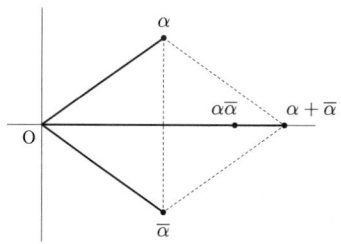

図 1-14 共役な複素数 $\alpha, \overline{\alpha}$ の和と積

〔3〕オイラーの公式

任意の実数 θ に対して,$\cos\theta + i\sin\theta$ は絶対値 1 偏角 θ の複素数だから,複素平面の単位円上の偏角が θ となる点を表す(図 1-15).これを記号 $e^{i\theta}$ で表す:

$$e^{i\theta} = \cos\theta + i\sin\theta \tag{1.12}$$

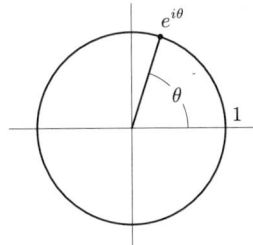

図 1-15 $e^{i\theta} = \cos\theta + i\sin\theta$

式 (1.11) は**オイラーの公式**と呼ばれる[10].

オイラーの公式に関して，次の形の指数法則が成り立つ（章末問題 3）．

$$e^{i\theta}e^{i\omega} = e^{i(\theta+\omega)} \tag{1.13}$$
$$\left(e^{i\theta}\right)^n = e^{in\theta}, \quad n = 1, 2, 3, \cdots \tag{1.14}$$

例題 1.4 計算せよ．

(1) $3(2-5i) - 7(-3+4i)$ (2) $(3-5i)(1+2i)$ (3) $\dfrac{2-4i}{1+i}$

(4) $\left(\dfrac{1-\sqrt{3}i}{2}\right)^{13}$

解答

(1) $27 - 43i$

(2) $13 + i$

(3) $1-i$ を分母分子にかけて $-1-3i$

(4) 極形式に直して $\left(\cos\dfrac{-\pi}{3} + \sin\dfrac{-\pi}{3}\right)^{13} = \cos\dfrac{-\pi}{3} + \sin\dfrac{-\pi}{3} = \dfrac{1}{2} - \dfrac{\sqrt{3}i}{2}$

---

[10]. 正確にいえば，複素数の変数 $z = x + iy$ に対して，$f(z) = e^x(\cos y + i\sin y)$ によって定まる関数を複素変数の**指数関数**といい，e^z で表す：$e^z = e^{x+iy} = e^x(\cos y + i\sin y)$. この式で特に $x = 0$, $y = \theta$ とおくと，オイラーの公式となる．最初，指数はある数を何回かけたかの回数を表すものとして定義されるが，指数法則を手がかりに有理数の指数まで拡張され，連続性を手がかりに実数まで拡張され，さらに微分可能性を手がかりに複素数まで拡張される．その結果として，複素数の範囲で考えれば，指数関数と三角関数がオイラーの公式で関連づけられることになる．

問題 1.5　計算せよ．

(1) $5(3-2i)+2(7-3i)$　　(2) $(2-7i)(3+4i)$
(3) $(1+\sqrt{3}i)(\sqrt{3}+i)$　　(4) $\dfrac{3-i}{1-2i}$
(5) $\left(\dfrac{\sqrt{3}-i}{2}\right)^{48}$　　(6) $(1+i)^{17}$

以上，1.1 節と 1.2 節において，高校までに学んだ自然数から複素数までを概説したのであるが，歴史的にこの順序で発達してきたわけではない[11]．しかし，自然数を出発点として，上に述べたような性質をもつものとして，整数・有理数・実数・複素数の順序で論理的に数の体系を構成することができる[12]．

1.3　極座標

[1] 極座標

ここで，複素数の極形式に関連した極座標を紹介しておこう．

座標とは，平面または空間の点の位置を数字の組み合わせで表現する方法で，代表的なものは直交座標（デカルト座標，Cartesian coordinate[13]）である．図 1-16 左図は，平面において座標が (a,b) である点 P を示し，右図は空間において座標が (a,b,c) である点 Q を示す．

直交座標以外にも座標のとり方はいくつかあるが，そのうち代表的なものは極座標である．日常的には，レーダーや北極を中心とするフライトマップなどに見られる座標である．

---

[11]　物の個数を数えるものとして自然数が最初に知られたことは確実であろう．エジプトの遺跡に分数の記述があることが知られているが，0 や負の整数が用いられるようになったのはかなり後代である（吉田洋一『零の発見』（巻末参考文献 [2]）を参照）．

[12]　有理数から実数を構成する部分は，かなりの準備を要する．遠山 啓『無限と連続』（巻末参考文献 [3]），一松 信『解析学序説』（巻末参考文献 [4]）を参照．また，複素数をさらに包含する抽象的な数として，ハミルトンの四元数が定義される．四元数においても四則演算はできるが，積に関して $xy=yx$ とは限らない．

[13]　デカルト（Rene Descartes, 1596–1650. 近世的な数理物理学的世界観の創始者）による．

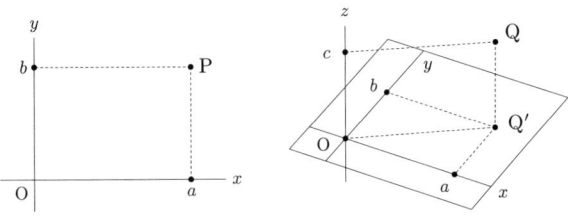

図 1-16 平面の直交座標（左図）と空間の直交座標（右図）

平面上に基準となる点（極，pole）O と，O から出る半直線 OX をとる（図 1-17 左図）．普通は OX を水平に右向きにとる．点 P に対し，線分 OP の長さを r，OX から OP に向かって測った角 XOP を θ とおくと，P は r と θ の組 (r,θ) で表される．(r,θ) を P の**極座標**（polar coordinate）という．

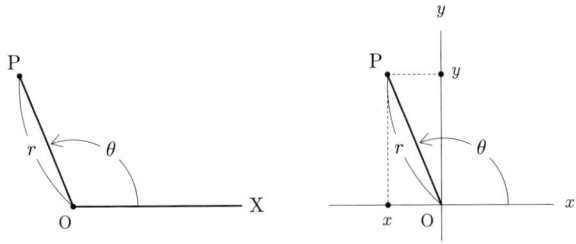

図 1-17 極座標 $P(r,\theta)$（左図），xy 座標との関係（右図）

OX に対して，x 軸と y 軸を図 1-17 右図のようにとると，点 P は極座標 (r,θ) と直交座標 (x,y) の 2 通りに表されるが，三角関数の定義から次の関係が成り立つ．

$$x = r\cos\theta, \quad y = r\sin\theta \tag{1.15}$$

r は線分 OP の長さとしたので負にはならないのだが，あとでいろいろな曲線を極座標で表すとき，r は負でもよいとしておいたほうが都合が良い．そこで図 1-18 左図のように，P は θ からさらに π 進んだ方向の半直線に向かって O から逆向きに r，つまり $-r$ 進んだ点とみなして，$(-r,\theta+\pi)$ も P を表すものと定める．

また，図 1-18 右図のように，θ を 2π 増やすと P は 1 周して同じ点に来るから，

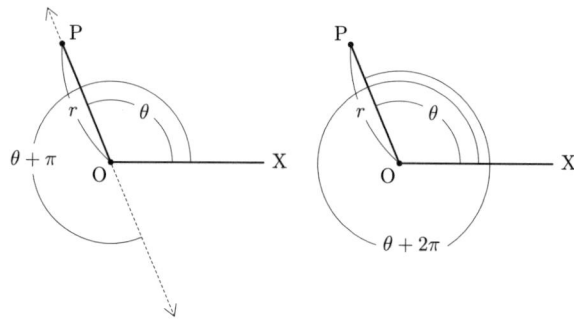

図 1-18 極座標では $(r,\theta) = (-r, \theta+\pi)$（左図），$(r,\theta) = (r, \theta+2\pi)$（右図）

$(r, \theta+2\pi)$ も P を表すものと定める．さらに一般的に

$$(r, \theta+2n\pi), \quad (-r, \theta+(2n+1)\pi), \quad n = 0, \pm 1, \pm 2, \pm 3, \cdots \tag{1.16}$$

は，すべて点 P の極座標であると定める．このように同じ点が無数の表現をもつことが，極座標の特徴である．このことは最初は煩雑に感じられようが，すぐあとで見るように，図形によっては直交座標でなく極座標で表現したほうがはるかに簡単となる場合がある．

例題 1.5

(1) 直交座標で $P(1, \sqrt{3})$ と表される点を極座標に直せ．

(2) 極座標で $P\left(3, \dfrac{3\pi}{4}\right)$ と表される点を直交座標に直せ．

解答

(1) $\angle \text{XOP} = \dfrac{\pi}{3}$，$\text{OP} = 2$ だから，$(r, \theta) = \left(2, \dfrac{\pi}{3}\right)$．

(2) 式 (5.4) に代入して，$(x, y) = \left(3\cos\dfrac{3\pi}{4}, 3\sin\dfrac{3\pi}{4}\right) = \left(-\dfrac{3}{\sqrt{2}}, -\dfrac{3}{\sqrt{2}}\right)$．

問題 1.6

(1) 直交座標で次のように表される点を極座標に直せ．

$$(1, 0), \ (0, 1), \ (-2, -2\sqrt{3}), \ (0, -1), \ (5, -5)$$

(2) 極座標で次のように表される点を直交座標に直せ.

$$(1,0),\ (0,1),\ \left(2, -\frac{\pi}{3}\right),\ \left(-2, \frac{\pi}{6}\right),\ \left(3, \frac{17\pi}{3}\right)$$

〔2〕極方程式

xy 座標において，x と y の関係式は曲線を表すのだが，極座標においても r と θ の関係式は曲線を表す．このとき，その関係式を曲線の**極方程式**という．たとえば，a を正の定数とするとき

$$r = a \tag{1.17}$$

は極（原点）からの距離 r が一定の値 a であることを表すから，極を中心とし半径 a の円の極方程式である（図1-19左図）．また，α を定数とするとき，

$$\theta = \alpha \tag{1.18}$$

は O を出る直線で x 軸となす角が α であるような半直線を表す（図1-19中図）．

極方程式が与えられたとき，それがどのような曲線を表すかは，いくつかの点をとってつないでみればよい．たとえば

$$r = \theta \tag{1.19}$$

を考えると，$\theta = 0$ のときは $r = 0$ だから原点を表し，$\theta = \pi/6$ のときは $r = \pi/6$ だから 30° の方向に原点からの距離が $0.5235\cdots$ の点を表す．方向が回転するにつれ，それに比例して原点からの距離が大きくなり，結果として図1-19右図の実線の渦巻き状の曲線が得られる．r がマイナスの場合は，逆向きに点をとることに注意して，破線の曲線が得られる．この曲線は**アルキメデスの螺旋**と呼ばれる．

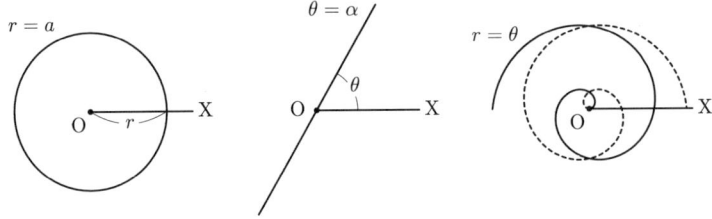

図 1-19　極方程式 $r = a$，$\theta = \alpha$，$r = \theta$ の表す曲線

ここに挙げた三つの曲線は，極方程式で表したほうが簡潔に表現される曲線の例である．

例題 1.6　極方程式 $r = \sin 2\theta$ の表す曲線を描け．

解答　θ の値

$$0, \frac{\pi}{6}, \frac{\pi}{4}, \frac{\pi}{3}, \frac{\pi}{2}, \frac{2\pi}{3}, \frac{3\pi}{4}, \frac{5\pi}{6}, \pi, \frac{7\pi}{6}, \frac{5\pi}{4}, \frac{4\pi}{3}, \frac{3\pi}{2}, \frac{5\pi}{3}, \frac{7\pi}{4}, \frac{11\pi}{6}, 2\pi$$

に対する r の値はそれぞれ

$$0, \frac{\sqrt{3}}{2}, 1, \frac{\sqrt{3}}{2}, 0, -\frac{\sqrt{3}}{2}, -1, -\frac{\sqrt{3}}{2}, 0, \frac{\sqrt{3}}{2}, 1, \frac{\sqrt{3}}{2}, 0, -\frac{\sqrt{3}}{2}, -1, -\frac{\sqrt{3}}{2}, 0$$

となる．対応する点を xy 平面上に示すと，図 1-20 左図のようになる．注意すべきことは，たとえば第 4 象限にある点 P は $(r, \theta) = \left(-\frac{\sqrt{3}}{2}, \frac{2\pi}{3}\right)$ の点であって，距離を逆向きに測っていることである．これらの点を次々に結んで図 1-20 右図の曲線を得る．もう少し細かく点をとれば曲線の概形が明瞭になるのだが，ここでは θ を三角関数が手で計算できる角度に限ってある．

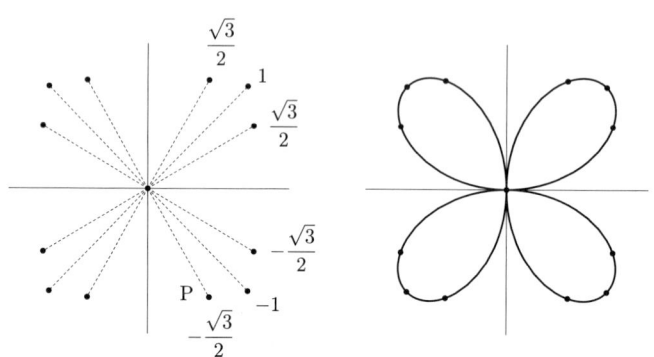

図 1-20　極方程式 $r = \sin 2\theta$ の表す曲線

問題 1.7　極方程式で次のように表される曲線を描け．
$r = 1$, $r = \cos\theta$, $r = 1 + \cos\theta$, $r = \sin 4\theta$, $r = \sin 3\theta$

1.4 2進法

〔1〕10進法

通常，数を表すときには10進法を用いる．コンピュータで数を扱うときには，コンピュータ内部の計算は2進法に基づいている．これは，電流が流れる（on）流れない（off）に1と0を対応させているためである．ここで，2進法について簡単に説明しておこう．

初めに10進法で1942と表される数字を例にとって，数字の表し方を確認してみよう．この表記法は1000の位が1，100の位が9，10の位が4，1の位が2ということを示すから，$1000 = 10^3$, $100 = 10^2$, $10 = 10^1$, $1 = 10^0$ に注意すれば

$$1942 = 1 \times 10^3 + 9 \times 10^2 + 4 \times 10^1 + 2 \times 10^0$$

であることを表している．右辺の 10^3, 10^2, 10^1, 10^0 の係数として現れる0から9までの整数をこの順序で並べたのが左辺になっている．見方を変えれば

$$1942 = 10 \times (1 \times 10^2 + 9 \times 10^1 + 4 \times 10^0) + 2$$

だから，1の位の数字2は1942を10で割ったときの余りである．そのときの商が括弧の中の $1 \times 10^2 + 9 \times 10^1 + 4 \times 10^0$ であるが，これはさらに

$$1 \times 10^2 + 9 \times 10^1 + 4 \times 10^0 = 10 \times (1 \times 10^1 + 9 \times 10^0) + 4$$

と書けるから，1942の10の位の4は1942を10で割ったときの商を，さらに10で割ったときの余りである．

一般的に，ある自然数 a を10進法で表すには，a を $a_k 10^k$ の形の項の和で

$$a = a_m 10^m + a_{m-1} 10^{m-1} + \cdots + a_1 10 + a_0 \quad (0 \leqq a_k < 10)$$

と表して，係数 $a_m, a_{m-1}, \cdots, a_1, a_0$ をこの順序で並べるか，あるいは a を10で割ったときの剰余を a_0，その商を10で割ったときの剰余を a_1 とし，この操作を続けてすべての剰余と最後の商 a_m を右から順に並べていけばよい．

〔2〕2 進法

上の操作の 10 を 2 で置き換えれば，2 進法による表現が得られる．2 進法による表記では 0 と 1 のみが登場する[14]．通常の 10 進法と識別するため，2 進法表記を $(101011)_2$ あるいは 101011_2 のように表す．

$$(a_m a_{m-1} \cdots a_1 a_0)_2 = a_m 2^m + a_{m-1} 2^{m-1} + \cdots + a_1 2 + a_0 \quad (a_k = 0, 1) \quad (1.20)$$

いくつかの数を 10 進法と 2 進法で表して，比較してみよう．

$$0 = 0 \times 2^0 = (0)_2 \qquad 4 = 1 \times 2^2 + 0 = (100)_2$$
$$1 = 1 \times 2^0 = (1)_2 \qquad 5 = 1 \times 2^2 + 0 \times 2^1 + 1 \times 2^0 = (101)_2$$
$$2 = 1 \times 2^1 + 0 \times 2^0 = (10)_2 \qquad 6 = 1 \times 2^2 + 1 \times 2^1 = (110)_2$$
$$3 = 1 \times 2^1 + 1 \times 2^0 = (11)_2 \qquad 7 = 1 \times 2^2 + 1 \times 2^1 + 1 \times 2^0 = (111)_2$$
$$(0)_2 = 0 \qquad (1000)_2 = 2^3 = 8$$
$$(1)_2 = 2^0 = 1 \qquad (10000)_2 = 2^4 = 16$$
$$(10)_2 = 2^1 = 2 \qquad (100000)_2 = 2^5 = 32$$
$$(100)_2 = 2^2 = 4 \qquad (1000000)_2 = 2^6 = 64$$

例題 1.7 $(110101)_2$ を 10 進法に，37 を 2 進法に直せ．

解答 $(110101)_2 = 2^5 + 2^4 + 2^2 + 2^0 = 32 + 16 + 4 + 1 = 53$
$37 = 32 + 4 + 1 = (100101)_2$

$37 = (100101)_2$ の計算は，37 を 2 で割り，その商 18 を 2 で割りという操作を繰り返し，すべての剰余と最後の商を図 1-21 の矢印の順に並べてもよい．

問題 1.8 10 進法は 2 進法に，2 進法は 10 進法に直せ．

(1) 365   (2) 610   (3) $(111011)_2$ (4) $(10011)_2$

---

[14]. 一般に，10 を自然数 n で置き換えることにより，n 進法が得られる．n 進法では 0 から $n-1$ までの数字が登場する．n が 10 を超えるときには，混乱が生じないように 10 から $n-1$ までの数字をそれぞれ単独の記号で表す必要がある．16 進法においては，10=A，11=B，12=C，13=D，14=E，15=F を用いるのが普通である．

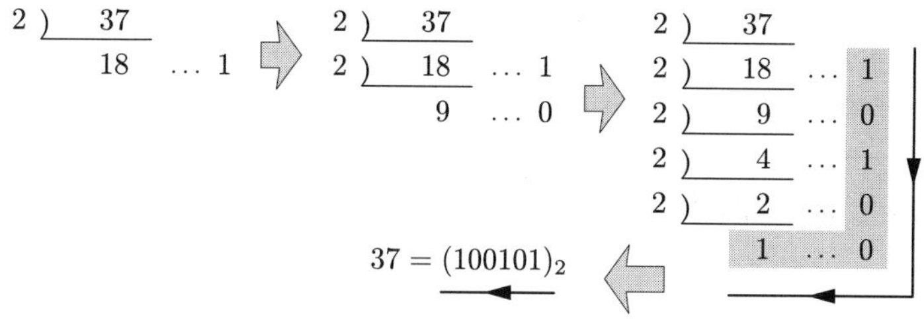

$$2\,\underline{)\,37\,} \quad\Rightarrow\quad \begin{array}{r} 2\,\underline{)\,37\,} \\ 2\,\underline{)\,18\,}\ \cdots\ 1 \\ 9\ \cdots\ 0 \end{array} \quad\Rightarrow\quad \begin{array}{r} 2\,\underline{)\,37\,} \\ 2\,\underline{)\,18\,}\ \cdots\ 1 \\ 2\,\underline{)\,9\,}\ \cdots\ 0 \\ 2\,\underline{)\,4\,}\ \cdots\ 1 \\ 2\,\underline{)\,2\,}\ \cdots\ 0 \\ 1\ \cdots\ 0 \end{array}$$

$$37 = (100101)_2$$

図 1-21　10 進法から 2 進法へ

章末問題

1 次の式を示せ（式 (1.7) を用いよ）．

$$\left|\frac{\alpha}{\beta}\right| = \frac{|\alpha|}{|\beta|}, \quad \arg\left(\frac{\alpha}{\beta}\right) = \arg\alpha - \arg\beta$$

2 次の式を示せ．

$$(r(\cos\theta + i\sin\theta))^n = r^n(\cos n\theta + i\sin n\theta) \quad (n = 1, 2, 3, \cdots)$$

3 次の式を示せ．

$$e^{i\theta}e^{i\omega} = e^{i(\theta+\omega)}, \quad \left(e^{i\theta}\right)^n = e^{in\theta}$$

4 44257 を 16 進法で，$(\mathrm{BEAF})_{16}$ を 10 進法で表せ（脚注14 と式 (1.15) を参考にせよ）．

第 2 章

集合と論理

　集合も高校で学んだ概念であり，第 1 章でもすでにいくつか使っているが，この章であらためて整頓しておく．また，二つの集合の間の対応関係として，新たに写像を導入する．写像は関数の概念を拡張したものである．さらに，集合論の出発点となった濃度の概念と，集合演算に関連して記号論理を紹介する．記号論理はコンピュータの回路に応用される．

　キーワード　集合，部分集合，合併集合，共通部分，直積集合，実数空間，写像，1 対 1 の写像，上への写像，合成写像，恒等写像，1 対 1 対応，逆写像，濃度，命題，真理値，論理記号，論理積，論理和，含意，同値，真理表，述語，全称記号，存在記号，記号論理．

2.1　集合

[1] 集合

　物や数の集まりであって，その集まりに入るか入らないかの基準が明確であるものを**集合**という．たとえば，「老人の集まり」は集合とはいえないが，「(ある時刻で) 60 才以上の人の集まり」は集合である．ある集合に入るものを，その集合の**要素**または**元** (element) という．集合 A が a を含んでいるとき，つまり a が A の要素であるとき，

$$a \in A$$

と表す．$\in$ の否定は $\notin$ で表す．たとえば

$$\sqrt{2} \in \mathbb{R}, \quad \sqrt{2} \notin \mathbb{Q}$$

集合と要素の関係は，図 2-1 のような模式図で示すと捉えやすい．

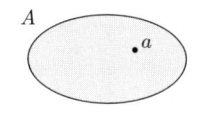

図 2-1　集合 A の要素 a

集合がどのような要素で構成されているかを明示するには，式 (1.1) (p.2) や式 (1.2) のように要素を書き並べて

$$A = \{\, a, b, c, \cdots \,\} \tag{2.1}$$

の形で表す場合と，p.11 の式 (1.4) や p.13 の式 (1.5) のように要素が満たすべき条件を示して

$$A = \{\, a \mid a \text{の満たすべき条件} \,\} \tag{2.2}$$

の形で表す場合とがある．注意すべきことは，式 (2.1) の形で表すことができない集合もある，ということである[1]．要素が一つもない場合でも，それを集合とみなしておくと都合が良い．そのような集合を**空集合** (empty set) といい，$\emptyset$ で表す．

$$\emptyset = \{\ \ \} \tag{2.3}$$

集合を式 (2.1) の形で表すときには，要素が重複しない形で表す．これに対して，数列

$$\{\, -1, 0, 1, -1, 0, 1, -1, 0, 1, \cdots \,\}$$

やデータ（資料）

$$\{\, a, a, b, c, b, b, b, c, a, \cdots \,\}$$

---

[1]. たとえば実数全体の集合 $\mathbb{R}$ はこの形では表されない．

などのように，重複を許して式 (2.1) の形に表したものを**配列**（list）という．

二つの集合 A, B があって，$b \in B$ ならば $b \in A$ となっているとき，つまり B の任意の要素はまた A の要素でもあるとき，B は A の**部分集合**（subset）である，あるいは A は B を含むといい，$B \subset A$ で表す（図 2-2）．

$b \in B$　　ならば　　$b \in A$　　$\Longleftrightarrow$　　$B \subset A$

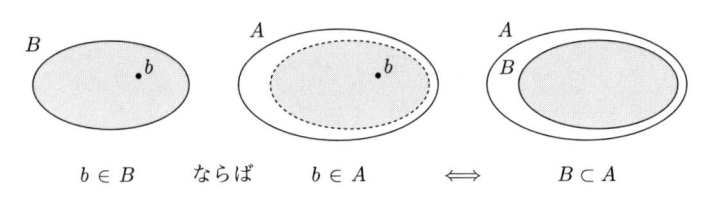

図 2-2　B は A の部分集合

この定義によれば，$B \subset A$ は $B = A$ の場合も含んでいることに注意されたい．$B \subset A$ であって $B \neq A$ のとき，B は A の**真部分集合**であるという．また，空集合 $\emptyset$ は任意の集合の部分集合であると定める（論理的には，部分集合の定義から導かれる）．

$B = A$ の場合には，$B \subset A$ であり，かつ $A \subset B$ である．逆に，$B \subset A$ かつ $A \subset B$ ならば，ある要素が A に含まれることと B に含まれることが同値になるから，A と B は集合として等しい．

$$A = B \iff A \subset B \text{ かつ } B \subset A$$

ここで，記号 $P \iff Q$ は，P と Q が同値であることを表す．第 1 章で述べた自然数の集合 $\mathbb{N}$ から複素数の集合 $\mathbb{C}$ までの包含関係は，次のようになる．

$$\mathbb{N} \subset \mathbb{Z} \subset \mathbb{Q} \subset \mathbb{R} \subset \mathbb{C}$$

二つの集合 A, B に対し，A の要素と B の要素をすべて併せてできる集合を A, B の**合併集合**（和集合，union, join）といい，$A \cup B$ で表す．また，A にも B にも含まれる要素だけを取り出してできる集合を A, B の**共通部分**（積集合，intersection）といい，$A \cap B$ で表す[2]．正確に書けば

---

[2] 記号として発音するときには，$A \cup B$，$A \cap B$ をそれぞれ「A カップ (cup) B」，「A キャップ (cap) B」と読めばよい．

$$A \cup B = \{\, x \mid x \in A \text{ または } x \in B \,\}$$
$$A \cap B = \{\, x \mid x \in A \text{ かつ } x \in B \,\}$$

となる．模式図で示したのが，図 2-3 である．

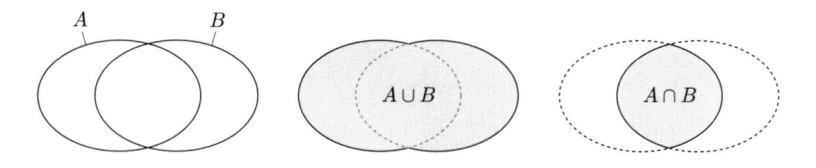

図 2-3　合併集合（中図）と共通部分（右図）

たとえば

$$A = \{\,1,2,3,4,5\,\},\ B = \{\,2,4,6,8,10\,\} \implies$$
$$A \cup B = \{\,1,2,3,4,5,6,8,10\,\},\ A \cap B = \{\,2,4\,\}$$

ここで，記号 $P \implies Q$ は，P ならば Q であることを表す．また，二つの集合 A, B に対して，A の中から B の要素を取り除いてできる集合を A と B の**差集合**といい，$A - B$ で表す（図 2-4 左図）．つまり

$$A - B = \{\, x \mid x \in A \text{ かつ } x \notin B \,\}$$

たとえば，上の A, B に対しては

$$A - B = \{\,1,3,5\,\}$$

　何かについて論じていて，登場するすべての集合が，ある一つの集合 U の部分集合であるような場合には，その集合 U を**普遍集合**（universal set）（あるいは全

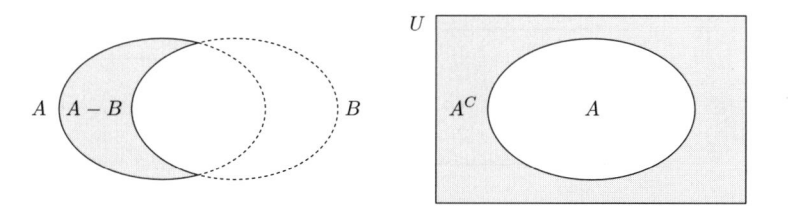

図 2-4　差集合（左図）と補集合（右図）

集合，全空間，空間）という．このとき，U の部分集合 A に対し，差集合 $U - A$ を A の（U における）**補集合**（complement）といい，A^C で表す（図 2-4 右図）．

$$A^\mathrm{C} = U - A$$

たとえば，自然数について論じているときには，$U = \mathbb{N}$ だから，正の奇数の集合 $A = \{\,1, 3, 5, 7, \cdots\,\}$ の補集合は $A^\mathrm{C} = \{\,2, 4, 6, 8, \cdots\,\}$ である．これに対して，整数について論じているときには，$U = \mathbb{Z}$ だから，同じ A に対して $A^\mathrm{C} = \{\,\cdots, -3, -2, -1, 0, 2, 4, 6, 8, \cdots\,\}$ となる．

〔2〕**直積集合**

二つの集合 A, B に対して，A の要素 a と B の要素 b の対 (a, b) を考え，このような対の全体の集合を A と B の**直積集合**（direct product, Cartesian product）といい，$A \times B$ で表す．

$$A \times B = \{\,(a, b) \mid a \in A,\, b \in B\,\}$$

たとえば，$A = \{\,1, 2, 3, 4\,\}$，$B = \{\,a, b, c\,\}$ のとき

$$\begin{aligned}
A \times B = \{\,&(1, a), (2, a), (3, a), (4, a),\\
&(1, b), (2, b), (3, b), (4, b),\\
&(1, c), (2, c), (3, c), (4, c)\,\}
\end{aligned}$$

直積集合の概念図としては，図 2-5 左図のように A, B を線分で表示したときの長方形がわかりやすい．特に $\mathbb{R}$ と $\mathbb{R}$ の直積集合は $\mathbb{R}^2$ と表される．

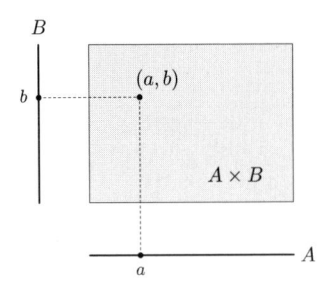

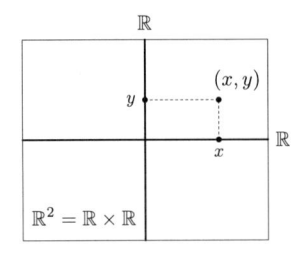

図 2-5　集合の直積 $A \times B$（左図），$\mathbb{R}^2 = \mathbb{R} \times \mathbb{R}$（右図）

$$\mathbb{R}^2 = \mathbb{R} \times \mathbb{R} = \{\, (x,y) \mid x,y \in \mathbb{R} \,\}$$

この集合の要素 (x,y) は xy 平面の (x,y) を座標とする点と 1 対 1 に対応するから，$\mathbb{R}^2$ は xy 平面と同一視される（図 2-5 右図）．

これをさらに一般化して，n 個の実数の組 $(x_1, x_2, \cdots, x_n)$ の全体の集合を $\mathbb{R}^n$ で表し，**n 次元実数空間**と呼ぶ．

$$\mathbb{R}^n = \{\, (x_1, x_2, \cdots, x_n) \mid x_1, x_2, \cdots, x_n \in \mathbb{R} \,\} \tag{2.4}$$

$\mathbb{R}^1 = \mathbb{R}$ は数直線，$\mathbb{R}^2$ は xy 平面（x 軸 y 軸でなくても，座標軸の設定された平面），$\mathbb{R}^3$ は xyz 空間と考えればよいが，$\mathbb{R}^4$ 以上に関しては差し当たり幾何学的な意味を考える必要はない．

問題 2.1 次のうち，数学でいう集合となるのはどれか：大きい数の集合，5 の倍数全体，青い花の集合，キク科の植物の集合．

問題 2.2 3 で割って 1 余る自然数全体の集合を，記号 $\{\ \ \mid\ \ \}$, $\in$, $\mathbb{N}$ を用いて式 (2.2) の形で表せ．

問題 2.3 集合 $A = \{1,2\}$ の部分集合は，1 を含むもの $\{1,2\}$, $\{1\}$ と，1 を含まないもの $\{2\}$, $\{\ \}$ の二つのグループに分けられる．さらに，初めのグループは 2 を含むもの $\{1,2\}$ と 2 を含まないもの $\{1\}$ の二つに分けられる．同様に，あとのグループも 2 を含むもの $\{2\}$ と 2 を含まないもの $\{\ \}$ の二つに分けられる．この分類により，A の部分集合は $2 \times 2 = 4$ 個あることがわかる．同じような考察で，$\{1,2,3\}$ の部分集合の個数を求めよ．これらを用いて，$\{1,2,\cdots,n\}$ の部分集合の個数を推測せよ．

問題 2.4 $A = \{\,2k \mid k = 1, 2, \cdots, 8\,\}$, $B = \{\,3k \mid k = 1, 2, \cdots, 10\,\}$ とするとき，$A \cup B$, $A \cap B$, $A - B$ を求めよ．

問題 2.5 普遍集合を $U = \{\,2k \mid k \in \mathbb{N},\, k \leqq 25\,\}$ とするとき，集合 $A = \{\,6k \mid k \in \mathbb{N},\, k \leqq 8\,\}$ の補集合 A^{C} を求めよ．

問題 2.6 集合 $A = \{\,3k \mid k \in \mathbb{N},\, k \leqq 4\,\}$, $B = \{\,2k \mid k \in \mathbb{Z},\, |k| < 2\,\}$ に対し，直積集合 $A \times B$ を求め，$\mathbb{R}^2$ の中に図示せよ．

2.2 写像

〔1〕写像

二つの集合 X, Y があって，X の任意の要素 x をとるとそれに対応して Y の要素 y が一つ定まるとき，この対応を X から Y への**写像**（mapping, map）といい，$y = f(x)$ などと表す．集合を明示したいときには

$$f : X \longrightarrow Y; \ x \mapsto y = f(x) \tag{2.5}$$

などと表す．特に X, Y が実数全体の集合 $\mathbb{R}$ の部分集合であるとき，写像は**関数**（function）となる．たとえば 2 次関数 $y = x^2$ は，写像として

$$f : \mathbb{R} \longrightarrow \mathbb{R}; \ x \mapsto x^2$$

と表される．

上の定義で「それに対応して」とあるのは，X の中で x を動かすとそれに対応して $y = f(x)$ が Y の中で動くことを意味し，X の任意の要素 x はすべて Y の中での行き先が定められている．図 2-6 では，8 個の要素からなる集合 X から 16 個の要素からなる集合 Y への写像 f について，X の要素の行き先を点線で示す．

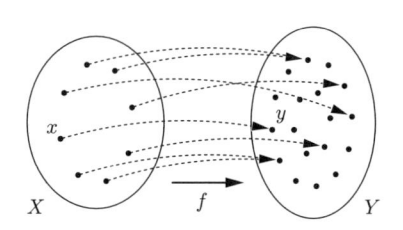

図 2-6 写像：X の要素 x の行き先 $y = f(x)$ がすべて決まっている

念のため補足すると，写像は単に二つの集合の要素（の一部）の間に図 2-6 の点線が示すような関連がある，というだけでなく，小さな矢印で示す向きが重要である．X のほうでは，どの要素もいずれかの点線の出発点になっているのに対して，Y の要素は点線の終点にならないこともある．Y の要素は 2 本の点線の終

点になることがあるが，X の要素は 2 本の点線の出発点にはならない．たとえば，図 2-7 の関連づけでは，X の要素 a から 2 本の点線が出ている上に，b などは点線の出発点になっていないので，この対応は写像ではない[3]．

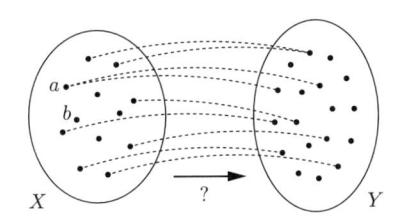

図 2-7 写像でない例（a や b の行き先が定まらない）

〔2〕1 対 1 の写像

写像 $f: X \to Y$ において，X の任意の要素 x_1 と x_2 に対して

$$x_1 \neq x_2 \text{ ならば } f(x_1) \neq f(x_2)$$

となっているとき，f は **1 対 1 の写像**（単射，one-to-one mapping, injective mapping, injection）であるという．図 2-8 の左図の f は 1 対 1 の写像である．右図の g は，x_1, x_2 について $x_1 \neq x_2$ であるのに $f(x_1) = f(x_2)$ となっているから，1 対 1 の写像ではない．

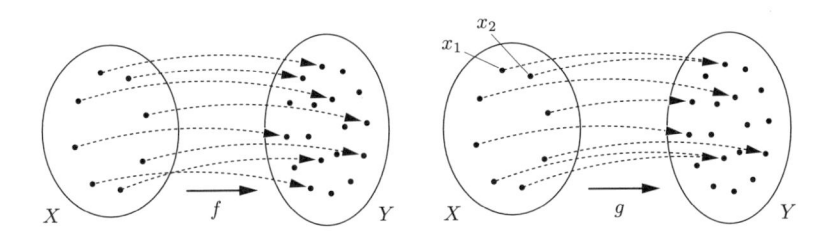

図 2-8 1 対 1 の写像（左図）と 1 対 1 でない写像（右図）

---

[3] 集合論が十分発達していない時代には，関数は単に式で表現された x と y の関係と捉えられていた．このため，一つの x の値に対して複数の y 値が対応することもあり（いわゆる多価関数），関数についての議論が明快ではなかった．

関数 $y = f(x) = x^3$ は，写像 $f : \mathbb{R} \to \mathbb{R}$ として 1 対 1 の写像である．これに対して，関数 $y = g(x) = x^2$ は写像 $g : \mathbb{R} \to \mathbb{R}$ として 1 対 1 の写像でない．

〔3〕上への写像

写像 $f : X \to Y$ において，Y のどの要素 y に対しても $f(x) = y$ となるような X の要素 x がとれるとき，f は**上への写像**（全射, onto mapping, surjective mapping, surjection）であるという．図 2-9 の左図の f は上への写像である．Y のどの要素も点線の終点になっている．それに対して右図の g は，たとえば図の y は点線の終点にはなっておらず，この y に対しては $f(x) = y$ となるような X の要素 x は存在しない．したがって f は上への写像ではない．

関数 $y = f(x) = x(x+1)(x-1)$ は写像 $f : \mathbb{R} \to \mathbb{R}$ として上への写像であるが，関数 $y = g(x) = (x+1)(x-1)$ は写像 $g : \mathbb{R} \to \mathbb{R}$ として上への写像ではない．

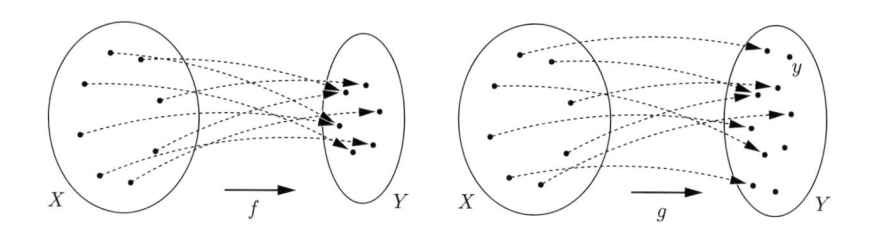

図 2-9　上への写像（左図）とそうでない写像（右図）

〔4〕合成写像

三つの集合 X, Y, Z と，その間の二つの写像 $f : X \to Y$, $g : Y \to Z$ があるとき，X の要素 x をまず f で写して $y = f(x)$ とし，それをさらに g で写すと，Z の要素 $z = g(y) = g(f(x))$ が得られる．x に $g(f(x))$ を対応させる X から Z への写像を f と g の**合成写像**（composite）といい，$g \circ f$ で表す（順序に注意）：

$$g \circ f : X \to Z;\ x \mapsto f(g(x)) \tag{2.6}$$

たとえば関数 $y = \sin^2 x$ は，写像 $f : \mathbb{R} \to \mathbb{R};\ x \mapsto t = \sin x$ と写像 $g : \mathbb{R} \to \mathbb{R};\ t \mapsto y = t^2$ の合成写像である．関数と関数の合成写像は**合成関数**と呼ばれる（図 2-10）．

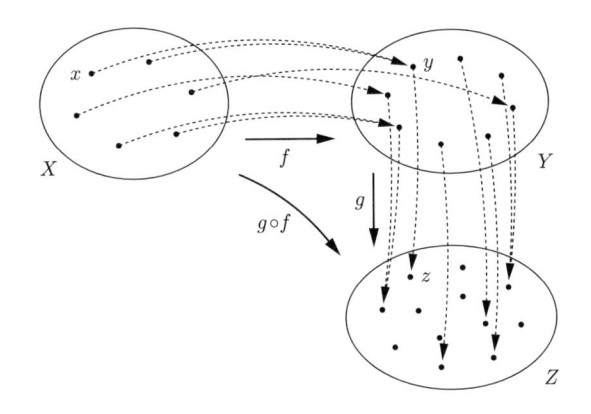

図 2-10　合成写像 $g \circ f$

〔5〕恒等写像

集合 X から X 自身への写像が，X の任意の要素 x を x 自身へ対応させるとき，この写像を X の**恒等写像**（identity mapping）といい，id で表す（図 2-11）：

$$\mathrm{id} : X \to X;\ x \mapsto x \tag{2.7}$$

集合を明示したいときには id_X, 1_X などと表す．関数 $f(x) = x$ は $\mathbb{R}$ の恒等写像である．

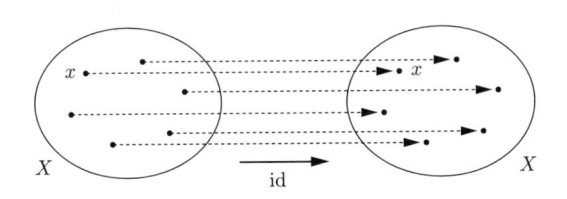

図 2-11　恒等写像 id

〔6〕1 対 1 対応と逆写像

写像 $f : X \to Y$ が 1 対 1 かつ上への写像であるとき，f を X から Y への **1 対 1 対応**（one-to-one correspondence）という．図 2-12 左図の f は 1 対 1 対応である．

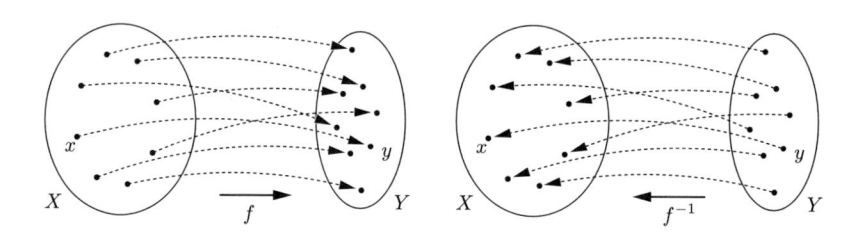

図 2-12 1 対 1 対応とその逆写像

Y のどの要素 y もただ 1 本の点線の終点になっている．このとき図 2-12 右図に示すように，Y の要素 y に対し，点線を逆にたどることによって X の要素を一つ対応させることができるから，Y から X への写像が定まる．つまり，Y の要素 y に対し，$f(x) = y$ となるような X の要素を対応させることができる．この写像を

$$f^{-1} : Y \longrightarrow X \,;\, y = f(x) \mapsto x$$

で表し，f の**逆写像**（inverse mapping）という．f^{-1} は「エフ・インバース（f-inverse）」と読めばよい．

恒等写像と逆写像の定義から，写像とその逆写像の合成写像は恒等写像となる（図 2-13）：

$$f^{-1} \circ f = \mathrm{id}_X, \quad f \circ f^{-1} = \mathrm{id}_Y$$

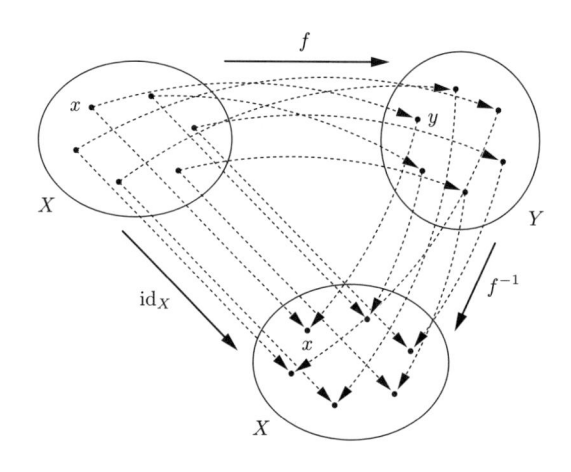

図 2-13 $f^{-1} \circ f = \mathrm{id}_X$

関数の逆写像は**逆関数**（inverse function）であるが，変数のとり方に少し注意が必要である．たとえば指数関数 $y = f(x) = 2^x$ は，写像としては

$$f : \mathbb{R} \longrightarrow \mathbb{R} \, ; \, x \mapsto f(x) = 2^x$$

であり，1対1の写像ではあるが，上への写像ではない．しかし，正の実数全体の集合を

$$\mathbb{R}^+ = \{\, x \in \mathbb{R} \mid x > 0 \,\}$$

とおき，上の $f(x)$ を

$$f : \mathbb{R} \longrightarrow \mathbb{R}^+ \, ; \, x \mapsto f(x) = 2^x \tag{2.8}$$

とみなせば，f は1対1対応となり，逆写像

$$f^{-1} : \mathbb{R}^+ \longrightarrow \mathbb{R} \, ; \, y \mapsto f^{-1}(y) \tag{2.9}$$

をもつ．これを $x = f^{-1}(y) = \log_2 y$ で表す．さらに独立変数を x，従属変数を y で置き換えて，$y = \log_2 x$ としたものが対数関数であり，指数関数 $y = f(x) = 2^x$ の逆関数である．

問題 2.7 関数 $y = f(x)$ で定められる写像 $f : X \longrightarrow Y$ は，上への写像であるか否か，また1対1の写像であるか否かを，(1)から(12)のそれぞれの場合について調べよ．

(1) $f(x) = x^3, \ X = Y = \mathbb{R}$

(2) $f(x) = x^4, \ X = Y = \mathbb{R}$

(3) $f(x) = x^4, \ X = \mathbb{R}, \ Y = \mathbb{R}_*^+ = \{\, x \in \mathbb{R} \mid x \geqq 0 \,\}$

(4) $f(x) = x^4, \ X = Y = \mathbb{R}_*^+ = \{\, x \in \mathbb{R} \mid x \geqq 0 \,\}$

(5) $f(x) = x^2, \ X = Y = \mathbb{Z}$

(6) $f(x) = x^2, \ X = \mathbb{Z}, \ Y = \mathbb{N} \cup \{\, 0 \,\}$

(7) $f(x) = (-1)^x, \ X = \mathbb{Z}, \ Y = \mathbb{Z}$

(8) $f(x) = (-1)^x, \ X = \mathbb{Z}, \ Y = \{\, -1, 1 \,\}$

(9) $f(x) = (-1)^x, \ X = \{\, 0, 1 \,\}, \ Y = \{\, -1, 1 \,\}$

(10) $f(x) = i^x, \ X = \mathbb{Z}, \ Y = \mathbb{C}$

(11) $f(x) = i^x$, $X = \mathbb{Z}$, $Y = \{\,1, i, -1, -i\,\}$

(12) $f(x) = i^x$, $X = \{\,0, 1, 2, 3\,\}$, $Y = \{\,1, i, -1, -i\,\}$

[7] 濃度

本来，自然数は物の個数を数える数であった．有限集合 A の要素を数えて個数が n であったとする．これを写像を用いて表現すれば，集合 A と集合 $\{\,1, 2, 3, \cdots, n-1, n\,\}$ の間に1対1対応があるということにほかならない．

二つの有限集合 A, B の要素の個数を比べるには，それぞれの個数を数えて m 個と n 個とし，二つの自然数 m, n の大小を比較すればよい．A, B の要素の個数が等しいということは，ある自然数 n があって，A と $\{\,1, 2, 3, \cdots, n\,\}$，$B$ と $\{\,1, 2, 3, \cdots, n\,\}$ の間にそれぞれ1対1対応がある，ということである．

しかし，個数が等しいのか等しくないのかを調べるだけであれば，自然数を仲立ちにする必要はない．たとえば，いくつかのコーヒーカップと受け皿があった場合に，個数が等しいか否かを調べることは，数を知らない幼児でもできる．皿の上にカップを順次乗せていき，どちらも余らなければカップと皿の数は等しい．どちらかが余れば余ったほうの数が多い．つまり，有限集合 A, B の要素の個数が等しいということは，A と B の間に1対1対応がある，ということである．

有限集合 A の個数を $\sharp(A)$ で表せば（$\sharp$：シャープ），図 2-14 に示すように，一般に

$$\sharp(A \cup B) = \sharp(A) + \sharp(B) - \sharp(A \cap B) \tag{2.10}$$

が成り立つ．$\sharp(A)$ と $\sharp(B)$ を加えると，$A \cap B$ の部分の要素の個数 $\sharp(A \cap B)$ が二重にカウントされるので，それを引けば $A \cup B$ の要素の個数となる．式 (2.10) から，有限集合の場合には $B \subset A$ で $B \neq A$ のとき，つまり B が A の真部分集合のときには，必ず B の個数は A の個数より少ない．

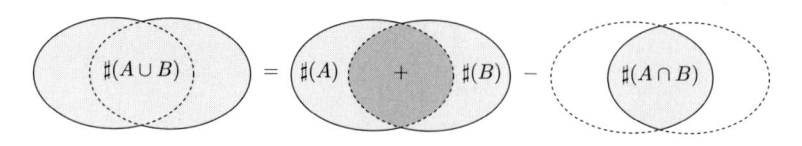

図 2-14　有限集合なら $\sharp(A \cup B) = \sharp(A) + \sharp(B) - \sharp(A \cap B)$

この個数の概念を無限集合に拡張するために，濃度（cardinality）の概念を導入する．二つの集合 A と B の間に 1 対 1 対応が存在するとき，A と B の**濃度は等しい**と定義する．有限集合の場合には，濃度が等しいことと要素の個数が等しいことは同値であり，B が A の真部分集合であれば B の濃度と A の濃度は等しくはなり得ない．これに対して無限集合の場合には，B が A の真部分集合であっても，B の濃度と A の濃度が等しくなることがある．いくつか例を挙げよう．

例1　正の偶数全体の集合を $2\mathbb{N}$ で表すと，$2\mathbb{N}$ の濃度は自然数全体の集合 $\mathbb{N}$ の濃度に等しい．これは図 2-15 の 1 対 1 対応から直ちにわかる．

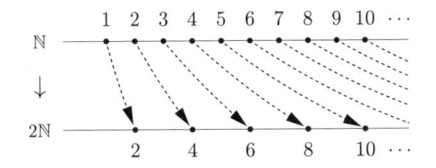

図 2-15　$\mathbb{N}$ は正の偶数全体の集合と同じ濃度

例2　自然数全体の集合 $\mathbb{N}$ の濃度は，整数全体の集合 $\mathbb{Z}$ の濃度に等しい．これは図 2-16 の 1 対 1 対応からわかるであろう．$\mathbb{N}$ において $1, 2, 3, \cdots$ と進むのに対応して，$\mathbb{Z}$ のほうでは 0 から出発し，正負の値を交互にとりながら次第に 0 から遠ざかるのである．

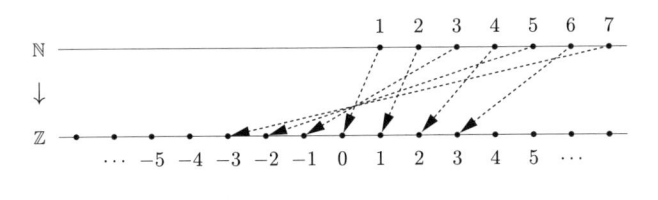

図 2-16　$\mathbb{N}$ は $\mathbb{Z}$ と同じ濃度

例3　有理数全体の集合 $\mathbb{Q}$ の濃度は，自然数全体の集合 $\mathbb{N}$ の濃度に等しい．$\mathbb{Q}$ は数直線上いたるところ稠密に分布しているのに対し，$\mathbb{N}$ は離散的に分布しているから，両者の濃度が等しいことは意外な感じがするであろう．

正の有理数全体の集合を $\mathbb{Q}^+$ で表し，まず $\mathbb{Q}^+$ と $\mathbb{N}$ の間の 1 対 1 対応を構成する．正の有理数を横一列にではなく，図 2-17 左図の縦横の表に並べる．左上隅を出発点として $1/1 = 1$ をおき，右に進めば分子が 1 ずつ増し，下に進めば分母が 1 ずつ増すようにして，$\mathbb{Q}^+$ の要素すべてをこの表に配置する．

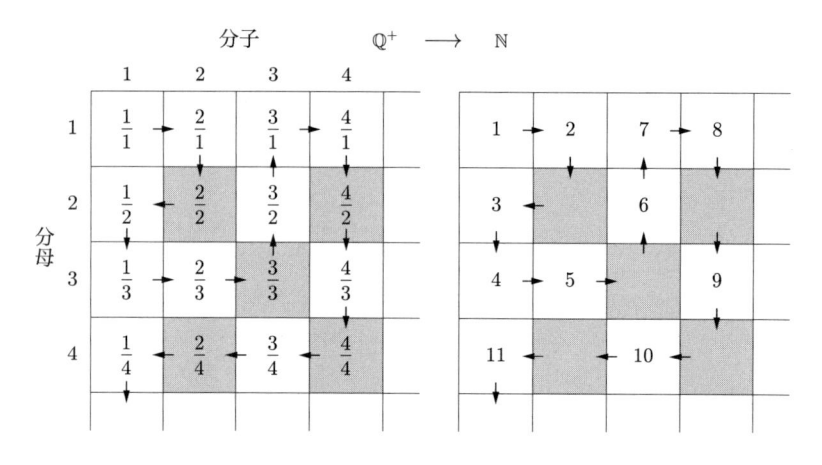

図 2-17 $\mathbb{Q}^+$ は $\mathbb{N}$ と同じ濃度

左図の $1/1 = 1$ から矢印に従って 1 コマずつ進んでいき，それに対応して右図のように自然数を配置していく．ただし，$2/2$ のように約分すればすでに通過した $1/1$ になるようなものは，すべて飛ばして先に進むものとする（飛ばすコマはグレーで塗りつぶしてある）．

このようにして $\mathbb{Q}^+$ と $\mathbb{N}$ の間の 1 対 1 対応が構成でき，したがって $\mathbb{Q}^+$ と $\mathbb{N}$ の濃度が等しいことがわかる．$\mathbb{Q}^+$ に 0 と負の有理数を加えた $\mathbb{Q}$ 全体と $\mathbb{N}$ が同じ濃度をもつことについては，上の例 2 と同様にすればよい．

$\mathbb{N}, \mathbb{Z}, \mathbb{Q}$ は同じ濃度をもつことがわかったのだが，これを「$\mathbb{N}, \mathbb{Z}, \mathbb{Q}$ は濃度 $\aleph_0$（アレフ[4]・ゼロ）をもつ」といい，$\aleph_0$ を **可算無限の濃度** という[5]．これに対して，

---

[4]. 数学は記号で命題を表現する学問であるから，内容が多様になるにつれ，さまざまな種類の文字や記号が必要となる．通常の英語のアルファベットの大文字・小文字・イタリック体・スクリプト体・ボールド体のほかに，ギリシア文字，ドイツ文字などが区別して用いられ，ちょうどモノクロに対するカラーのように表現を豊かにしている．このアレフはヘブライ文字である．

$\mathbb{R}$ は $\mathbb{N}$ との間に 1 対 1 対応をもつことができず, $\mathbb{R}$ の濃度は可算無限ではない[6]. $\mathbb{R}$ の濃度を $\aleph$（アレフ）で表し, **連続体の濃度**という.

|問題 2.8|　$A = \{\,x\,|\,x \in \mathbb{R}, 0 < x < 1\,\}$, $B = \{\,x\,|\,x \in \mathbb{R}, 2 < x < 4\,\}$ とするとき, A と B は同じ濃度をもつことを示せ.

☞ A から B への 1 対 1 対応を与える関数を一つ構成すればよい.

2.3　記号論理

この節では, 数学のみならず情報科学で広く用いられる論理記号 $\land$ $\lor$ $\to$ $\leftrightarrow$ $\neg$ および全称記号 $\forall$ と存在記号 $\exists$ について簡単に説明する.

〔1〕命題

内容の真偽（成り立つか成り立たないか）が確定している叙述（文章や式）を**命題**（proposition）という. たとえば,「5 は奇数である」や「$5 = 5$」は真の命題であり,「4 は奇数である」や「$4 = 5$」は偽の命題である.

命題を一つの文字で表現するとき, p などの小文字のアルファベットを用いることも多いが, この本では大文字を用いて P のように表す. 命題 P に対して, P が真（true）であることを文字 T で表し, P が偽（false）であることを文字 F で表す. 命題 P が真のとき数字 1 を対応させ, P が偽のとき数字 0 を対応させる. 対応させられた 1 あるいは 0 を P の**真理値**という.

|例題 2.1|　次の叙述は命題であるか. 命題の場合は真理値を求めよ.

P_1：11 は素数である.
P_2：111 は素数である.
P_3：11111111 は十分大きな数である.

---

[5] 可算（countable）は, $1, 2, 3, \cdots$ と番号をつけて数えられるという意味で, 可付番（enumerable）ともいう.
[6] カントールの対角線論法によって示される. 遠山 啓『無限と連続』（巻末参考文献 [3]）を参照.

解答　P_1 は命題で，真理値は 1．P_2 は命題で，$111 = 3 \times 37$ だから偽の命題であり，真理値は 0．P_3 は，「十分大きな数」の定義が明確ではないので命題ではない．

問題 2.9

(1) 次の叙述は命題であるか．命題の場合は真理値を求めよ．

P_1：111111 は 3 の倍数である．
P_2：方程式 $x^2 - 5x + 1000 = 0$ は実数解をもつ．
P_3：関数 $x^2 - 5x + 1000$ の導関数は 1 次式である．
P_4：a が十分大きければ，方程式 $x^2 - ax + 1000 = 0$ は実数解をもつ．
P_5：11 は 111111（6 桁）と 1111111111（10 桁）の公約数である．

(2) 真の命題，偽の命題，命題でない叙述の例をそれぞれ三つずつ挙げよ．

〔2〕論理記号

P と Q を命題とするとき，記号 $\wedge\ \vee\ \rightarrow\ \leftrightarrow\ \neg$ を用いて新しい命題を次のように定める．

- **論理積** $P \wedge Q$　「P かつ Q」と読む．P と Q が両方とも成り立つことを表す．P と Q の両方が真の場合だけ，$P \wedge Q$ は真となる．$P \wedge Q$ を $P \& Q$ あるいは $P \cdot Q$ と表すこともある．

- **論理和** $P \vee Q$　「P または Q」と読む．P と Q の少なくとも一方が成り立つことを表す．P と Q のいずれかが真であれば，$P \vee Q$ は真となる．$P \vee Q$ を $P + Q$ と表すこともある．

- **含意** $P \rightarrow Q$　「P ならば Q」と読む．P と Q が真ならば $P \rightarrow Q$ は真であるが，P が偽のときには $P \rightarrow Q$ が真となることに注意せよ（前提条件としての P が成り立たないので，Q の真偽に無関係に叙述 $P \rightarrow Q$ 自体は正しいと考えられるから）．$P \rightarrow Q$ を $P \Longrightarrow Q$ と表すこともある．

- **同値** $P \leftrightarrow Q$　「P と Q は同値」と読む．P と Q がともに真であるか，または P と Q がともに偽である場合にだけ $P \leftrightarrow Q$ は真となる．$P \leftrightarrow Q$ を $P \equiv Q,\ P \sim Q,\ P \Longleftrightarrow Q$ などと表すこともある．

- 否定 ¬P 「P ではない」と読む．¬P の真偽は P の真偽と逆になる．¬P を ~P，$\bar{P}$ などと表すこともある．

これらの記号を **論理記号**（functor）あるいは関手という．命題 P と Q の真偽と，P, Q に論理記号を施して得られる命題の真偽は，表 2-1 のような **真理表** にまとめるとわかりやすい．三つ以上の命題の真理表も同様に作られる．

表 2-1 真理表

P	¬P	P	Q	$P \wedge Q$	$P \vee Q$	$P \to Q$	$P \leftrightarrow Q$
T	F	T	T	T	T	T	T
F	T	T	F	F	T	F	F
		F	T	F	T	T	F
		F	F	F	F	T	T

例題 2.2 P が真の命題，Q が偽の命題，R が真の命題であるとき，次の命題の真理値を求めよ．

(1) $\neg(P \wedge Q)$ (2) $(P \wedge Q) \wedge R$ (3) $\neg(P \to Q)$ (4) $(P \wedge Q) \to R$

解答 文章を媒介させず，真理表から機械的に真理値を求めればよい．

(1) P が T で Q が F だから，表 2-1 の右側の真理表から $P \wedge Q$ は F．したがって，$P \wedge Q$ をあらためて P とみなして左側の真理表よりその否定 $\neg(P \wedge Q)$ は T．ゆえに，$\neg(P \wedge Q)$ の真理値は 1．

以下，同様に計算して結果のみ記すと，

(2) 0 (3) 1 (4) 1

問題 2.10 P が偽の命題，Q が真の命題，R が偽の命題であるとき，次の命題の真理値を求めよ．

(1) $\neg(P \wedge Q)$ (2) $\neg(P \vee Q)$ (3) $(P \wedge Q) \wedge R$ (4) $(P \vee Q) \wedge R$
(5) $\neg(P \to Q)$ (6) $\neg P \to Q$ (7) $(P \wedge Q) \to R$ (8) $(P \vee Q) \to R$

〔3〕述語

変数を含んだ叙述で，変数に具体的な値を代入すると命題となるものを，**述語** (predicate) という．たとえば，「x は奇数である」や「$x = 5$」は述語であり，$x = 5$ とすれば「x は奇数である」や「$x = 5$」は真の命題となり，$x = 4$ とすれば「x は奇数である」や「$x = 5$」は偽の命題となる．述語は $P(x)$，$Q(x,y)$ などのように，括弧の中に変数を含んだ命題の形で表す．

集合を，要素が満たすべき条件で表す式 (2.2) の「条件」は述語である．たとえば，述語 $P(x)$ を「x は 10 以下の正の偶数である」とするとき，集合 $A = \{x \mid P(x)\}$ は，述語 $P(x)$ が真となるような変数 x を要素とする集合であり，具体的には $A = \{2, 4, 6, 8, 10\}$ となる．

容易に確かめられるように，二つの集合

$$A = \{x \mid P(x)\}, \quad B = \{x \mid Q(x)\}$$

に対して，集合の演算 $A \cap B$，$A \cup B$，$A \subset B$，$A = B$，A^C と論理記号は，次のように自然に対応する．

$$A \cap B = \{x \mid P(x) \wedge Q(x)\} \tag{2.11}$$
$$A \cup B = \{x \mid P(x) \vee Q(x)\} \tag{2.12}$$
$$A \subset B \text{ と } P(x) \to Q(x) \text{ は同値} \tag{2.13}$$
$$A = B \text{ と } P(x) \leftrightarrow Q(x) \text{ は同値} \tag{2.14}$$
$$A^C = \{x \mid \neg P(x)\} \tag{2.15}$$

ただし，式 (2.15) においては普遍集合 U が明確であるものとする．

ここで，記号 $\forall, \exists$ を次のように定める[7]．

- **全称記号 $\forall$** 「集合 D の任意の要素 x に対して，$P(x)$ が真となる」という命題を $\forall x \in D \; P(x)$ と表す．
- **存在記号 $\exists$** 「集合 D の要素 x で，$P(x)$ が真となるようなものが存在する」という命題を $\exists x \in D \; P(x)$ と表す．

---

[7]. $\forall$ は「任意の (arbitrary)」または「すべての (all)」を表す A をひっくり返した記号，$\exists$ は「存在する (exist)」を表す E をひっくり返した記号である．

前後の状況から集合 D が明確である場合には，D を省略して $\forall x\, P(x)$ や $\exists x\, P(x)$ と表す．論理記号・全称記号・存在記号などの記号を用いて論理展開を表現することを**記号論理**（symbolic logic）という．

例題 2.3

(1)「$\forall n \in \mathbb{Z}\, (\exists m \in \mathbb{Z}\, (5m = n))$」を文章に直し，真理値を求めよ．

(2)「方程式 $x^2 + 4x - 1 = 0$ は実数解をもつ」を式で表し，真理値を求めよ．

解答

(1)「任意の整数 n に対し，$5m = n$ となるような整数 m が存在する」，この命題は偽なので（n が 5 の倍数でなければ，方程式 $5x = n$ は整数解をもたない），真理値は 0．

(2) $\exists x \in \mathbb{R}\, (x^2 + 4x - 1 = 0)$．判別式は $D = 4^2 - 4 \times (-1) = 20 > 0$ だから実数解をもち，真の命題である．真理値は 1．

問題 2.11

(1) 次の命題を普通の文章に直し，真理値を求めよ．

  (a) $\forall a \in \mathbb{N}\, (\exists x \in \mathbb{Q}\, (x^2 = a))$

  (b) $\forall a \in \mathbb{R}\, (\exists x \in \mathbb{C}\, (x^2 = a))$

  (c) $\exists a \in \mathbb{N}\, (\forall b \in \mathbb{N}\, (b \times a = b))$

  (d) $\exists a \in \mathbb{N}\, (\forall b \in \mathbb{N}\, (b \times a = b + a))$

(2) 次の命題を式で表し，真理値を求めよ．

  (a) 1 次方程式 $3x = 5$ は有理数解をもつ．

  (b) 2 次方程式 $x^2 + ax + 4 = 0$ が虚数解をもつような実数 a がある．

  (c) 任意の実数 a に対し，$a \times x = 1$ となるような実数 x が存在する．

(3)「$\forall a \in \mathbb{R}\, (\exists b \in \mathbb{R}\, (a + b = 0))$」は真の命題であり，「$\exists b \in \mathbb{R}\, (\forall a \in \mathbb{R}\, (a + b = 0))$」は偽の命題である．この違いを考えよ．

章末問題

1 $A = \{3k+1 \mid k = 1, 2, \cdots, 15\}$, $B = \{4k-3 \mid k = 1, 2, \cdots, 20\}$ とするとき, $A \cup B$, $A \cap B$, $A - B$ を求めよ.

2 普遍集合を $U = \{k \mid k \in \mathbb{Z}, -20 \leqq k \leqq 20\}$ とするとき, 集合 $A = \{3k \mid k \in \mathbb{Z}, -6 \leqq k \leqq 6\}$ の補集合 A^C を求めよ.

3 集合 $A = \{x \mid x \in \mathbb{R}, -4 \leqq x \leqq 4\}$, $B = \{k \mid k \in \mathbb{Z}, -2 \leqq k \leqq 2\}$ に対し, 直積集合 $A \times B$ を $\mathbb{R}^2$ の中に図示せよ.

4 関数 $y = f(x)$ で定められる写像 $f : X \longrightarrow Y$ は, 上への写像であるか否か, また 1 対 1 の写像であるか否かを, (1)〜(3) のそれぞれの場合について調べよ.

(1) $f(x) = \sin x$, $X = Y = \mathbb{R}$

(2) $f(x) = \sin x$, $X = \mathbb{R}$, $Y = \{x \in \mathbb{R} \mid -1 \leqq x \leqq 1\}$

(3) $f(x) = \sin x$, $X = \left\{x \in \mathbb{R} \left| -\dfrac{\pi}{2} \leqq x \leqq \dfrac{\pi}{2}\right.\right\}$, $Y = \{x \in \mathbb{R} \mid -1 \leqq x \leqq 1\}$

5 $A = \{x \mid x \in \mathbb{R}, 0 < x < 1\}$, $B = \left\{x \left| x \in \mathbb{R}, -\dfrac{\pi}{2} < x < \dfrac{\pi}{2}\right.\right\}$ とするとき, A と B と $\mathbb{R}$ は同じ濃度をもつことを示せ.

☞ B と $\mathbb{R}$ の対応を $f(x) = \tan x$ を用いて作れ.

6 1 から 1000 までの整数のうち, 5 の倍数全体の集合を A, 7 の倍数全体の集合を B とする. $A \cup B$, $A \cap B$ の要素の個数を計算せよ.

imageType# 第3章

関数

第3章では，関数について高校までに学んだことを，関数の連続性の観点から整理して述べる．また，三角関数の逆関数を新たに定義する．

キーワード 関数，多項式，有理式，無理式，三角関数，ラジアン，指数関数，対数関数，極限，ネピアの定数，連続関数，中間値の定理，最大値・最小値の定理，逆三角関数，arcsin, arccos, arctan.

3.1 関数

〔1〕関数

たとえば $y = x^2$ や $y = \sqrt{x}$ のように，x の値を与えればそれに対応して y の値が定まるとき，y は x の**関数** (function) であるといい，$y = f(x)$ のように表す．x を独立変数，y を従属変数，x の動く範囲を**定義域**といい，y の動く範囲を**値域**という．特に断らない限り x も y も実数であるとする．

関数は定義域 D から実数全体の集合 $\mathbb{R}$ への写像である (2.2 節)：

$$f : D \longrightarrow \mathbb{R}\,;\; x \mapsto y = f(x),\; D \subset \mathbb{R} \tag{3.1}$$

値域は集合 $\{f(x) \mid x \in D\}$ である．関数はグラフによって視覚化される (図 3-1)．

正確にいえば，D を定義域とする関数 $y = f(x)$ のグラフは，xy 平面，つまり 2

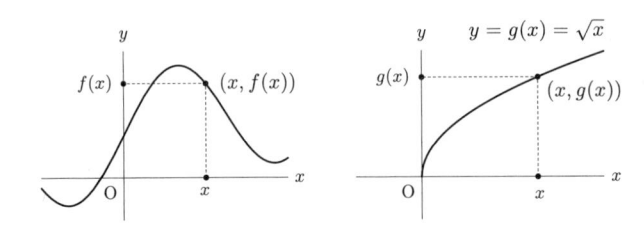

図 3-1 関数のグラフ

次元実数空間 $\mathbb{R}^2$（2.1 節〔2〕）の部分集合

$$\{\,(x, f(x)) \mid x \in D\,\} \subset \mathbb{R}^2$$

である．図 3-1 右図は $y = \sqrt{x}$ のグラフで，定義域は $D = \{\,x \in \mathbb{R} \mid x \geqq 0\,\}$．

以下，よく知られた基本的な関数を復習しておく．

〔2〕多項式・有理式

次の形をした関数を**多項式**（polynomial）という．

$$y = a_n x^n + a_{n-1} x^{n-1} + \cdots + a_1 x + a_0$$
$$a_n \neq 0, \quad a_i \in \mathbb{R} \quad (i = 0, 1, 2, \cdots, n)$$

この式は次数が n なので，単に n 次式ともいわれる．図 3-2 左図と中図は $y = x^n$ のグラフを示す．右図は多項式 $y = x^3 + x^2 - 3x - \dfrac{1}{2}$ のグラフである．多項式のグラフを描くには，微分を用いて増減表を作る必要がある．

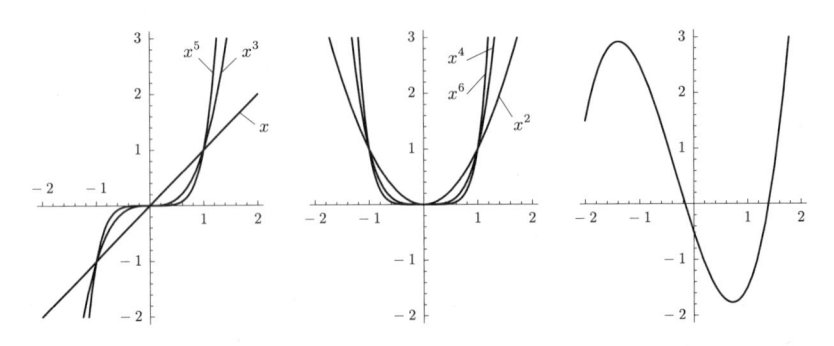

図 3-2　$y = x^n$（左図・中図），$y = x^3 + x^2 - 3x - \dfrac{1}{2}$（右図）

多項式を分母分子とする分数の形で表される関数を**有理式** (rational expression) という．たとえば有理式

$$y = \frac{x^2 - 3x + 3}{x - 1}$$

は，$x = 1$ を除いたところで定義される．グラフを描くには，分子の次数が分母の次数より小さくなるように $y = x - 2 + \dfrac{1}{x - 1}$ と変形して，まず $y = \dfrac{1}{x}$ のグラフを x 軸方向に 1 だけ移動して $y = \dfrac{1}{x - 1}$ のグラフを描き，それと直線 $y = x - 2$ を合成して，つまり各点で $y = \dfrac{1}{x - 1}$ の高さと $y = x - 2$ の高さを足して，$y = \dfrac{x^2 - 3x + 3}{x - 1}$ の高さとすればよい（図 3-3）．より複雑な有理式のグラフは，増減表を作って描かれる．

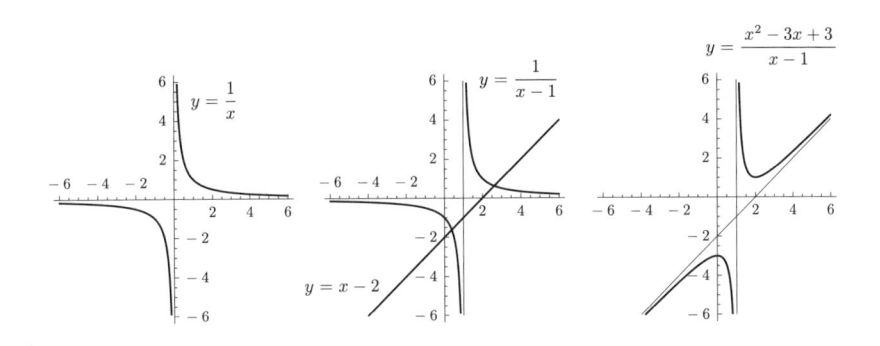

図 3-3　双曲線を平行移動して直線と合成

[3] 無理関数

平方根 $\sqrt{}$ や 3 乗根 $\sqrt[3]{}$ などの根号の中に変数が含まれている関数を**無理式** (irrational expression) という．$y = \sqrt{x}$ は $y^2 = x$ $(y \geqq 0)$ と同じことだから，グラフは放物線 $y = x^2$ の上半分である（図 3-1 右図）．

より複雑な無理式，たとえば

$$y = -\sqrt{1 - x} - \frac{7x - 2}{5}$$

のグラフは図 3-4 に示すように，$y = \sqrt{x}$ のグラフを原点に関して対称移動

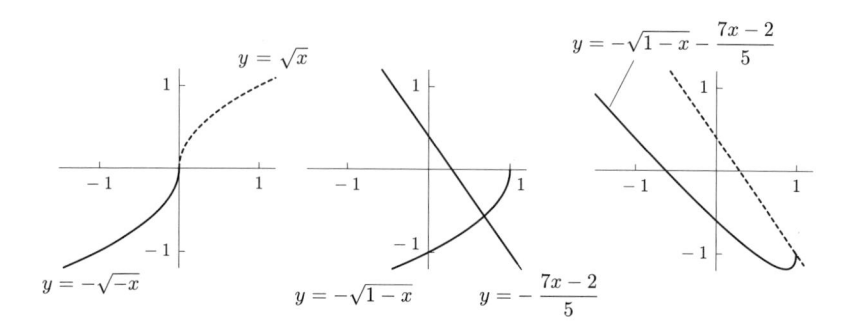

図 3-4 放物線の上半分を折り返し，平行移動して直線と合成

して $y = -\sqrt{-x}$ とし，x 軸方向に 1 平行移動して $y = -\sqrt{1-x}$ とし，直線 $y = -\dfrac{7x-2}{5}$ と合成すればよい．

〔4〕三角関数

三角関数を考えるとき，角度の単位としては度（°）ではなくラジアンを用いる．ラジアンを用いると，三角関数の微分や積分の計算が簡潔に表現できるからである．ラジアンを単位とする角の測り方を**弧度法**という．

図 3-5 のように，O を中心とし半径 1 の円周上に 2 点 A, B を，A から正の向きに測った弧 AB の長さが 1 となるようにとる．このときの角 AOB の大きさを 1 **ラジアン**（radian）と定める．1 周すると弧の長さは 2π となるから $360° = 2\pi$ ラジアンであり，比例関係から次の変換式が得られる．

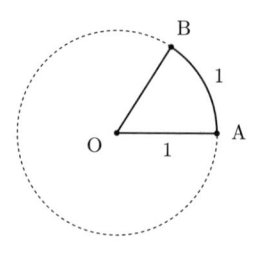

図 3-5　1 ラジアンの角

$$a° = \frac{a\pi}{180} \text{ラジアン}, \quad \alpha \text{ラジアン} = \frac{\alpha}{\pi} \times 180° \tag{3.2}$$

角の大きさについては，通常は単位のラジアンを省略する．

xy 平面の単位円周上に x 軸の正の方向から測って θ の点 P をとり，P の y 座標を $\sin\theta$，x 座標を $\cos\theta$ と定め，$\tan\theta = \dfrac{\sin\theta}{\cos\theta}$ と定める（図 3-6）．

図 3-6 $\sin\theta$, $\cos\theta$, $\tan\theta$ の定義

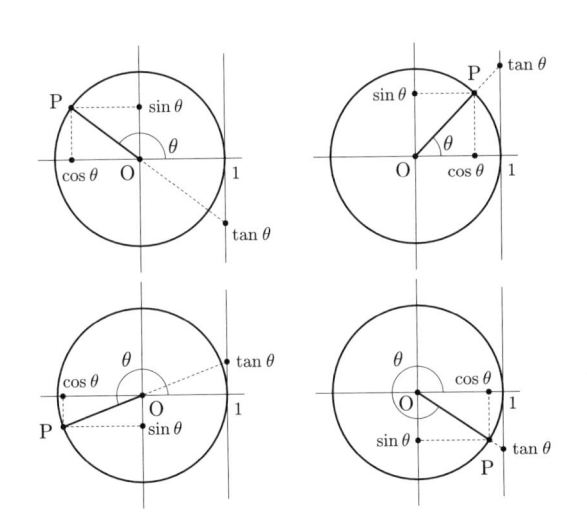

$\tan\theta$ は，O と P を通る直線 $y = \tan\theta\, x$ と点 $(0,1)$ を通り垂直な直線 $x = 1$ の交点の y 座標として図示される．

$\sin\theta$, $\cos\theta$, $\tan\theta$ を三角関数と総称する．$0 < \theta < \pi/2$ の場合には直角三角形の辺の比率としての三角関数と一致する．なお，次の sec（セカント），cosec（コセカント），cot（コタンジェント）の記号もしばしば用いられる．

$$\sec\theta = \frac{1}{\cos\theta}, \quad \csc\theta = \frac{1}{\sin\theta}, \quad \cot\theta = \frac{\cos\theta}{\sin\theta} = \frac{1}{\tan\theta} \tag{3.3}$$

三角関数については多数の公式があるが，その中で次の加法定理は最も重要である．

❖ 定理 3.1 ❖　加法定理

$$\sin(\alpha+\beta) = \sin\alpha\,\cos\beta + \cos\alpha\,\sin\beta \tag{3.4}$$
$$\cos(\alpha+\beta) = \cos\alpha\,\cos\beta - \sin\alpha\,\sin\beta \tag{3.5}$$

$\sin\theta$ の独立変数 θ を x に置き換えて関数 $y = \sin x$ を考えると，そのグラフは図 3-7 のようになる．

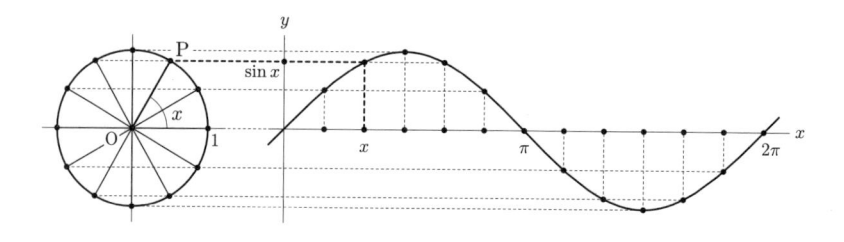

図 3-7　$y = \sin x$ のグラフ

$y = \cos x$ のグラフも同様にして描かれる（図 3-9 太線）．$y = \sin x$, $y = \cos x$ は 2π を基本周期とする周期関数である．すなわち，

$$\sin(x + 2n\pi) = \sin x, \quad \cos(x + 2n\pi) = \cos x, \quad n = 0, \pm 1, \pm 2, \cdots \tag{3.6}$$

であって，2π をそれより小さい正の数で置き換えると，式 (3.6) は成り立たない．グラフでいえば，$0 \leqq x \leqq 2\pi$ の部分が同じ形で左右に無限に繰り返された形となる．式 (3.5) から，$y = \cos x$ のグラフは $y = \sin x$ のグラフを x 軸方向に $\dfrac{\pi}{2}$ だけ平行移動したものである．この形はしばしば正弦波と呼ばれる．

一般に，$y = af(x)$ のグラフは $y = f(x)$ のグラフを x 軸を基準にして上下に a 倍したものであり，$y = f(ax)$ のグラフは $y = f(x)$ のグラフを y 軸を基準にして左右に $\dfrac{1}{a}$ 倍したものである．たとえば $y = 2\sin x$ のグラフは図 3-8 の細線，$y = \cos 2x$ のグラフは図 3-9 の細線のようになる．

$y = \tan x$ は基本周期 π の周期関数で，グラフは図 3-10 のようになる．$\tan x$ は $x = \dfrac{\pi}{2} + n\pi$ $(n = 0, \pm 1, \pm 2, \cdots)$ で定義されない．

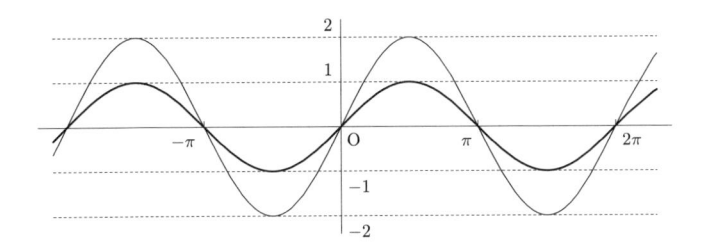

図 3-8　$y = \sin x$（太線），$y = 2\sin x$（細線）

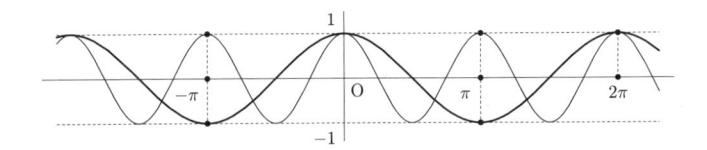

図 3-9　$y = \cos x$（太線），$y = \cos 2x$（細線）

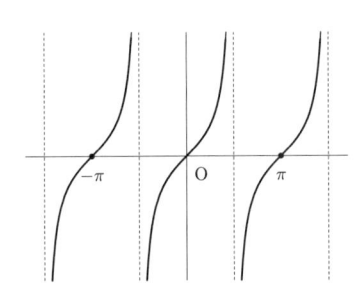

図 3-10　$y = \tan x$ のグラフ

例題 3.1　$y = 2\sin 3x + 1$ のグラフを描け．

解答　$y = \sin x$ のグラフ (a) の周期を $\dfrac{1}{3}$ に縮め (b)，上下に 2 倍し (c)，y 軸方向に 1 平行移動 (d) すればよい（図 3-11）．

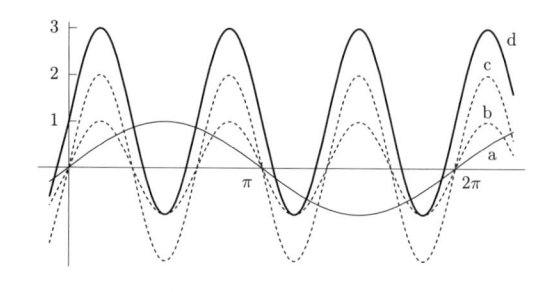

図 3-11　$y = 2\sin 3x + 1$ のグラフ

問題 3.1　次の関数のグラフを描け.

(1) $y = \sin 2x$　　(2) $y = 3\cos 2x$　　(3) $y = -\cos 2x + 1$　　(4) $y = \tan 3x$

〔5〕指数関数・対数関数

初めに**指数**は，たとえば

$$2 \times 2 \times 2 \times 2 \times 2 = 2^5$$

のように，ある数を何回かけたかを表す記号として導入された．2^5 の 2 を底，5 を指数という．一般に次の指数法則が成り立つ．

$$a^m \times a^n = a^{m+n}, \quad (a^m)^n = a^{m \times n}, \quad (ab)^n = a^n b^n \tag{3.7}$$

ここで指数の m, n は掛け算の回数を表す数だから自然数であり，底の a は，掛け算ができればよいのだから一般に複素数であるが，底の a が 1 以外の正の数であるとすると，指数は実数全体まで拡張できる．以下にこのことを簡単に復習しておこう．

まず整数の指数に関しては，

$$a^0 = 1, \quad a^{-k} = \frac{1}{a^k} \quad (k \text{ は自然数})$$

と定める．このとき，すべての整数 m, n に対して指数法則 (3.7) が成り立つ．

次に有理数の指数に関しては

$$a^{\frac{n}{m}} = \left(\sqrt[m]{a}\right)^n \quad (m \text{ は自然数}, n \text{ は整数})$$

のように定義する．このとき，指数法則 (3.7) は m, n を任意の有理数で置き換えても成り立つ．

さらに実数の範囲まで指数を拡張するには 3.3 節で述べる関数の連続性が必要なのだが，この段階では実数全体で定義される指数関数，たとえば $y = 2^x$ を差し当たり感覚的に考えておこう．図 3-12 に示すように，有理数の範囲で x の値をいくつかとり，それに対応した 2^x の値を計算して，xy 平面上に点をとってそれらをつないだグラフを考える．有理数のとり方を十分細かくすれば（有理数は数直線上で稠密であることに注意），無理数，たとえば $x = \sqrt{2}$ における 2^x の値 $2^{\sqrt{2}}$ もいくらでも正確に近似できるであろう（後述の連続性とはそういうことである）．このようにして，$y = 2^x$ のグラフは図 3-12 右図のようになると考えられる．

一般に，$\left(\dfrac{1}{a}\right)^x = a^{-x}$ だから $y = \left(\dfrac{1}{a}\right)^x$ のグラフと $y = a^x$ のグラフは y 軸に関して対称である（図 3-13）．$a > 1$ ならば $f(x) = a^x$ は**単調増加**，つまり $x_1 < x_2$ ならば $f(x_1) < f(x_2)$ であり，$0 < a < 1$ ならば**単調減少**，つまり $x_1 < x_2$ ならば $f(x_1) > f(x_2)$ である．

$a > 1$ のとき，$y = a^x$ は**急速に増大**する関数であるといわれる．図 3-14 左図は，$x = 50$ のとき 2^x が 10^{15} を超えることを示す．左図は y 軸方向に激しく圧縮して

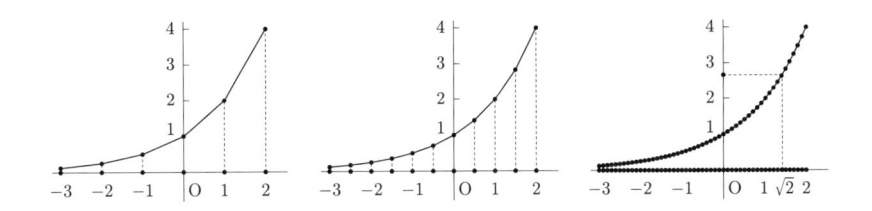

図 3-12 $y = 2^x$ のグラフ

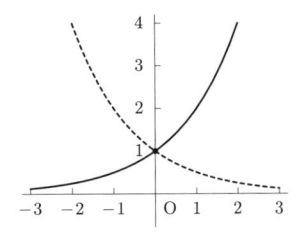

図 3-13 $y = 2^x$, $y = \left(\frac{1}{2}\right)^x$ のグラフ

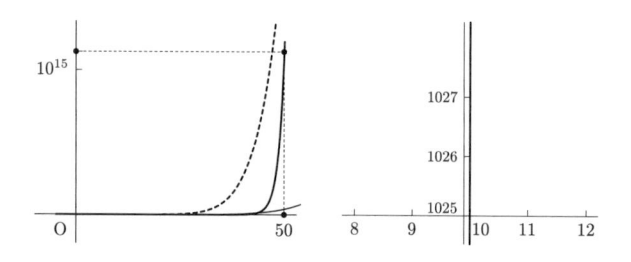

図 3-14　指数関数は急速に増大する

いるのだが，その図で水平に見える $x = 10$ の付近を圧縮なしに正確に拡大したものが右図である．この付近ですでにグラフはほぼ垂直であることがわかる．左図は，$x = 50$ の付近では $y = 2^x$ が $y = x^8$ （$x = 50$ の付近にわずかに見える細線）と $y = x^9$ （破線）の間にあることを示す．x を増やせば $y = 2^x$ は $y = x^9$ を追い越す．自然数 n がどのように大きくても，$y = 2^x$ は $y = x^n$ をいずれ追い越す（あとで証明される）．逆に $0 < a < 1$ のとき，$y = a^x$ は**急速に減少**する関数であるといわれる．

指数と**対数**は，本質的に同じことである．

$$y = \log_a x \iff a^y = x \quad (a > 0,\ a \neq 1) \tag{3.8}$$

$y = \log_a x$ において，a を**底**，y を**対数**，x を**真数**という．

定義から，対数関数 $y = \log_a x$ は $x = a^y$ と同じことであって，指数関数 $y = a^x$ は $x = a^y$ の x と y の立場を入れ替えたものだから，$y = \log_a x$ のグラフと $y = a^x$ のグラフは直線 $y = x$ に関して対称である．図 3-15 左図では，曲線 $y = \log_2 x$ 上の点 $(a, \log_2 a)$ に対して $b = \log_2 a$ とおけば $a = 2^b$ であり，$(a, \log_2 a)$ を直線 $y = x$ に関して対称移動した点 $(\log_2 a, a)$ は $(b, 2^b)$ と書けるから曲線 $y = 2^x$ 上に乗っていることを示す．

指数関数に関しては指数法則が重要であったが，それを対数で表現すれば次のようになる．

$$\log_c ab = \log_c a + \log_c b \tag{3.9}$$

$$\log_c \frac{a}{b} = \log_c a - \log_c b \tag{3.10}$$

$$\log_c a^b = b \log_c a \tag{3.11}$$

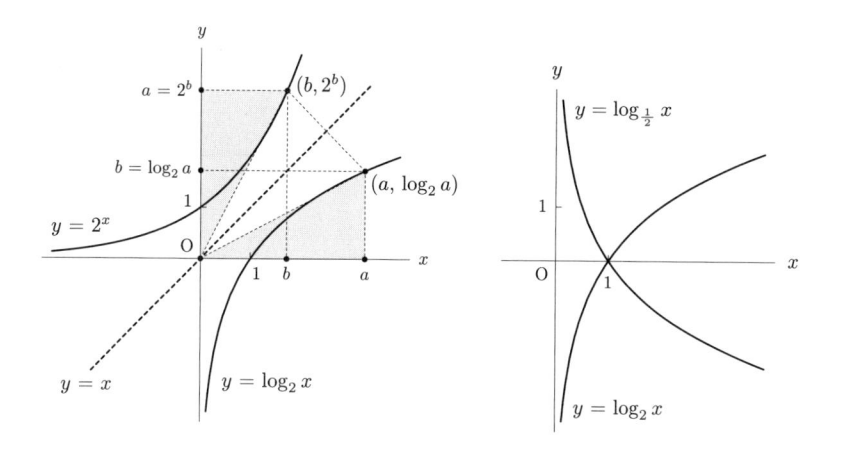

図 3-15 $y = 2^x$ と $y = \log_2 x$（左図），$y = \log_2 x$ と $y = \log_{\frac{1}{2}} x$（右図）

例題 3.2 式 (3.9) を示せ．

解答 まず，一般に $c^{\log_c x} = x$ である．なぜなら，$c^{\log_c x} = y$ とおくと $\log_c y = \log_c x$ だから $y = x$，つまり $c^{\log_c x} = x$．いま，上の注意と指数法則から

$$c^{\log_c a + \log_c b} = c^{\log_c a} c^{\log_c b} = ab \quad \therefore \quad \log_c ab = \log_c a + \log_c b$$

問題 3.2 式 (3.10), (3.11) を示せ．

3.2 関数の極限

〔1〕極限

変数 x が $x \neq a$ という条件を保ちながら定数 a に限りなく近づくとき，関数 $f(x)$ の値が定数 k に限りなく近づくとする．このとき，「x が a に近づくときの $f(x)$ の極限（limit）は k である」といい，記号で

$$x \to a \text{ のとき } f(x) \to k \quad \text{または} \quad \lim_{x \to a} f(x) = k \tag{3.12}$$

のように表す[1]．図 3-16 に示すように，x 軸上を x が定点 a に近づくとき，曲線 $y = f(x)$ に沿って点 $(x, f(x))$ が移動し，その y 座標 $f(x)$ が y 軸上を定点 k に近づくのである．図では x 軸上を x が左から a に近づいているが，式 (3.12) は x が右から a に近づいても，あるいは左右に振動しながら近づいても，近づき方によらずに $f(x)$ が一定の値 k に近づくことを意味する．また，$\lim_{x \to a} f(x)$ を考えるとき，$f(x)$ は $x = a$ の周りで定義されている必要があるが，点 $x = a$ 自身においては必ずしも定義されていなくてもよい．

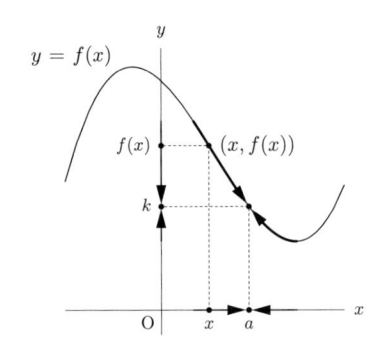

図 3-16　$\lim_{x \to a} f(x) = k$

[2] 例といくつかの用語

関数のグラフを描くことができれば，極限は図から判断できる．いくつか例を挙げながら説明を続けよう．

◉◉◉ 例 1 ◉◉◉　図 3-17 は，関数 $g(x) = \dfrac{1}{x}$ に対し極限 $\lim_{x \to 0} g(x)$ が存在しないことを示す．x が右から 0 に近づくと $g(x)$ はいくらでも大きくなり，x が左から 0 に近づくと $g(x)$ はいくらでも小さくなるので，$g(x)$ は一定の値に近づかない．■

x が右から a に近づく，つまり x が $x > a$ という条件を保ちながら a に近づくことを $x \to a + 0$ で表す．$a = 0$ の場合には $x \to +0$ と表す．$x \to a + 0$ のとき

---

[1]. 極限の正確な記述には，いわゆる「$\epsilon - \delta$ 論（イプシロン・デルタ論法）」が必要である．一松 信『解析学序説』（巻末参考文献 [4]），高木貞治『解析概論』（巻末参考文献 [5]）を参照．

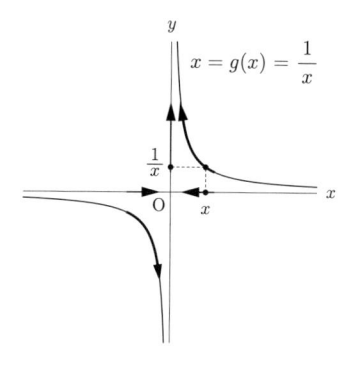

図 3-17　$\lim_{x \to 0} g(x)$ が存在しない例

$f(x)$ が k に近づく場合には

$$\lim_{x \to a+0} f(x) = k$$

と表し，この値 k を $x = a$ における $f(x)$ の**右極限**という．同様に，**左極限**を

$$\lim_{x \to a-0} f(x) = \ell$$

で表す．右極限と左極限が存在して一致しているとき，それが極限となる．

◉◉◉ 例2 ◉◉◉　次の式で定義される関数 $y = \mathrm{sgn}\, x$ を**符号関数**（signature）という（図 3-18 左図）．

$$\mathrm{sgn}\, x = \begin{cases} 1 & (x > 0) \\ 0 & (x = 0) \\ -1 & (x < 0) \end{cases} \tag{3.13}$$

$\mathrm{sgn}\, x$ の $x = 0$ における右極限は $\lim_{x \to +0} \mathrm{sgn}\, x = 1$，左極限は $\lim_{x \to -0} \mathrm{sgn}\, x = -1$ で，両者は一致せず，$\lim_{x \to 0} \mathrm{sgn}\, x$ は存在しない．一方，図 3-18 右図は符号関数

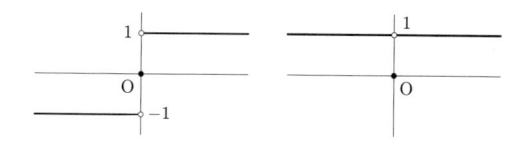

図 3-18　符号関数 $y = \mathrm{sgn}\, x$（左図）とその 2 乗 $y = (\mathrm{sgn}\, x)^2$（右図）

の 2 乗 $y = (\mathrm{sgn}\, x)^2$ のグラフであるが，右極限 $\lim_{x \to +0}(\mathrm{sgn}\, x)^2 = 1$ と左極限 $\lim_{x \to -0}(\mathrm{sgn}\, x)^2 = 1$ は一致し，

$$\lim_{x \to 0}(\mathrm{sgn}\, x)^2 = 1$$

となる． ∎

x が限りなく大きくなる（数直線上を右側に限りなく遠ざかる）ことを $x \to \infty$ で表す．記号 ∞ は**無限大**（infinity）と読む．また，x が限りなく小さくなる（数直線上を左側に限りなく遠ざかる）ことを $x \to -\infty$ で表す．関数の値についての $f(x) \to \pm\infty$ も同様である．

⁂例3⁂ 図 3-19 左図は，関数 $\dfrac{1}{x^2}$ について

$$\lim_{x \to 0} \frac{1}{x^2} = \infty, \quad \lim_{x \to \infty} \frac{1}{x^2} = 0, \quad \lim_{x \to -\infty} \frac{1}{x^2} = 0$$

が成り立つことを示す．∞ は実数ではなく，状態を表す記号であることに注意せよ． ∎

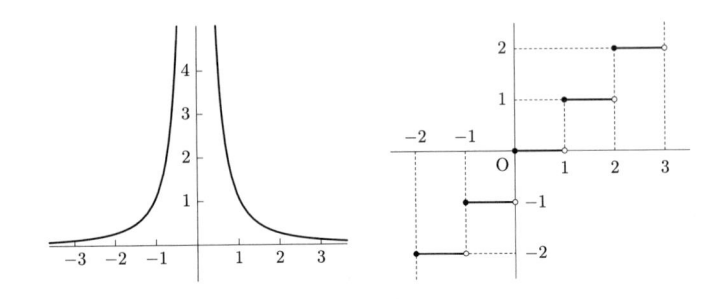

図 3-19 $y = \dfrac{1}{x^2}$（左図），床関数 $y = [x]$（右図）

⁂例4⁂ 次の式で**床関数**（floor function）$[x]$ を定義する[2]．

$$[x] = x \text{ を超えない最大の整数} \tag{3.14}$$

---

[2] 同様に，x 以上の最小の整数を表す関数を**天井関数**（ceiling function）という．

$[\,x\,]$ はガウス[3]の記号とも呼ばれる．たとえば，

$$[\,1.3\,] = 1, \ [\,2\,] = 2, \ \left[\frac{7}{3}\right] = 2, \ [\,\sqrt{3}\,] = 1, \ [\,-1.2\,] = -2, \ [\,-1\,] = -1$$

床関数 $y = [\,x\,]$ のグラフは図 3-19 右図のようになる．床関数に対して

$$\lim_{x \to n+0} [\,x\,] = n, \quad \lim_{x \to n-0} [\,x\,] = n-1 \quad (n \in \mathbb{Z})$$

が成り立つ． ∎

〔3〕極限の性質

あとで必要となる極限に関する性質を，次の定理にまとめておく．

❖ 定理 3.2 ❖

$\lim_{x \to a} f(x) = \alpha \ (\neq \pm\infty), \ \lim_{x \to a} g(x) = \beta \ (\neq \pm\infty)$ ならば

(1) $\lim_{x \to a} cf(x) = c\alpha$ （c は定数）

(2) $\lim_{x \to a} (f(x) \pm g(x)) = \alpha \pm \beta$

(3) $\lim_{x \to a} (f(x)g(x)) = \alpha\beta$

(4) $\lim_{x \to a} \dfrac{f(x)}{g(x)} = \dfrac{\alpha}{\beta}$ （$\beta \neq 0$）

(5) a の近くで常に $f(x) \leqq g(x)$ ならば，$\alpha \leqq \beta$

【証明】 (2) については，一般に実数 p, q に対し $|p \pm q| \leqq |p| + |q|$ が成り立ち，$x \to a$ のとき $f(x) - \alpha \to 0, \ g(x) - \beta \to 0$ だから

$$|(f(x) \pm g(x)) - (\alpha \pm \beta)| = |(f(x) - \alpha) \pm (g(x) - \beta)|$$
$$\leqq |f(x) - \alpha| + |g(x) - \beta| \to 0$$

これは (2) が成り立つことを示す．他の式も似たように示される． ∎

定理 3.2 の性質は，右極限や左極限についても成り立つ．

---

[3] Carl Friedrich Gauss, 1777–1855.

例題 3.3 極限の計算をせよ．

(1) $\lim_{x \to 2} x^2(x+3)$ (2) $\lim_{x \to -1} \dfrac{x^2}{x^3+3}$ (3) $\lim_{x \to -\infty} 2^x$ (4) $\lim_{x \to +0} \log_2 x$

解答

(1) $\lim_{x \to 2} x^2 = 4$, $\lim_{x \to 2}(x+3) = 5$ だから，$\lim_{x \to 2} x^2(x+3) = 4 \times 5 = 20$

(2) $\lim_{x \to -1} x^2 = 1$, $\lim_{x \to -1} x^3 + 3 = 2$ だから

$$\lim_{x \to -1} \frac{x^2}{x^3+3} = \frac{1}{2}$$

(3) 図 3-20 左図より，$\lim_{x \to -\infty} 2^x = 0$

(4) 図 3-20 右図より，$\lim_{x \to +0} \log_2 x = -\infty$

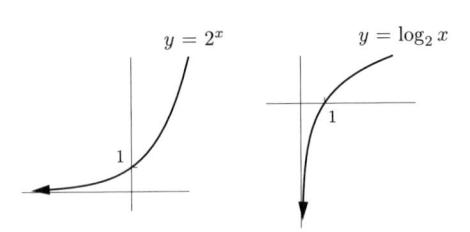

図 3-20 　$\lim_{x \to -\infty} 2^x = 0$（左図），$\lim_{x \to +0} \log_2 x = -\infty$（右図）

問題 3.3 極限の計算をせよ．

(1) $\lim_{x \to 3} 2x^3$ (2) $\lim_{x \to 1}(x^3+x^2-1)$ (3) $\lim_{x \to 2}(x^2+1)(x^3+2)$

(4) $\lim_{x \to -1} \dfrac{x^3+x^2-2x+1}{x+3}$ (5) $\lim_{x \to 1-0} \dfrac{x}{x-1}$ (6) $\lim_{x \to -\infty} \dfrac{1}{2^x+1}$

3.3　連続関数

〔1〕連続関数

まず, 区間 (interval) の記号を紹介する. $a < b$ のとき, 両端を含む区間 $a \leqq x \leqq b$ を**閉区間**といい, $[a, b]$ で表す. 両端を含まない区間 $a < x < b$ を**開区間**といい, (a, b) で表す. 開区間の記号は平面の座標と同じだが, 通常は前後の状況から区別ができる. また, $a < x \leqq b$ を $(a, b]$, $a \leqq x < b$ を $[a, b)$, $x \leqq b$ を $(-\infty, b]$, $x \geqq a$ を $[a, \infty]$, $\mathbb{R}$ を $(-\infty, \infty)$ と表す.

関数 $f(x)$ の定義域内の 1 点 a において

$$\lim_{x \to a} f(x) = f(a) \tag{3.15}$$

となっているとき, $f(x)$ は $x = a$ において**連続** (continuous) であるという. 連続でないとき, **不連続** (discontinuous) という. $f(x)$ がある区間 I の各点において連続であるとき, $f(x)$ は**区間 I で連続**であるという. $f(x)$ が定義域の各点で連続であるとき, **連続関数**という. 連続関数でないとき, **不連続関数**という.

$f(x)$ が $x = a$ において連続であるとは, 直感的にいえば, $x = a$ で $f(x)$ が定義されていて, $x = a$ の付近でグラフが途切れない 1 本の曲線になっていることである (図 3-21 左図). 図 3-21 中図は, $\lim_{x \to a} f(x)$ が存在せず, $x = a$ で不連続である. 図 3-21 左図は, $\lim_{x \to a} f(x)$ は存在するがその値が $f(a)$ と異なるので, $x = a$ で不連続である.

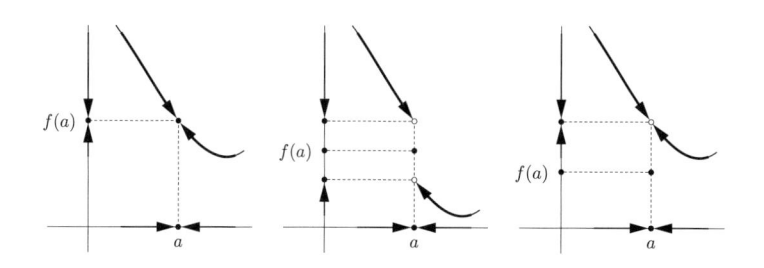

図 3-21　$x = a$ で連続 (左図), 不連続 (中図・右図)

〔2〕連続関数の性質

連続関数のもっている性質をいくつかの定理の形で列挙しておく．まず，定理 3.2 から次の定理が得られる．

❖ 定理 3.3 ❖

$f(x), g(x)$ が $x = a$ で連続ならば，次の関数も $x = a$ で連続である．

(1) $cf(x)$ （c は定数）　　(2) $f(x) \pm g(x)$

(3) $f(x)g(x)$　　(4) $\dfrac{f(x)}{g(x)}$ （$g(a) \neq 0$）

【証明】　(2) については，$f(x), g(x)$ が $x = a$ で連続だから

$$\lim_{x \to a} f(x) = f(a), \quad \lim_{x \to a} g(x) = g(a)$$

したがって，定理 3.2 (2) により

$$\lim_{x \to a}(f(x) \pm g(x)) = f(a) \pm g(a)$$

これは $f(x) \pm g(x)$ が $x = a$ で連続であることを示す．他の式も同様に定理 3.2 より導かれる．■

合成関数に関して，次の定理が成り立つ．

❖ 定理 3.4 ❖

$y = f(x)$ が $x = a$ で連続であり，$z = g(y)$ が $y = f(a)$ で連続ならば，合成関数 $z = g(f(x))$ は $x = a$ で連続である．

【証明】　$b = f(a)$ とおくと，条件により

$$\lim_{x \to a} y = \lim_{x \to a} f(x) = f(a) = b, \quad \lim_{y \to b} g(y) = g(b)$$

初めの式から $x \to a$ のとき $y \to b$ だから

$$\lim_{x \to a} g(f(x)) = \lim_{y \to b} g(f(x)) = \lim_{y \to b} g(y) = g(b) = g(f(a))$$

つまり，$z = g(f(x))$ は $x = a$ で連続である．■

3.3 連続関数　65

　次に挙げる中間値の定理と最大値・最小値の定理の証明には，実数の連続性の議論が必要である．この本では実数の連続性には触れないので，この定理の証明は直観に委ね，内容の説明にとどめる[4]．

> ♣ 定理 3.5 ♣　　中間値の定理
>
> 関数 $f(x)$ が閉区間 $[a,b]$ で連続で $f(a) \neq f(b)$ ならば，$f(a)$ と $f(b)$ の間の任意の値 γ に対し，
>
> $$f(c) = \gamma, \quad a < c < b$$
>
> となるような c が少なくとも一つ存在する．

　この定理の意味は，図形的には明らかであろう．たとえば図 3-22 左図のように $\alpha = f(a) < f(b) = \beta$, $\alpha < \gamma < \beta$ とすると，水平な直線 $y = \gamma$ を基準にして点 (a, α) は下側に，点 (b, β) は上側にある．この 2 点を結ぶ連続な曲線はどこかで (図では $x = c$ で)，この水平な直線を横切るのである．

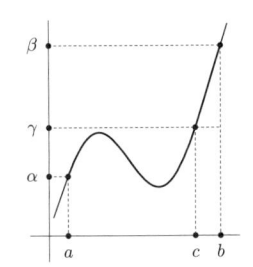

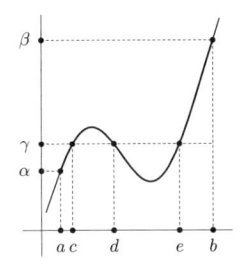

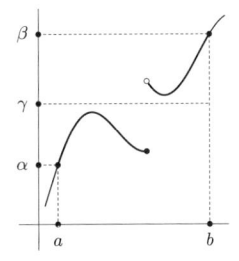

図 3-22　中間値の定理

　このような点は，図 3-22 中図の $x = c, d, e$ のように，いくつか存在することもある．関数 $f(x)$ が連続でない場合には，右図のように γ をとれば，このような点が存在しないこともある．

4．一松 信『解析学序説』(巻末参考文献 [4])，高木貞治『解析概論』(巻末参考文献 [5]) を参照．

❖ **定理 3.6** ❖　**最大値・最小値の定理**

関数 $f(x)$ が閉区間 $[a,b]$ で連続のとき，$f(x)$ は $[a,b]$ で最大値と最小値をもつ．

この定理も図形的には明らかである．図 3-23 左図のような場合，曲線上で最も高い点 (c,M) と最も低い点 (d,m) をとれば，$f(x)$ は $x=c$ で最大値 M をとり，$x=d$ で最小値 m をとる．c または d が区間の端点となることもある．関数が定数 $f(x)=k$ ならば $m=M=k$ であり，c,d は任意である．

考えている区間が閉区間ではなく開区間 $a<x<b$ ならば，$f(x)$ が連続であっても，この区間の中で最大値や最小値をとるとは限らない．図 3-23 中図は最大値も最小値も存在しない例である．また，図 3-23 右図のように，閉区間であっても関数が不連続ならば，最大値・最小値をとらないこともある．

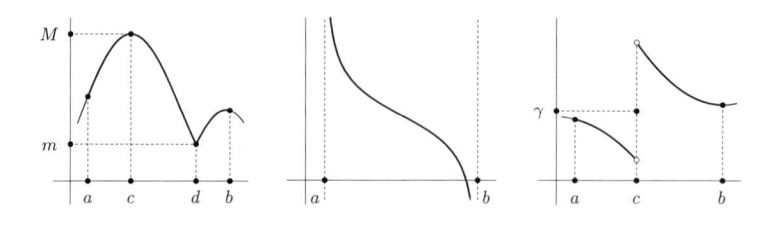

図 3-23　最大値・最小値の定理

逆関数については，次の定理が成り立つ．

❖ **定理 3.7** ❖

区間 I を定義域とする連続関数 $f(x)$ が単調増加または単調減少ならば，$f(x)$ は逆関数 $f^{-1}(x)$ をもち，$f^{-1}(x)$ も連続である．

初めに，$f(x)$ が単調増加で I が閉区間 $[a,b]$ である場合を考える．閉区間 $[f(a),f(b)]$ を J とおくと，$f(x)$ が単調増加であることから，f は区間 I から区間 J への写像となり，かつ 1 対 1 写像である．区間 J の内部の点 $\gamma\,(f(a)<\gamma<f(b))$ に対しては，定理 3.5 によって $f(c)=\gamma$ となる $c\,(a<c<b)$ が存在して f は上

への写像でもあり，したがって1対1対応となるから逆写像 $f^{-1}: J \to I$，つまり逆関数 $f^{-1}(x)$ が存在する（2.2節〔6〕）（図 3-24）．

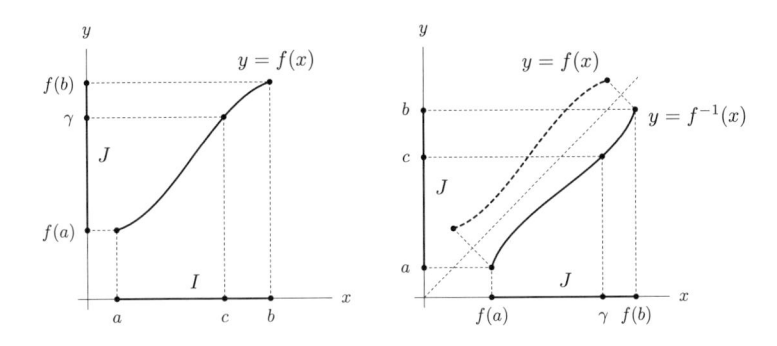

図 3-24　$y = f(x)$（左図）の逆関数 $y = f^{-1}(x)$（右図の実線）

I がその他のタイプの区間 (a, b)，$[a, b)$，$(a, b]$，$(-\infty, \infty)$，$[a, \infty)$，$(-\infty, b]$ の場合にも，$f(x)$ の値域 J の任意の点 $\gamma = f(c)$ に対し c を含む閉区間 $[a_0, b_0] \subset I$ をとることにより，上の議論に帰着する．

ここでは $y = f^{-1}(x)$ の連続性は証明しないが，次のように考えれば視覚的には納得できるであろう．$y = f^{-1}(x)$ は $x = f(y)$ と同値であり，$y = f(x)$ の x と y の立場を入れ替えたものであるから，$y = f^{-1}(x)$ のグラフ（図 3-24 右図の実線）は $y = f(x)$ のグラフ（同図の点線）と直線 $y = x$ に関して対称である．$f(x)$ の連続性から $y = f(x)$ のグラフは途切れない1本の直線であり，したがってそれと対称な $y = f^{-1}(x)$ のグラフも途切れない1本の直線となり，$f^{-1}(x)$ は連続関数である．

〔3〕例

連続関数の性質に注意して，3.1節と3.2節の関数を見てみよう．

◖◖◖ 例 1 ◗◗◗　（多項式・有理式・無理式）

多項式については，まず $f(x) = x$ は明らかに $\mathbb{R}$ 全域で連続である．$x^2 = x \times x$ などに注意すれば，定理 3.3 (1)(2)(3) により，多項式は $\mathbb{R}$ 全域で連続である．

有理式については,まず $f(x) = \dfrac{1}{x}$ は $x = 0$ で定義されていないので,そこで不連続であるが,その他の点では連続である.したがって実数全域 $(-\infty, \infty)$ で連続ではないが,$x = 0$ は定義域から除外されているので,定義域では連続で,その意味で連続関数である.他の有理式,たとえば $f(x) = \dfrac{x^2 - 3x + 3}{x - 1}$ は,$f(x) = x - 1$ と $g(x) = \dfrac{1}{x}$ の合成関数 $g(f(x))$ と多項式 $h(x) = x^2 - 3x + 3$ の積だから,定理 3.3 (3) (4) と定理 3.4 から,分母が 0 になる点 $x = 1$ を除いて連続である.

無理式については,まず $f(x) = \sqrt{x}$ は $g(x) = x^2$,$x \geqq 0$ の逆関数として,定理 3.7 から定義域 $[0, \infty)$ で連続である.他の無理式,たとえば $y = -\sqrt{1-x} - \dfrac{7x-2}{5}$ についても,定理 3.3 (3) (4) と定理 3.4 から,根号の中が正または 0 となる範囲 $x \leqq 1$ で連続である.

◊◊◊ 例2 ◊◊◊ (三角関数)

三角関数については,$y = \sin x$,$y = \cos x$ が連続関数であることはほぼ明らかであろうが,少し詳しく説明しておく.

$0 < x < \dfrac{\pi}{2}$ の場合には,図 3-25 のように点 O を中心とする半径 1 の円周上に 2 点 A, B をとる.三角形 OAB と扇形 OAB の面積を比較して

$$0 < \dfrac{1}{2} \times 1 \times \sin x < \pi \times 1^2 \times \dfrac{x}{2\pi}$$

$$\therefore\ 0 < \sin x < x \qquad \therefore\ \lim_{x \to +0} \sin x = 0$$

$-\dfrac{\pi}{2} < x < 0$ の場合には,上の式の x を $-x$ で置き換えることにより $\lim_{x \to -0} \sin x = 0$ が示される.したがって,$\lim_{x \to 0} \sin x = 0$ である.また,$-\dfrac{\pi}{2} < x < \dfrac{\pi}{2}$ の範囲では

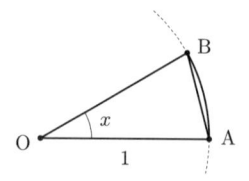

図 3-25 $0 < x < \dfrac{\pi}{2}$ なら $0 < \sin x < x$

$\cos x > 0$ だから，$\cos x = \sqrt{1-\sin^2 x}$ となり，$\sqrt{x}$ の連続性と $\lim_{x\to 0}\sin x = 0$ から $\lim_{x\to 0}\cos x = 1$ が得られる．

次に，任意の値 a に対し，加法定理から

$$\sin x = \sin(a+(x-a)) = \sin a \cos(x-a) + \cos a \sin(x-a)$$

が成り立つから，$x \to a$ のとき $x-a \to 0$ であることに注意して

$$\begin{aligned}\lim_{x\to a}\sin x &= \lim_{x\to a}(\sin a \cos(x-a) + \cos a \sin(x-a)) \\ &= \sin a \lim_{x\to a}\cos(x-a) + \cos a \lim_{x\to a}\sin(x-a) \\ &= \sin a \times 1 + \cos a \times 0 = \sin a\end{aligned}$$

となり，$\sin x$ は任意の点 $x=a$ で連続である．加法定理から $\cos x = \sin\left(x+\dfrac{\pi}{2}\right)$ だから，$\sin x$ の連続性と定理 3.4 から $\cos x$ も連続関数である．

●●● 例 3 ●●●　（指数関数・対数関数）

3.1 節 [5] で述べたように，1 以外の正の数 a を底とする指数関数 $f(x) = a^x$ は，まず x が有理数である場合に定義し，有理数が数直線 $\mathbb{R}$ 上で稠密であることを用いて，a^x が $\mathbb{R}$ 上の連続関数となるように，無理数の x に対しても a^x を定義する（具体的な手順は込み入っている）．$f(x) = a^x$ が連続な単調増加または単調減少関数であることから，定理 3.7 より a^x の値域 $(0, \infty)$ を定義域とする連続な逆関数 $f^{-1}(x)$ が存在し，それを $f^{-1}(x) = \log_a x$ で表すのである[5]．

●●● 例 4 ●●●　（符号関数・床関数）

式 (3.13) で定義された符号関数 $\operatorname{sgn} x$ は，図 3-18 から読み取れるように $\lim_{x\to 0}\operatorname{sgn} x$ が存在せず $x=0$ で不連続であるが，その他の点においては連続である．$(\operatorname{sgn} x)^2$ は，$\lim_{x\to 0}(\operatorname{sgn} x)^2 = 1$ は存在するが，$\lim_{x\to 0}(\operatorname{sgn} x)^2 = 1 \neq (\operatorname{sgn} 0)^2 = 0$ なので $x=0$ で不連続である．その他の点においては連続である．

式 (3.14) で定義された床関数 $[x]$ は，図 3-19 から読み取れるように任意の整数 n に対し $\lim_{x\to n}[x]$ が存在せず $x=n$ で不連続である．その他の点においては連続である．

---

[5]. 指数関数・対数関数のより簡潔な定義方法として，後述の「連続関数は積分可能である」という定理を用いて，$(0,\infty)$ 上の連続関数 $f(x) = \dfrac{1}{x}$ の原始関数の一つとして対数関数を定め，その逆関数として指数関数を定めることもできる．

●●● 例5 ●●●　より複雑な不連続点をもつ関数の例を挙げる．関数

$$f(x) = \sin \frac{1}{x} \tag{3.16}$$

は $x=0$ のどんな近くでも -1 と 1 の間の任意の値をとるから，$\lim_{x \to 0} f(x)$ は存在しないし，$x=0$ において $f(x)$ は定義されていない（図 3-26）．

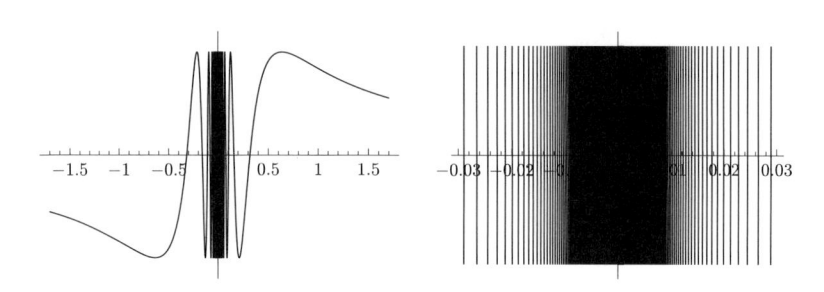

図 3-26　$y = \sin \dfrac{1}{x}$（右図は原点の付近の拡大）

これに対して，0 以外の x に対して定義される関数

$$g(x) = x \sin \frac{1}{x} \tag{3.17}$$

は $\lim_{x \to 0} g(x) = 0$ を満たす（図 3-27）．したがって，$g(x)$ をあらためて

$$g(x) = \begin{cases} x \sin \dfrac{1}{x} & (x \neq 0) \\ 0 & (x = 0) \end{cases} \tag{3.18}$$

で定義すると，$g(x)$ は $\mathbb{R}$ 上の連続関数となる．

●●● 例6 ●●●　関数 $f(x)$ を

$$f(x) = \begin{cases} 0 & (x \in \mathbb{Q}) \\ 1 & (x \in \mathbb{R} - \mathbb{Q}) \end{cases} \tag{3.19}$$

で定義する．つまり，$f(x)$ は x が有理数ならば 0，x が無理数ならば 1 となる関数である．この関数のグラフは通常の意味では描くことができないが，図 3-28 から状況が推測できるであろう．図 3-28 左図は，いくつかの有理数と無理数をそれ

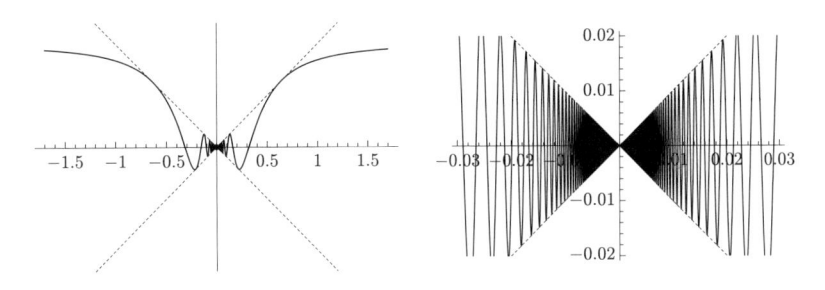

図 3-27　$y = x \sin \dfrac{1}{x}$（右図は原点の付近の拡大）

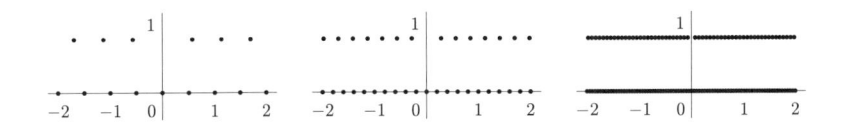

図 3-28　いたるところで不連続な関数

ぞれ等間隔にとり，対応する点 $(x, f(x))$ をプロットしたものである．点の間隔を小さくしていったのが中図と右図である．有理数も無理数も数直線上で稠密に存在するから（1.1 節〔3〕,〔4〕），x 軸の上と直線 $y = 1$ の上に $y = f(x)$ の「グラフ」の点が稠密に分布している．したがって，任意の $a \in \mathbb{R}$ に対し $\displaystyle\lim_{x \to a} f(x)$ は存在せず，$f(x)$ はいたるところで不連続な関数となる．

問題 3.4　次の関数のグラフを描き，不連続点があれば挙げよ．

(1) $[x] + x$　　(2) $[x^2]$　　(3) $\mathrm{sgn}(\sin x)$　　(4) $\mathrm{sgn}(\sin^2 x)$

〔4〕逆三角関数

ここで定理 3.7 を用いて，微分積分学において重要な逆三角関数を紹介する．

$y = \sin x$ は実数全体 $\mathbb{R} = (-\infty, \infty)$ を定義域とする連続関数であるが，閉区間 $I = [-\pi/2, \pi/2]$ に限定すれば単調増加関数である（図 3-29 左図）．したがって定理 3.7 により逆関数をもつから，それを $y = \arcsin x$（アークサイン x）と表す．$y = \arcsin x$ のグラフは $y = \sin x$（$-\pi/2 \leqq x \leqq \pi/2$）のグラフを直線 $y = x$ に関

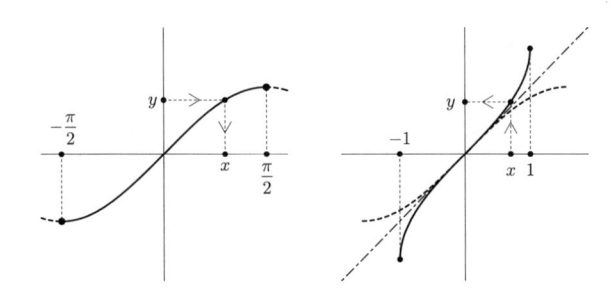

図 3-29 　$y = \sin x$（左図）と逆関数 $y = \arcsin x$（右図）

して対称に折り返したものになる（図 3-29 右図）．また，$y = \arcsin x$ の定義域は $-1 \leqq x \leqq 1$ である．簡単にまとめると，

$$y = \arcsin x \iff x = \sin y, \quad -\frac{\pi}{2} \leqq y \leqq \frac{\pi}{2}$$

ここで $P \iff Q$ は，2.1 節〔1〕で述べたように，P と Q が同値であることを表す．

$y = \cos x$ の逆関数 $y = \arccos x$（**アークコサイン** x）も同様に定義される（図 3-30）．関数 $y = \cos x$ が単調となる区間 $0 \leqq x \leqq \pi$ で逆関数を考えればよい．簡単にいえば

$$y = \arccos x \iff x = \cos y, \quad 0 \leqq y \leqq \pi$$

$y = \tan x$ の逆関数 $y = \arctan x$（**アークタンジェント** x）についても，関数 $y = \tan x$ が単調となる区間 $-\pi/2 < x < -\pi/2$ で逆関数を考えればよい．

$$y = \arctan x \iff x = \tan y, \quad -\frac{\pi}{2} < y < \frac{\pi}{2}$$

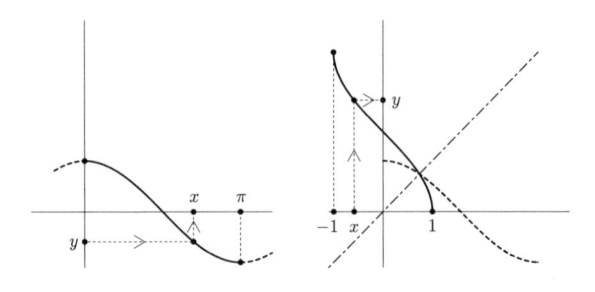

図 3-30 　$y = \cos x$（左図）と逆関数 $y = \arccos x$（右図）

$y = \arccos x$ と $y = \arctan x$ の定義域と関数の値の範囲については，グラフから判断せよ（図 3-31）.

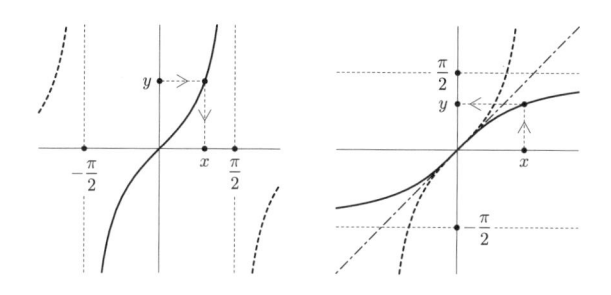

図 3-31　$y = \tan x$（左図）と逆関数 $y = \arctan x$（右図）

$\arcsin x$ は，逆関数の記号 f^{-1} に従って $\sin^{-1} x$ と表記されることもあるが，これは $(\sin x)^{-1}$，つまり $\dfrac{1}{\sin x} = \text{cosec}\, x$ と紛らわしいので，この本では $\arcsin x$ と表す．$\arccos x$, $\arctan x$ も同様である．$\arcsin x$, $\arccos x$, $\arctan x$ を**逆三角関数**という．

以上をまとめると

❖ 定義 3.1 ❖　**逆三角関数**

$$y = \arcsin x \iff x = \sin y, \quad -\frac{\pi}{2} \leqq y \leqq \frac{\pi}{2} \tag{3.20}$$

$$y = \arccos x \iff x = \cos y, \quad 0 \leqq y \leqq \pi \tag{3.21}$$

$$y = \arctan x \iff x = \tan y, \quad -\frac{\pi}{2} < y < \frac{\pi}{2} \tag{3.22}$$

例題 3.4

(1) $\arcsin \dfrac{\sqrt{3}}{2}$ の値を求めよ．

(2) $\arcsin x + \arccos x = \dfrac{\pi}{2}$ を示せ．

解答

(1) $\arcsin \dfrac{\sqrt{3}}{2} = \alpha$ とおくと，$\sin \alpha = \dfrac{\sqrt{3}}{2}$，$-\dfrac{\pi}{2} \leqq \alpha \leqq \dfrac{\pi}{2}$．したがって，$\alpha = \dfrac{\pi}{3}$，つまり $\arcsin \dfrac{\sqrt{3}}{2} = \dfrac{\pi}{3}$．

(2) $\arcsin x = \alpha$，$\arccos x = \beta$ とおくと，定義から
$$x = \sin \alpha, \quad -\dfrac{\pi}{2} \leqq \alpha \leqq \dfrac{\pi}{2}, \quad x = \cos \beta, \quad 0 \leqq \beta \leqq \pi$$

加法定理を用いて
$$\sin \alpha = x = \cos \beta = \sin \left(\dfrac{\pi}{2} - \beta \right)$$

$-\dfrac{\pi}{2} \leqq \alpha \leqq \dfrac{\pi}{2}$，$-\dfrac{\pi}{2} \leqq \dfrac{\pi}{2} - \beta \leqq \dfrac{\pi}{2}$ だから
$$\alpha = \dfrac{\pi}{2} - \beta \quad \therefore \quad \arcsin x + \arccos x = \alpha + \beta = \dfrac{\pi}{2}$$

問題 3.5 次の値を求めよ．

(1) $\arccos \dfrac{-\sqrt{3}}{2}$ (2) $\arcsin(-1)$ (3) $\arctan \sqrt{3}$
(4) $\arccos 1$ (5) $\displaystyle\lim_{x \to \infty} \arctan x$

章末問題

1 次の問いに答えよ．

(1) 二つの関数 $y = \dfrac{3}{x-1}$，$y = x+1$ のグラフを描き，交点の座標を求めよ．

(2) グラフから判断して，不等式 $\dfrac{3}{x-1} < x+1$ を解け．

2 次の問いに答えよ．

(1) 二つの関数 $y = \sqrt{x+1}$，$y = x-1$ のグラフを描き，交点の座標を求めよ．

(2) グラフから判断して，不等式 $\sqrt{x+1} < x-1$ を解け．

3 次の問いに答えよ．

(1) $\sin\dfrac{\pi}{6}=\dfrac{1}{2}$, $\cos\dfrac{\pi}{6}=\dfrac{\sqrt{3}}{2}$ に注意し，加法定理を用いて，$\sqrt{3}\sin x+\cos x$ を $a\sin(x+b)$ の形に表せ．

(2) $y=\sqrt{3}\sin x+\cos x$ のグラフを描け．

4 次の値を求めよ．

$$\arcsin\frac{\sqrt{3}}{2},\quad \arccos(-1),\quad \arctan\frac{1}{\sqrt{3}},\quad \arcsin\frac{1}{\sqrt{2}}$$

5 双曲線関数 $\sinh x$（ハイパボリック・サイン x），$\cosh x$（ハイパボリック・コサイン x）を

$$\sinh x=\frac{e^x-e^{-x}}{2},\quad \cosh x=\frac{e^x+e^{-x}}{2}$$

で定義するとき，次の式が成り立つことを示せ．

$$(\sinh x)^2-(\cosh x)^2=-1$$

第4章

微分

この章では,微分の定義,微分の計算方法,応用としての関数の増減についてまとめる.逆三角関数の微分の項目以外は,高校の数学 III に含まれる内容である.

> キーワード　平均変化率,微分係数,導関数,微分,合成関数・逆関数の微分,三角関数・指数関数・対数関数・無理関数・分数関数の微分,関数の増減・極大値・極小値.

4.1　微分

〔1〕平均変化率と微分係数

関数 $y = f(x)$ と定数 a, b $(a < b)$ に対し

$$\frac{f(b) - f(a)}{b - a} \tag{4.1}$$

で定まる値を,$x = a$ から $x = b$ までの $f(x)$ の**平均変化率**という.$b < a$ の場合の b から a までの平均変化率も,同じ式 (4.1) で与えられることに注意せよ.

図 4-1 に示すように,$y = f(x)$ のグラフ上に 2 点 $A(a, f(a))$, $B(b, f(b))$ をとって,直角三角形 ABC を作れば,斜辺の傾きは式 (4.1) で求められる.つまり,$x = a$ のから $x = b$ までの $f(x)$ の平均変化率は,2 点 $A(a, f(a))$, $B(b, f(b))$ を結ぶ直線

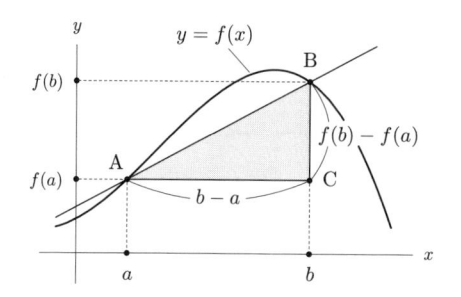

図 4-1 a から b までの平均変化率 $\dfrac{f(b)-f(a)}{b-a}$

の傾きを表す．

ここで，点 $A(a, f(a))$ を固定したまま点 $B(b, f(b))$ を曲線 $y = f(x)$ に沿って A に近づけたときの平均変化率の極限が存在するとき，関数 $f(x)$ は $x = a$ で**微分可能**であるといい，その極限値を $x = a$ における $f(x)$ の**微分係数**（微係数）と呼んで $f'(a)$ で表す．

$$f'(a) = \lim_{b \to a} \frac{f(b) - f(a)}{b - a} \tag{4.2}$$

図 4-2 左図は B を左側から，右図は右側から A に近づけた様子を示す．図から $f'(a)$ は曲線 $y = f(x)$ の $x = a$ における接線の傾きを表すことがわかる．

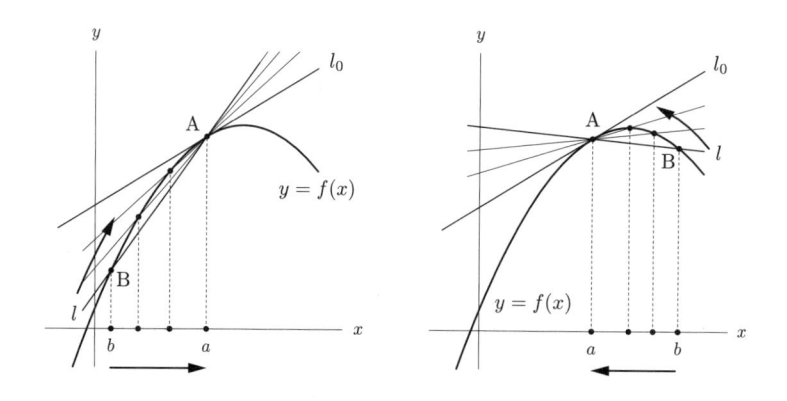

図 4-2 微分係数：平均変化率の極限，接線の傾き

式 (4.2) で，$b-a$ を h とおくと $b=a+h$ だから，式 (4.2) は次のように表される．

$$f'(a) = \lim_{h \to 0} \frac{f(a+h) - f(a)}{h} \tag{4.3}$$

また，$x=a$ における曲線 $y=f(x)$ の接線の方程式は，次のようになる．

$$y = f'(a)(x-a) + f(b) \tag{4.4}$$

例題 4.1 $f(x) = x^3$ とするとき，

(1) $x=1$ から $x=2$ までの平均変化率を求めよ．
(2) $f'(1)$ を求めよ．

解答

(1) $\dfrac{f(2) - f(1)}{2-1} = \dfrac{8-1}{1} = 7$

(2) $f'(1) = \lim\limits_{h \to 0} \dfrac{f(1+h) - f(1)}{h} = \lim\limits_{h \to 0} \dfrac{3h + 3h^2 + h^3}{h} = \lim\limits_{h \to 0}(3 + 3h + h^2) = 3$

問題 4.1 $f(x) = x^2$ に対し，

(1) $x=1$ から $x=2$ までの平均変化率を求めよ．
(2) $x=1$ から $x=\dfrac{5}{4}$ までの平均変化率を求めよ．
(3) $f'(1)$ を求めよ．

〔2〕導関数

関数 $f(x)$ が定義域の各点で微分可能のとき，$f(x)$ を **微分可能な関数** という．$f(x)$ が微分可能な関数であるとき，微分係数 $f'(a)$ において a を変数 x で置き換えると，x の値に伴って微分係数 $f'(x)$ の値が変わるから，関数 $f'(x)$ が得られる．これを $f(x)$ の **導関数** という．つまり

$$f'(x) = \lim_{h \to 0} \frac{f(x+h) - f(x)}{h} \tag{4.5}$$

x の増分 h を Δx で，y の増分 $f(x+\Delta x)-f(x)$ を Δy で表すと，導関数は

$$f'(x) = \lim_{\Delta \to 0} \frac{\Delta y}{\Delta x} = \lim_{\Delta x \to 0} \frac{f(x+\Delta x)-f(x)}{\Delta x} \tag{4.6}$$

と表される．$y=f(x)$ の導関数は次のようにも表される．

$$y', \ \frac{dy}{dx}, \ \frac{d}{dx}f(x), \ \frac{df(x)}{dx}$$

図 4-3 は導関数の図形的な意味を示す．$y=f(x)$ のグラフ上の点 $(x,f(x))$ における接線を斜辺とし，底辺の長さが 1 で高さが $f'(a)$ であるような直角三角形を考える．高さを表すベクトルを，始点が x 軸上の点 $(x,0)$ となるように平行移動すると，ベクトルの終点は $(x,f'(x))$ となるから，このベクトルの終点の軌跡が，導関数 $y=f'(x)$ のグラフとなる（図の太い破線）．

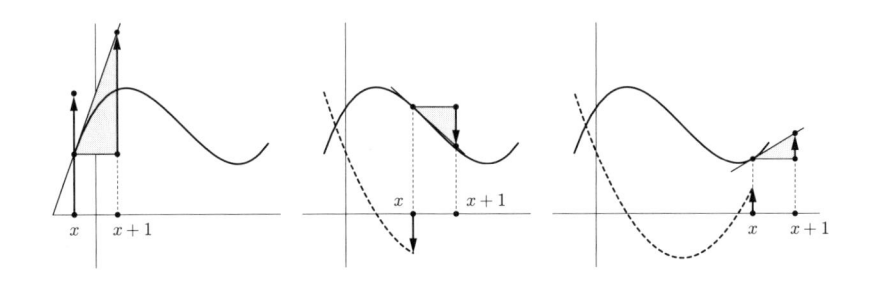

図 4-3　導関数：各点で接線の傾きを対応させる

$f(x)$ の導関数を求めることを，$f(x)$ を **微分** するという．導関数自身を微分と呼ぶこともある．

高校で習った関数は，実はほとんどが連続かつ微分可能な関数なので，連続性や微分可能性を定義する必然性がわかりにくいであろう．それを示す具体例を挙げればよいのだが，ここではあまり深入りせずに，差し当たり必要な次の定理を紹介するにとどめる．

♣ 定理 4.1 ♣

微分可能な関数は連続関数である．

【証明】 $x = a$ を $f(x)$ の定義域の中の任意の点とする．$f(x)$ は $x = a$ で微分可能だから，微分係数

$$f'(a) = \lim_{h \to 0} \frac{f(a+h) - f(a)}{h}$$

が存在する．したがって

$$\begin{aligned}
\lim_{h \to 0}(f(a+h) - f(a)) &= \lim_{h \to 0} \left(\frac{f(a+h) - f(a)}{h} \cdot h \right) \\
&= \lim_{h \to 0} \frac{f(a+h) - f(a)}{h} \cdot \lim_{h \to 0} h \\
&= f'(a) \cdot 0 = 0
\end{aligned}$$

$$\therefore \lim_{h \to 0} f(a+h) = f(a)$$

つまり $f(x)$ は $x = a$ で連続である．a は任意であったから，$f(x)$ は連続関数である． ∎

〔3〕微分の基本的な性質

次の定理に挙げる公式は，微分の計算に必要な基本的性質である．

❖ 定理 4.2 ❖

$f(x), g(x)$ が微分可能ならば，

(1) $(a f(x) + b g(x))' = a f'(x) + b g'(x)$ （a, b は定数）

(2) $(f(x) g(x))' = f'(x) g(x) + f(x) g'(x)$

(3) $\left(\dfrac{1}{g(x)} \right)' = \dfrac{-g'(x)}{(g(x))^2}$ （$g(x) \neq 0$）

(4) $\left(\dfrac{f(x)}{g(x)} \right)' = \dfrac{f'(x) g(x) - f(x) g'(x)}{(g(x))^2}$ （$g(x) \neq 0$）

(5) n が整数のとき，$(x^n)' = n x^{n-1}$ （n が負のときは $x \neq 0$）

【証明】 (1) については定義から

$$(a f(x) + b g(x))' = \lim_{h \to 0} \frac{(a f(x+h) + b g(x+h)) - (a f(x) + b g(x))}{h}$$

定理 3.2 (p.61) を用いて

$$\text{右辺} = a \lim_{h \to 0} \frac{f(x+h) - f(x)}{h} + b \lim_{h \to 0} \frac{g(x+h) - g(x)}{h}$$
$$= a\,f'(x) + b\,g'(x)$$

(2) (3) は，定理 4.1 により $g(x)$ は連続関数であるから，$\lim_{h \to 0} g(x+h) = g(x)$ となることに注意して計算する．(2) については

$$\{f(x)g(x)\}' = \lim_{h \to 0} \frac{f(x+h)g(x+h) - f(x)g(x)}{h}$$
$$= \lim_{h \to 0} \left\{ \frac{f(x+h) - f(x)}{h} g(x+h) + f(x) \frac{g(x+h) - g(x)}{h} \right\}$$
$$= \lim_{h \to 0} \frac{f(x+h) - f(x)}{h} \lim_{h \to 0} g(x+h) + f(x) \lim_{h \to 0} \frac{g(x+h) - g(x)}{h}$$
$$= f'(x)g(x) + f(x)g'(x)$$

(3) については

$$\left(\frac{1}{g(x)} \right)' = \lim_{h \to 0} \frac{1}{h} \left\{ \frac{1}{g(x+h)} - \frac{1}{g(x)} \right\}$$
$$= \lim_{h \to 0} \frac{1}{h} \frac{g(x) - g(x+h)}{g(x+h)g(x)}$$
$$= \lim_{h \to 0} \left\{ -\frac{1}{g(x+h)g(x)} \right\} \lim_{h \to 0} \frac{g(x+h) - g(x)}{h}$$
$$= -\frac{g'(x)}{(g(x))^2}$$

(4) は (2) (3) を用いて

$$\left(\frac{f(x)}{g(x)} \right)' = \left(f(x) \frac{1}{g(x)} \right)' = f'(x) \frac{1}{g(x)} + f(x) \left(\frac{1}{g(x)} \right)'$$
$$= f'(x) \frac{1}{g(x)} + f(x) \left(-\frac{g'(x)}{(g(x))^2} \right)$$
$$= \frac{f'(x)g(x) - f(x)g'(x)}{(g(x))^2}$$

(5) については，まず n が自然数の場合には二項定理

$$(x+h)^n = {}_n\mathrm{C}_0 x^n + {}_n\mathrm{C}_1 x^{n-1} h + {}_n\mathrm{C}_2 x^{n-2} h^2 + \cdots + {}_n\mathrm{C}_n h^n$$

を用いて

$$(x^n)' = \lim_{h \to 0} \frac{(x+h)^n - x^n}{h}$$
$$= \lim_{h \to 0} \left({}_nC_1 x^{n-1} + {}_nC_2 x^{n-2} h + \cdots + {}_nC_n h^n \right)$$
$$= \lim_{h \to 0} {}_nC_1 x^{n-1} = nx^{n-1}$$

次に n が負の整数のときには $n = -m$ とおいて (3) を用いればよい．$n = 0$ のときは $(1)' = 0$ となり，(5) が成り立つ． ∎

例題 4.2 微分せよ．

(1) $y = (x^2 + 3x + 1)(2x - 1)$
(2) $y = \dfrac{x^2}{x^3 - 1}$
(3) $y = \dfrac{x}{x^2 + 1}$

解答 定理 4.2 の (2)(4) を用いる．

(1) $y' = (x^2 + 3x + 1)'(2x - 1) + (x^2 + 3x + 1)(2x - 1)'$
$= (2x + 3)(2x - 1) + (x^2 + 3x + 1) \cdot 2 = 6x^2 + 10x - 1$

(2) $y' = \dfrac{(x^2)'(x^3 - 1) - (x^2)(x^3 - 1)'}{(x^3 - 1)^2} = \dfrac{-x(x^3 + 2)}{(x^3 - 1)^2}$

(3) $y' = \dfrac{x'(x^2 + 1) - x(x^2 + 1)'}{(x^2 + 1)^2} = -\dfrac{(x + 1)(x - 1)}{(x^2 + 1)^2}$

問題 4.2 微分せよ．

(1) $y = (2x - 3)(x + 1)$ (2) $y = (2x^2 - 1)(x^2 + 2x + 1)$
(3) $y = \dfrac{1}{x + 1}$ (4) $y = \dfrac{2x}{x + 2}$ (5) $y = \dfrac{x + 1}{x^2 + 3}$

4.2　合成関数と逆関数の微分

〔1〕合成関数の微分

2.2 節で述べたように，y が u の関数 $y = f(u)$ であり，さらに u が x の関数 $u = g(x)$ であるとき，$u = g(x)$ を $y = f(u)$ に代入すれば，y は x の関数 $y = f(g(x))$ となる．$y = f(g(x))$ を $y = f(u)$ と $u = g(x)$ の合成関数という．たとえば，$y = (x^2 - x + 1)^3$ は $y = u^3$ と $u = x^2 - x + 1$ の合成関数である．

> ❖ 定理 4.3 ❖　　合成関数の微分
>
> 二つの関数 $y = f(u)$, $u = g(x)$ が微分可能ならば，合成関数 $y = F(x) = f(g(x))$ は x の関数として微分可能で
>
> $$F'(x) = f'(g(x))g'(x) \quad \text{つまり} \quad \frac{dy}{dx} = \frac{dy}{du}\frac{du}{dx} \tag{4.7}$$

【証明】　x の増分 h に対応する u の増分を k とする．つまり

$$k = g(x+h) - g(x), \quad \text{移項して} \quad g(x+h) = g(x) + k = u + k$$

微分の定義から

$$\begin{aligned}
F'(x) &= \lim_{h \to 0} \frac{F(x+h) - F(x)}{h} = \lim_{h \to 0} \frac{f(g(x+h)) - f(g(x))}{h} \\
&= \lim_{h \to 0} \frac{f(u+k) - f(u)}{k} \frac{k}{h} \\
&= \lim_{h \to 0} \frac{f(u+k) - f(u)}{k} \frac{g(x+h) - g(x)}{h}
\end{aligned}$$

$g(x)$ は定理 4.1 により連続だから $h \to 0$ のとき $k \to 0$ であること，および定理 3.2 (3) (p.61) に注意して

$$\begin{aligned}
F'(x) &= \lim_{k \to 0} \frac{f(u+k) - f(u)}{k} \lim_{h \to 0} \frac{g(x+h) - g(x)}{h} \\
&= f'(u)g'(x) = f'(g(x))g'(x)
\end{aligned}$$

書き換えると

$$\frac{dy}{dx} = \frac{dy}{du}\frac{du}{dx} \qquad \blacksquare$$

記号 $\dfrac{dy}{dx}$ は全体として y の x による導関数を表しているのであって，dx を分母，dy を分子とする分数式ではないのだが，定理の式 (4.7) の第 2 式は，あたかも右辺が普通の分数式であるかのように形式的に約分すれば左辺となり，記憶しやすい形をしている[1]．

例題 4.3　$y = (x^2 + x + 1)^3$ を微分せよ．

解答　$y = u^3,\ u = x^2 + x + 1$ とおけば

$$y' = \frac{dy}{dx} = \frac{dy}{du}\frac{du}{dx} = 3u^2(2x+1) = 3(x^2+x+1)^2(2x+1)$$

問題 4.3　次の関数を微分せよ．

(1) $y = (2x-3)^2$　　(2) $y = (2x^2 - x + 1)^3$　　(3) $y = (x^3 + 1)^3$
(4) $y = \dfrac{1}{(x^2 + x + 1)^3}$　　(5) $y = \dfrac{x^2 + 5}{(x^2 + 1)^2}$

[2] 逆関数の微分

定理 3.7 (p.66) で述べたように，連続関数 $y = f(x)$ が単調増加あるいは単調減少なら，y の値を決めればそれに対応して x の値がただ一つ定まるから，$f(x)$ の逆関数 $y = f^{-1}(x)$ が定まる．逆関数の微分に関して次の定理が成り立つ．

❖ 定理 4.4 ❖

関数 $f(x)$ が微分可能で逆関数 $f^{-1}(x)$ をもち，$f'(x) \neq 0$ ならば逆関数 $y = f^{-1}(x)$ も微分可能で

$$\left(f^{-1}(x)\right)' = \frac{1}{f'(f^{-1}(x))} \quad \text{つまり} \quad \frac{dy}{dx} = \frac{1}{\dfrac{dx}{dy}}$$

---

[1] この証明は大方の高校の教科書に載っている形でわかりやすいのだが，実は厳密性を欠いていて，もう少し詳細な議論が必要である．一松 信『解析学序説』(巻末参考文献 [4]) を参照．

【証明】 $x = a$ で $f(x)$ は微分可能だから

$$\lim_{h \to 0} \frac{f(a+h) - f(a)}{h} = f'(a) \neq 0$$

$b = f(a)$, $k = f(a+h) - f(a)$ とおくと, $a = f^{-1}(b)$ であり, $f(a+h) = f(a) + k = b + k$ だから $f^{-1}(b+k) = a + h$, つまり $h = f^{-1}(b+k) - f(b)$ となる. また, $f(x)$ の連続性より, $h \to 0$ のとき $k \to 0$. したがって

$$\frac{1}{f'(a)} = \lim_{h \to 0} \frac{h}{f(a+h) - f(a)} = \lim_{k \to 0} \frac{f^{-1}(b+k) - f^{-1}(b)}{k} = \left(f^{-1}(b)\right)'$$

b は任意だから,

$$\left(f^{-1}(x)\right)' = \frac{1}{f'(f^{-1}(x))}$$

書き換えると, 第 2 式が得られる. 第 2 式の右辺の分母分子に形式的に dy をかければ左辺になることに注意せよ. ∎

4.3 　三角関数の微分

〔1〕 $\dfrac{\sin x}{x}$ の極限

図 4-4 のように, O を中心とし半径 1 の円周上に, 2 点 A,B を $\angle \mathrm{AOP} = x$ となるようにとり, A における接線と直線 OB の交点 P をとる. ただし, $0 < x < \pi/2$ としておく.

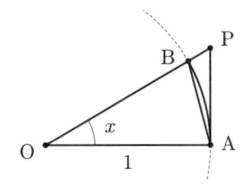

図 4-4　扇形 POA と二つの三角形

このとき扇形 AOB は △AOB を含み △AOP に含まれるから, 面積の大小関係から

$$\frac{1}{2} \cdot 1 \cdot \sin x < \pi \cdot 1^2 \cdot \frac{x}{2\pi} < \frac{1}{2} \cdot 1 \cdot \tan x$$

整理すれば

$$\sin x < x < \frac{\sin x}{\cos x}$$

$\sin x\ (>0)$ で割って

$$1 < \frac{x}{\sin x} < \frac{1}{\cos x}$$

逆数をとれば

$$1 > \frac{\sin x}{x} > \cos x$$

ここで $x \to 0$ とすれば $\cos x \to 1$ だから

$$\frac{\sin x}{x} \to 1$$

となる．$0 > x > -\pi/2$ の場合には，$x<0,\ \sin x < 0$ かつ $0 < |x| < \pi/2$ であって，$x \to 0$ のとき $|x| \to 0$ であることに注意すれば

$$\frac{\sin x}{x} = \frac{-|\sin x|}{-|x|} = \frac{|\sin x|}{|x|} = \frac{\sin |x|}{|x|} \to 1$$

両方の場合をまとめて，次の定理が得られる．

❖ 定理 4.5 ❖

$\dfrac{\sin x}{x}$ の極限に関して次の式が成り立つ．

$$\lim_{x \to 0} \frac{\sin x}{x} = 1 \tag{4.8}$$

〔2〕三角関数の微分

$f(x) = \sin x$ とすると，微分の定義から

$$f'(x) = \lim_{h \to 0} \frac{f(x+h) - f(x)}{h} = \lim_{h \to 0} \frac{\sin(x+h) - \sin x}{h}$$

ここで，三角関数の差を積に直す公式（加法定理から簡単に導かれる）

$$\sin A - \sin B = 2\cos\frac{A+B}{2}\sin\frac{A-B}{2}$$

を用いれば

$$f'(x) = \lim_{h\to 0}\frac{1}{h}\cdot 2\cdot\cos\left(x+\frac{h}{2}\right)\sin\frac{h}{2} = \lim_{h\to 0}\cos\left(x+\frac{h}{2}\right)\frac{\sin(h/2)}{h/2}$$

式 (4.8) で x を $h/2$ で置き換えた式を用いれば

$$f'(x) = \cos(x+0)\cdot 1$$

つまり

$$(\sin x)' = \cos x$$

が得られた．次に $\cos x$ については，

$$(\cos x)' = \lim_{h\to 0}\frac{\cos(x+h) - \cos x}{h}$$

三角関数の差を積に直す公式

$$\cos A - \cos B = -\frac{1}{2}\sin\frac{A+B}{2}\sin\frac{A-B}{2}$$

を用いれば

$$(\cos x)' = \lim_{h\to 0}\frac{-1}{2h}\sin\left(x+\frac{h}{2}\right)\sin\frac{h}{2} = \lim_{h\to 0}(-1)\sin\left(x+\frac{h}{2}\right)\frac{\sin(h/2)}{h/2}$$

式 (4.8) で x を $h/2$ で置き換えた式を用いれば

$$(\cos x)' = -\sin x$$

$\tan x$ については，定理 4.2 (4) を用いて

$$(\tan x)' = \left(\frac{\sin x}{\cos x}\right)' = \frac{(\sin x)'\cos x - \sin x(\cos x)'}{(\cos x)^2}$$
$$= \frac{\cos^2 x + \sin^2 x}{\cos^2 x} = \frac{1}{\cos^2 x}$$

以上の三角関数の微分を定理にまとめておく．

❖ 定理 4.6 ❖

三角関数の微分について，次の式が成り立つ．
(1) $(\sin x)' = \cos x$　(2) $(\cos x)' = -\sin x$　(3) $(\tan x)' = \dfrac{1}{\cos^2 x}$

例題 4.4　微分せよ．

(1) $y = \sin 3x$　(2) $y = \tan(2x+1)$　(3) $y = x^2 \cos x$　(4) $y = \dfrac{\sin x}{1+x^2}$

解答

(1) $u = 3x$ とおくと $y = \sin u$ だから，$y = f(u) = \sin u,\ u = g(x) = 3x$ として定理 4.3 の合成関数の微分を用いると，$f'(u) = \cos x,\ g'(x) = 3$ だから
$$y' = f'(g(x))g'(x) = \cos 3x \cdot 3 = 3\cos 3x$$

(2) $u = 2x+1$ とおいて，合成関数の微分と定理 4.6 (3) より
$$y' = \frac{1}{\cos^2(2x+1)} \cdot 2 = \frac{2}{\cos^2(2x+1)}$$

(3) $f(x) = x^2,\ g(x) = \cos x$ として積の微分（定理 4.2 (2)）を用いれば
$$y' = f'(x)g(x) + f(x)g'(x)$$
$$= 2x\cos x + x^2(-\sin x) = 2x\cos x - x^2 \sin x$$

(4) 商の微分（定理 4.2 (4)）を用いて
$$\left(\frac{\sin x}{1+x^2}\right)' = \frac{(1+x^2)\cos x - 2x\sin x}{(1+x^2)^2}$$

問題 4.4　以下の関数を微分せよ．

(1) $\cos 2x$　(2) $x^3 \sin x$　(3) $\cos x^2$　(4) $\dfrac{1}{1+\sin^2 x}$
(5) $\tan(-x)$　(6) $\sin \dfrac{1}{x}$　(7) $\dfrac{\tan x}{x^2}$　(8) $\sin 2x \cos 3x$
(9) $(x^2+x+1)\tan x$　(10) $\sin^2 x + 3\sin x + 2$

〔3〕逆三角関数の微分

まず, $y = \arcsin x$ の微分を考える. 書き換えると

$$x = \sin y, \quad -\frac{\pi}{2} \leqq y \leqq \frac{\pi}{2}$$

x の範囲は $-1 \leqq x \leqq 1$ である. 定理 4.4 の逆関数の微分の公式より, $\dfrac{dx}{dy} = \cos y \neq 0$ つまり $y \neq \pm\dfrac{\pi}{2}$ ならば, 言い換えると $x \neq \pm 1$ ならば

$$(\arcsin x)' = \frac{dy}{dx} = \frac{1}{\dfrac{dx}{dy}} = \frac{1}{\cos y}$$

ここで $\cos y = \pm\sqrt{1-\sin^2 y} = \pm\sqrt{1-x^2}$ であるが, $-\dfrac{\pi}{2} < y < \dfrac{\pi}{2}$ つまり $-1 < x < 1$ の範囲では, $\cos y > 0$ だから, $\cos y = \sqrt{1-x^2}$. したがって

$$(\arcsin x)' = \frac{1}{\sqrt{1-x^2}} \quad (-1 < x < 1)$$

同様に $y = \arccos x$ についても

$$x = \cos y, \quad 0 \leqq y \leqq \pi$$

逆関数の微分の公式より

$$(\arccos x)' = \frac{dy}{dx} = \frac{1}{\dfrac{dx}{dy}} = \frac{1}{-\sin y}$$

$\sin y = \pm\sqrt{1-\cos^2 y} = \pm\sqrt{1-x^2}$ であるが, $0 < y < \pi$ の範囲では $\sin y > 0$ であることに注意すれば, $\sin y = \sqrt{1-x^2}$ だから

$$(\arccos x)' = -\frac{1}{\sqrt{1-x^2}} \quad (-1 < x < 1)$$

$y = \arctan x$ については

$$x = \tan y, \quad -\frac{\pi}{2} < y < \frac{\pi}{2}$$

したがって

$$(\arctan x)' = \frac{dy}{dx} = \frac{1}{\dfrac{dx}{dy}} = \cos^2 y$$

ここで，$\cos^2 y$ を x で表すために，次のように変形する．

$$\cos^2 y = \frac{\cos^2 y}{1} = \frac{\cos^2 y}{\sin^2 y + \cos^2 y} = \frac{1}{\tan^2 y + 1} = \frac{1}{x^2 + 1}$$

ゆえに

$$(\arctan x)' = \frac{1}{x^2 + 1}$$

以上をまとめると

❖ 定理 4.7 ❖

逆三角関数の微分について次の式が成り立つ．

$$(\arcsin x)' = \frac{1}{\sqrt{1 - x^2}} \quad (-1 < x < 1) \tag{4.9}$$

$$(\arccos x)' = -\frac{1}{\sqrt{1 - x^2}} \quad (-1 < x < 1) \tag{4.10}$$

$$(\arctan x)' = \frac{1}{x^2 + 1} \tag{4.11}$$

例題 4.5 $\arccos 3x$ を微分せよ．

解答 合成関数の微分の式と式 (4.10) より

$$(\arccos 3x)' = -\frac{3}{\sqrt{1 - 9x^2}}$$

問題 4.5 $\arctan 2x$ を微分せよ．

4.4 指数関数・対数関数の微分

[1] 自然対数の底

この節では，指数関数と対数関数の微分を導く．これまでに登場した指数関数・対数関数は，たとえば $y = 2^x$ や $y = \log_3 x$ のように，底が 1 以外の正の数であった．あとで見るように，このまま微分すると係数が煩雑になるので，微分積分学

で指数関数・対数関数を扱うときには，特別の定数 e を底として用いる．まず，その定数 e を導くことから始める．

次の式で定義される関数 $f(x)$ を考える．
$$f(x) = \left(1 + \frac{1}{x}\right)^x \quad (x < -1, \ x > 0)$$

底 $\left(1 + \dfrac{1}{x}\right)$ は，$x = 0$ では定義されず，$-1 \leq x < 0$ では正にならないことに注意せよ．$f(x)$ に $x = 1, 2, 3, \cdots, 10$ を代入すると次のような値になる．

$2, \ 2.25, \ 2.37037\cdots, \ 2.44140\cdots, \ 2.48832\cdots, \ 2.5216263\cdots,$
$2.54649\cdots, \ 2.56578\cdots, \ 2.58117\cdots, \ 2.59374\cdots$

また，x に $-2, -3, \cdots, -10$ を代入すると，次のような値になる．

$4, \ 3.375, \ 3.16049\cdots, \ 3.05175\cdots, \ 2.98598\cdots,$
$2.94189\cdots, \ 2.91028\cdots, \ 2.88650\cdots, \ 2.86797\cdots$

さらに細かく点をとり，$y = f(x)$ のグラフを描けば，図 4-5 のようになる．

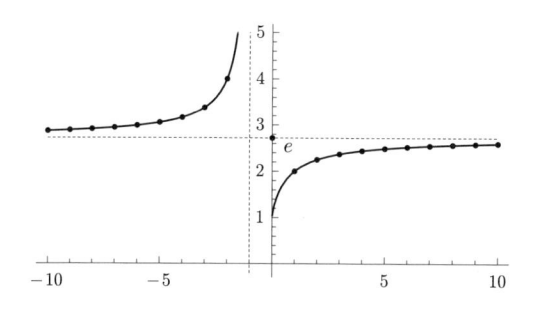

図 4-5 $\ y = (1 + 1/x)^x \ (x < -1, \ x > 0)$ のグラフと e

x を限りなく大きくすると，つまり x が数直線上を右に限りなく遠ざかると，$f(x)$ の値は 2 と 3 の間のある数に近づくことがグラフから読み取れる．同様に，x が負の数で絶対値が限りなく大きくなると，つまり x が数直線上を左に限りなく遠ざかると，$f(x)$ の値は同じ定数に近づくことが読み取れる．$f(x)$ がこの定数

に近づくことの厳密な証明は，長い準備が必要なのでここでは述べない．この値を e で表し，**自然対数の底**と呼ぶ．式で表せば

$$e = \lim_{x \to \infty} \left(1 + \frac{1}{x}\right)^x = \lim_{x \to -\infty} \left(1 + \frac{1}{x}\right)^x \tag{4.12}$$

e は無理数で，その値は $e = 2.718281828459\cdots$ である．

これ以降特に断らない限り，指数関数・対数関数の底は e であるものとする．$e > 1$ だから，指数関数 $y = e^x$ は増加関数である（図 4-6 左図）．対数関数 $\log_e x$ は通常 e を省略して $y = \log x$ と表される．これを**自然対数**という（図 4-6 右図）．

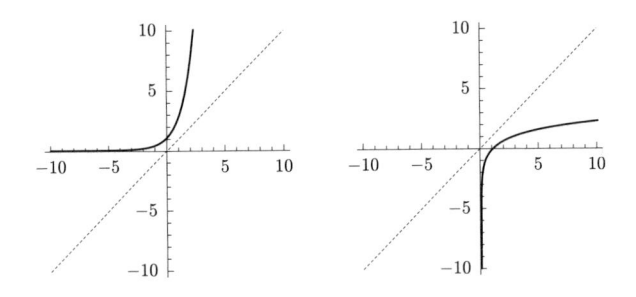

図 4-6 $y = e^x$ のグラフ（左図）と $y = \log x$ のグラフ（右図）

あとで必要になる式を二つ準備しておこう．

❖ 定理 4.8 ❖

指数関数・対数関数の極限に関して，次の式が成り立つ．

$$\lim_{h \to 0} \frac{\log(1+h)}{h} = 1, \quad \lim_{h \to 0} \frac{e^h - 1}{h} = 1 \tag{4.13}$$

【証明】 $h = \dfrac{1}{x}$ とおくと $x \to \pm\infty$ のとき $h \to 0$ だから，式 (4.12) より

$$\lim_{h \to 0} (1 + h)^{\frac{1}{h}} = e$$

$$\therefore \lim_{h \to 0} \frac{\log(1+h)}{h} = \lim_{h \to 0} \log(1+h)^{\frac{1}{h}} = \log \lim_{h \to 0} (1+h)^{\frac{1}{h}} = \log e = 1$$

上の変形において，$\log x$ が連続であることを用いた．この式で $\log(1+h) = k$ とおくと，$h = e^k - 1$ であって $h \to 0$ のとき $k \to \log 1 = 0$ だから

$$\lim_{k \to 0} \frac{k}{e^k - 1} = 1$$

逆数をとり，k を h で置き直すと

$$1 = \lim_{k \to 0} \frac{e^k - 1}{k} = \lim_{h \to 0} \frac{e^h - 1}{h}$$ ∎

[2] 指数関数・対数関数の微分

❖ 定理 4.9 ❖

指数関数・対数関数の微分に関して，以下の式が成り立つ．

(1) $(e^x)' = e^x$　　(2) $(\log x)' = \dfrac{1}{x}$

(3) $(a^x)' = a^x \log a$　$(a > 0)$　　(4) $(x^c)' = cx^{c-1}$　（c は任意の実数）

定理 4.9 (4) は，定理 4.2 (5) が任意の実数 n に対しても成り立つことを示す．(4) が成り立つ x の範囲を正確に表現するのは煩雑である．差し当たり，c が自然数なら x は任意の実数，c が負の整数なら x は 0 以外の実数，c が整数でなければ $x > 0$ としておく．$c = 0$ なら $x = 0$ において右辺の $0 \cdot \dfrac{1}{0}$ は意味をもたないが，任意の実数 x に対して $x^0 = 1$ の微分は 0 である．

【証明】　(1) 導関数の定義と式 (4.13) 第 2 式から

$$(e^x)' = \lim_{h \to 0} \frac{e^{x+h} - e^x}{h} = \lim_{h \to 0} e^x \frac{e^h - 1}{h} = e^x$$

(2) 同様に式 (4.13) 第 1 式から

$$\begin{aligned}
(\log x)' &= \lim_{h \to 0} \frac{\log(x+h) - \log x}{h} = \lim_{h \to 0} \frac{1}{h} \log \frac{(x+h)}{x} \\
&= \lim_{h \to 0} \frac{1}{h} \log \left(1 + \frac{h}{x}\right) = \lim_{h \to 0} \frac{1}{x} \log \left(1 + \frac{h}{x}\right)^{\frac{x}{h}} \\
&= \frac{1}{x} \lim_{h \to 0} \log \left(1 + \frac{h}{x}\right)^{\frac{x}{h}} = \frac{1}{x} \cdot 1 = \frac{1}{x}
\end{aligned}$$

(3) $y = a^x$ とおいて,両辺の対数をとれば,$\log y = x \log a$. 両辺を x で微分して,左辺には合成関数の微分と上で示した (2) を用いれば

$$\frac{y'}{y} = \log a \qquad \therefore \ y' = y \log a = a^x \log a$$

(4) $x > 0$ の場合には,任意の実数 c に対して $y = x^c$ とおく. 両辺の対数をとって変形すれば $\log y = c \log x$. 両辺を x で微分して,左辺に合成関数の微分と (2) を用いれば

$$\frac{1}{y} \cdot y' = c \cdot \frac{1}{x}$$

$$\therefore \ y' = y \cdot c \cdot \frac{1}{x} = x^c \cdot c \cdot x^{-1} = cx^{c-1} \qquad \blacksquare$$

証明で用いた,両辺の対数をとって微分する方法を,**対数微分法**という.

例題 4.6 次の関数を微分せよ.

(1) $y = \sqrt{x}$ 　(2) $y = e^{-3x+2}$ 　(3) $y = \log \sqrt{2x+1}$ 　(4) $y = x^x$

解答

(1) $y' = (\sqrt{x})' = \left(x^{\frac{1}{2}}\right)' = \frac{1}{2} x^{\frac{1}{2}-1} = \frac{1}{2} x^{-\frac{1}{2}} = \frac{1}{2\sqrt{x}}$

(2) $u = -3x + 2$,$y = e^u$ とおくと,$\dfrac{dy}{du} = e^u = e^{-3x+2}$,$\dfrac{du}{dx} = -3$ より

$$y' = \frac{dy}{dx} = \frac{dy}{du}\frac{du}{dx} = e^{-3x+2}(-3) = -3e^{-3x+2}$$

(3) $u = 2x + 1$ とおくと,$y = \log \sqrt{u} = \log u^{\frac{1}{2}} = \dfrac{1}{2} \log u$,$\dfrac{dy}{du} = \dfrac{1}{2u} = \dfrac{1}{2(2x+1)}$

および $\dfrac{du}{dx} = 2$ より

$$y' = \frac{dy}{dx} = \frac{dy}{du}\frac{du}{dx} = \frac{1}{2(2x+1)} \cdot 2 = \frac{1}{2x+1}$$

(4) 両辺の対数をとって,$\log y = \log x^x = x \log x$. x で微分して

$$\frac{1}{y} y' = (x \log x)' = 1 \cdot \log x + x \cdot \frac{1}{x} = \log x + 1$$

$$\therefore \ y' = y(\log x + 1) = x^x (\log x + 1)$$

上の (4) のように $f(x)^{g(x)}$（関数の関数乗）の形のとき，対数微分法は特に有効である．

問題 4.6　次の関数を微分せよ．

(1) e^{2x}　　(2) $\log(2x-1)$　　(3) $e^{\sqrt{x}}$

(4) $\log\left(x+\dfrac{1}{x}\right)$　　(5) $(e^{-x}+1)\log(x^2+1)$

(6) $x^{\sin x}$　$(x>0)$（対数微分法を用いよ）

(7) $\sqrt{(x+1)(x+2)(x+3)}$（対数微分法を用いよ）

(8) $e^x \sin x$　　(9) $x \log x$　　(10) $x^3 e^{\sin x}$

4.5　関数の増減

〔1〕ロールの定理

この節では，平均値の定理について述べ，それを用いて関数の増減を調べる．まず，平均値の定理のもととなるロールの定理を述べる．

❖ 定理 4.10 ❖　ロールの定理

関数 $f(x)$ は閉区間 $a \leqq x \leqq b$ で連続で，開区間 $a < x < b$ で微分可能であるとする．このとき $f(a) = f(b)$ ならば

$$f'(c) = 0, \quad a < c < b \tag{4.14}$$

となるような c が少なくとも一つ存在する．

【証明】　$f(a) = f(b) = k$ とおく．関数が図 4-7 左図のように定数関数 $f(x) = k$ の場合には，$f'(x) = 0$ だから任意に c をとればよい．

$f(x)$ が定数でない場合には，定理 3.6 (p.66) により存在の保証されている最大値 M と最小値 m の少なくとも一方は k でない．もし図 4-7 中図のように $M > k$

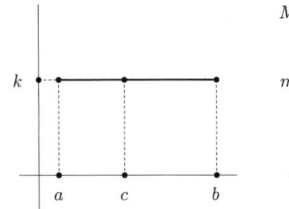

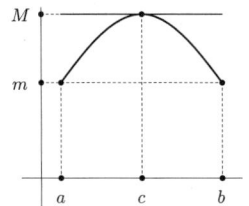

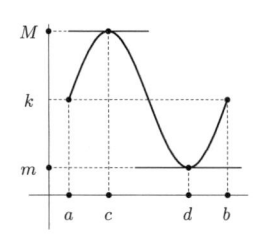

図 4-7　ロールの定理

なら，$f(c) = M$ となる c に対し

$$c < x < b \text{ なら } \frac{f(x) - f(c)}{x - c} \leqq 0 \quad \therefore \lim_{x \to c+0} \frac{f(x) - f(c)}{x - c} \leqq 0$$

$$a < x < c \text{ なら } \frac{f(x) - f(c)}{x - c} \geqq 0 \quad \therefore \lim_{x \to c-0} \frac{f(x) - f(c)}{x - c} \geqq 0$$

ここで，極限に関する定理 3.2 (5) (p.61) とその定理の後のコメントを用いた．仮定により $f(x)$ は $x = c$ で微分可能で，上の右極限と左極限は一致して $f'(c)$ に等しいから，$f'(c) = 0$ となる．$m < k$ の場合も同様である．

右図では $f'(x) = 0$ となる点が二つある． ■

〔2〕平均値の定理

関数 $f(x)$ が微分可能であれば $y = f(x)$ のグラフは滑らかだから，図 4-8 のように，グラフ上の 2 点 A, B を通る直線 l は A と B の間のどこかの点 C での接線に平行になる（図 4-8 ではそのような点が二つある）．

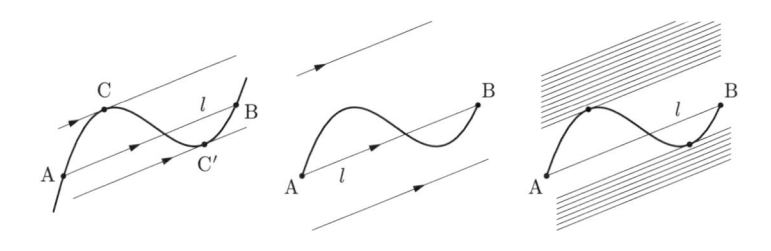

図 4-8　直線 AB に平行な接線をもつ点 C がある

このような点の存在は，直感的には次のようにしてわかるであろう（厳密には，$g(x) = f(x) - \dfrac{f(b) - f(a)}{b - a} x$ とおいて，$g(x)$ にロールの定理を用いればよい）．まず，直線 AB を上あるいは下に平行移動して，弧 AB（曲線の A から B までの部分）と共通点をもたないようにする（図 4-8 中図）．この直線を，平行性を保ったまま線分 AB に近づけると，どこかで初めて弧 AB にぶつかる（図 4-8 右図）．そのぶつかった点（1 個とは限らない）が端点 A, B でなければ，それを C とすればよい．その点が端点ならば，逆の方向から近づければよい．弧 AB が初めから直線の場合には，A と B の間の任意の点を C とすればよい．

図 4-8 左図の状況を座標を用いて表現すれば，図 4-9 左図のようになる．

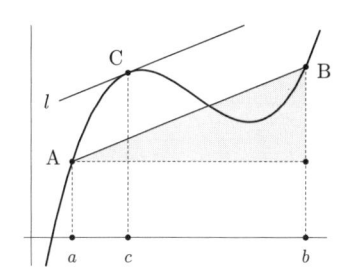

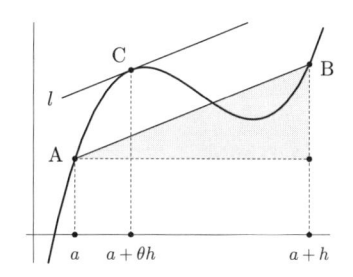

図 4-9　平均値の定理

曲線を $y = f(x)$ とし，関数 $f(x)$ は微分可能であるとする．$A(a, f(a))$, $B(b, f(b))$ ($a < b$) とすると，直線 AB の傾きは $x = a$ から $x = b$ までの $f(x)$ の平均変化率であり，これが $x = c$ における接線の傾き $f'(c)$ に等しいから（図 4-9 左図）

$$\frac{f(b) - f(a)}{b - a} = f'(c), \quad a < c < b$$

a と b の大小関係が逆になっても，左辺の分母分子に -1 をかければ，結果として同じ式が成り立つことに注意せよ．分母を払って移項すると

$$f(b) = f(a) + f'(c)(b - a), \quad a < c < b$$

となる．定理の形にまとめると

❖ 定理 4.11 ❖　平均値の定理

関数 $f(x)$ は閉区間 $a \leqq x \leqq b$ で連続で，開区間 $a < x < b$ で微分可能であるとする．このとき

$$f(b) = f(a) + f'(c)(b-a), \quad a < c < b \tag{4.15}$$

となるような c が少なくとも一つ存在する．

定理の式で，$b - a = h$，$\dfrac{c-a}{b-a} = \theta$ とおけば，$0 < \theta < 1$ で $c = a + \theta h$ と書ける（図 4-9 右図）．したがって，a と $a+h$ を含む区間で $f(x)$ が微分可能ならば，h の正負に関係なく

$$f(a+h) = f(a) + f'(a + \theta h)h, \quad 0 < \theta < 1 \tag{4.16}$$

を満たすような θ が少なくとも一つ存在する．

〔3〕関数の増減

元来，微分は関数の増加・減少の状態を調べるために導入された．導関数の符号と関数の増減に関して，次の定理が成り立つ．

❖ 定理 4.12 ❖

(1) ある区間で $f'(x) > 0$ なら，その区間で $f(x)$ は単調増加である．
(2) ある区間で $f'(x) < 0$ なら，その区間で $f(x)$ は単調減少である．
(3) ある区間で $f'(x) = 0$ なら，その区間で $f(x)$ は定数である．

ここで，実数 a, b に対して

$$a < x < b, \quad a \leqq x \leqq b, \quad a < x, \quad x \leqq a, \quad a > x, \quad x \geqq a$$

のような不等式を満たす実数の範囲を**区間**という．図 4-10 はさまざまな区間を示す．

【証明】　(1) を示す（他の場合も同様）．区間 $a < x < b$ で $f'(x) > 0$ とする．この区間内に α, β を $\alpha < \beta$ であるようにとる（図 4-11）．

このとき平均値の定理から

4.5 関数の増減

図 4-10 さまざまなタイプの区間

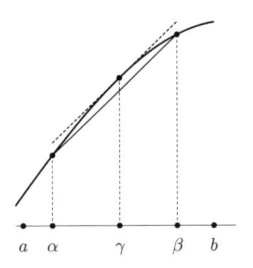

図 4-11 $f'(x) > 0$ なら増加

$$\frac{f(\beta) - f(\alpha)}{\beta - \alpha} = f'(\gamma), \quad \alpha < \gamma < \beta$$

となる γ をとることができる．$f'(\gamma) > $ だから

$$f(\beta) - f(\alpha) = f'(\gamma)(\beta - \alpha) > 0 \qquad \therefore\ f(\beta) > f(\alpha)$$

したがって，関数 $f(x)$ は区間 $a < x < b$ で単調増加である．∎

関数 $f(x)$ が $x = a$ を境に増加の状態から減少の状態に変わるとき，$f(x)$ は $x = a$ で**極大**であるといい，$f(a)$ を**極大値**という（図 4-12 左図）．また，$x = a$ を

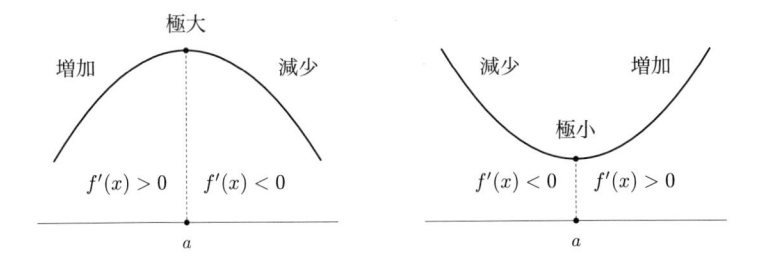

図 4-12 極大（左図）と極小（右図）

境に減少の状態から増加の状態に変わるとき，$f(x)$ は $x=a$ で**極小**であるといい，$f(a)$ を**極小値**という（図 4-12 右図）．極大値と極小値を併せて**極値**という．

図 4-12 から判断できるように，次の定理が成り立つ．

❖ 定理 4.13 ❖

(1) $f(x)$ が $x=a$ で極値をとれば，$f'(a)=0$ である．
(2) $f'(x)$ の符号が $x=a$ で正から負に変われば，$f(a)$ は極大値である．
(3) $f'(x)$ の符号が $x=a$ で負から正に変われば，$f(a)$ は極小値である．

例題 4.7 関数 $f(x) = 2x^3 - 9x^2 + 12x + 2$ の極値を求めよ．

解答 微分して因数分解し，増減表を作ると

$$f'(x) = 6x^2 - 18x + 12 = 6(x^2 - 3x + 2) = 6(x-1)(x-2)$$

x		1		2	
$f'(x)$	+	0	−	0	+
$f(x)$	増加	7	減少	6	増加

よって，$f(x)$ は $x=1$ のとき極大値 7，$x=2$ のとき極小値 6 をとる．

問題 4.7 極値を求めよ．

(1) $f(x) = 2x^2 - 5x + 1$ (2) $f(x) = x^3 + 6x^2 + 9x + 1$

[4] 1 次式による近似

定理 4.11 の後の式 (4.16)

$$f(a+h) = f(a) + f'(a+\theta h)h, \quad 0 < \theta < 1$$

の意味するところは，図 4-13 左図に示すように，$f(x)$ の $x=a+h$ における値 $f(a+h)$ が，a と $a+h$ の間にある点 $x=a+\theta h$ における $f'(x)$ の値を用いて，$f(a+h) = f(a) + f'(a+\theta h)h$ と表現されることである．

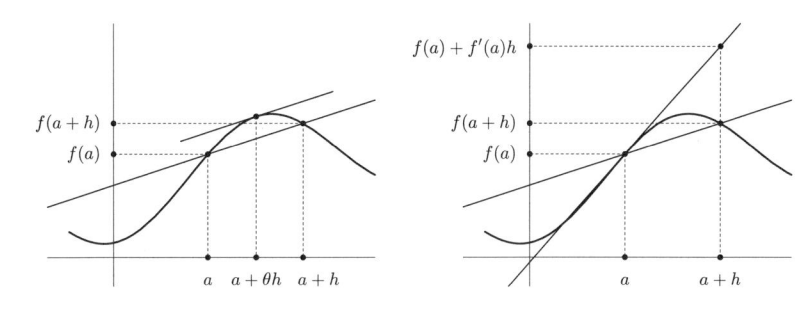

図 4-13 平均値の定理（左図）と接線による近似（右図）

h の絶対値が小さければ，$f'(a+\theta h)$ は $f'(a)$ にほぼ等しいから

$$f(a+h) \approx f(a) + f'(a)h \tag{4.17}$$

という近似式が得られる．記号 $\approx$ は「ほぼ等しい」を表す．式 (4.17) の右辺は，曲線 $y = f(x)$ の $x = a$ における接線の方程式

$$y = f'(a)(x-a) + f(a) \tag{4.18}$$

で，$x = a + h$ とおいて得られる y の値である．したがって式 (4.17) は，曲線上の点 $(a+h, f(a+h))$ を接線上の点 $(a+h, f'(a)(x-a)+f(a))$ で近似することを表す（図 4-13 右図）．言い換えれば，点 $(a, f(a))$ の近くにおいて，曲線 $y = f(x)$ を $x = a$ における接線 (4.18) で近似しているのである．

例題 4.8

(1) 関数 $f(x) = (x-1)(x-2)$ と区間 $1 \leqq x \leqq 2$ について，ロールの定理を満たす c を求めよ．

(2) 関数 $f(x) = x^2 + x$ と区間 $0 \leqq x \leqq 2$ について，平均値の定理を満たす c を求めよ．

解答

(1) $f'(x) = 2x - 3 = 0$ より，$c = \dfrac{3}{2}$．

(2) $f'(x) = 2x + 1 = \dfrac{f(2) - f(0)}{2 - 0} = 3$ より，$c = 1$．

問題 4.8

(1) 次の関数と区間について，ロールの定理を満たす c を求めよ．
  (a) $f(x) = x(x-1)^2$, $0 \leq x \leq 1$
  (b) $f(x) = \sqrt{x}(1-x)$, $0 \leq x \leq 1$

(2) 次の関数と区間について，平均値の定理を満たす c を求めよ．
  (a) $f(x) = x^3$, $1 \leq x \leq 4$
  (b) $f(x) = \sqrt{x}$, $1 \leq x \leq 4$

章末問題

1 次の問いに答えよ．

(1) 微分せよ．
  (a) $2x+1$ (b) $3x^2 - x + 1$
  (c) $x^3 + 4x^2 + 7x - 5$ (d) $5(x-1)(x+1)$

(2) 極値を求めよ．
  (a) $f(x) = x^2 - 3x + 4$ (b) $f(x) = 2x^3 - 3x^2 - 36x + 5$

(3) $-1 \leq x \leq 1$ の範囲で最大値・最小値を求めよ．
  (a) $f(x) = x^2 - x + 1$ (b) $f(x) = 2x^3 + 3x^2$

(4) $x=1$ での接線と法線（接線に垂直な直線）の方程式を求めよ．
  (a) $y = x^2 + 1$ (b) $y = x^3 - x^2 + x + 1$

2 微分せよ．

(1) $y = (2x+1)(x-1)$ (2) $y = (x^2 + x + 1)(x^2 - x - 1)$

(3) $y = \dfrac{x}{x-1}$ (4) $y = \dfrac{x-2}{x^2+2}$ (5) $y = \dfrac{x^2+1}{x+1}$

3 次の問いに答えよ．

(1) 微分せよ．
  (a) $y = (2x-1)^3$ (b) $y = (x^2 + x + 1)^2$

(c) $y = (x^3 + x^2 + x + 1)^2$　　(d) $y = \dfrac{1}{(x^2 - x - 1)^2}$

(e) $y = \dfrac{2x^2 + 1}{(x^2 + 1)^3}$

(2) 増減表を作り，グラフの概形を描け．

　　(a) $f(x) = \dfrac{x^2}{x + 1}$　　(b) $f(x) = \dfrac{x^2 + 3}{x - 1}$

4　次の問いに答えよ．

(1) 微分せよ．
　　(a) $\sin 3x$　　(b) $x \cos x$　　(c) $\cos(x^2 + 1)$　　(d) $\sin^3 x$
　　(e) $\tan(2x)$　　(f) $\dfrac{1}{\sin x}$　　(g) $\dfrac{\sin x}{x^2}$　　(h) $\sin 5x \cos x$
　　(i) $(x^2 + x + 1) \cos x$　　(j) $\cos^2 x - 2 \sin 2x + 2$

(2) 最大値・最小値を求めよ．
　　(a) $f(x) = 4 \sin^3 x - 3 \sin x + 2$　　(b) $f(x) = -\dfrac{\cos x}{\cos^2 x + 1}$
　　☞ $t = \sin x,\ -1 \leqq t \leqq 1$ などと置き換えよ．

5　次の問いに答えよ．

(1) 微分せよ．
　　(a) x^{10}　　(b) $\sqrt{x}\ (= x^{1/2})$　　(c) $\dfrac{1}{x^5}\ (= x^{-5})$　　(d) e^{2x+1}
　　(e) $\log(x^2 + 1)$　　(f) $e^{\sin x}$　　(g) $\log\left(\dfrac{x}{4x^2 + 9}\right)$
　　(h) $(e^{-x} + 1) \sin(x^2 + 1)$　　(i) $(x^2 + 1)^{\cos x}$
　　(j) $\sqrt{(x+1)(x-2)(x+3)(x-4)(x+5)}$
　　(k) $e^x \sin x$　　(l) $x \log x$　　(m) $x^3 e^{\sin x}$

(2) 増減表を作り，グラフの概形を描け．
　　(a) $y = e^{-x^2}$　　(b) $y = 2 \cos x - x\ (0 \leqq x \leqq 2\pi)$

第 5 章

多項式による近似

　第 4 章の平均値の定理は，微小な範囲で考えれば関数は 1 次式で近似されることを示す．図形的にいえば，関数のグラフを直線（接線）で近似することになる．1 次式の代わりに 2 次式で，つまり直線の代わりに放物線で近似すれば，より良い近似が得られるであろう．これをさらに押し進めたテイラーの定理を示すのが，この章の目的である．

　キーワード　高次導関数，テイラーの定理，剰余項，誤差，マクローリンの式，テイラー展開，マクローリン展開，ロピタルの定理，整級数展開．

5.1　テイラーの定理

〔1〕高次導関数

　関数 $y = f(x)$ が微分可能で，さらにその導関数 $f'(x)$ も微分可能であるとき，$f'(x)$ の導関数を $f(x)$ の **2 次導関数**といい，

$$y'',\ f''(x),\ \frac{d^2x}{dx^2}$$

などと表す．同じように次々に微分することによって，3 次導関数，4 次導関数，一般に n 次導関数が定義され，

$$y^{(n)},\ f^{(n)}(x),\ \frac{d^n y}{dx^n},\ \frac{d^n}{dx^n}f(x)$$

などと表される．2次以上の導関数を**高次導関数**という．

関数 $f(x)$ が n 回微分可能で n 次導関数が連続であるとき，$f(x)$ を **C^n 級の関数**という．何回でも微分可能であるとき，C^∞ 級という．通常使われる関数は，はっきりと除外される点を除いて C^∞ 級であることが多い．

例題 5.1　次の関数の 4 次導関数を求めよ．

$$f(x) = \sin 2x, \quad g(x) = \log x$$

解答　次々に微分して

$$f'(x) = 2\cos 2x, \quad f''(x) = -4\sin 2x$$
$$f'''(x) = -8\cos 2x, \quad f^{(4)}(x) = 16\sin 2x$$
$$g'(x) = \frac{1}{x} = x^{-1}, \quad g''(x) = -x^{-2} = -\frac{1}{x^2}$$
$$g'''(x) = +2x^{-3} = \frac{2}{x^3}, \quad g^{(4)}(x) = -6x^{-4} = -\frac{6}{x^4}$$

問題 5.1　次の関数の 4 次導関数を求めよ．

(1) $f(x) = e^{2x}$

(2) $g(x) = \cos 3x$

〔2〕2 次式による近似

4.5 節で述べた接線による曲線 $y = f(x)$ の近似の式 (4.17) について別な言い方をすれば，点 $(a, f(a))$ を通る直線は無数にあるが，その中で接線が最も良くこの曲線を近似している，ということである（図 5-1 左図）．容易にわかるように，直線で近似したのでは，点 $(a, f(a))$ を離れると誤差はすぐに大きくなる．つまり，式 (4.17) は近似式としての「精度」は良くない．

直線ではなく曲線で近似すれば，もっと良い近似が得られるであろう．曲線のうちで最も簡単なものは，2 次式で表される放物線である．点 $(a, f(a))$ で曲線 $y = f(x)$ に接する放物線は，図 5-1 右図に示すように無数にあるのだが，そのうちで最も良くこの曲線を近似するのはどれであろうか？

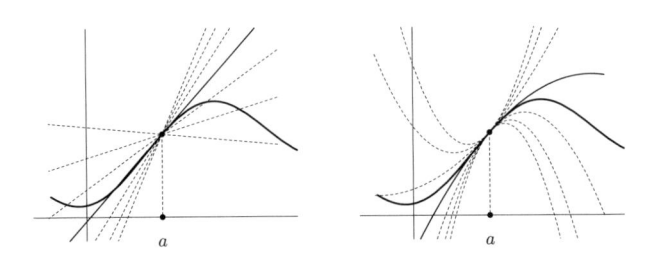

図 5-1　直線による近似（左図）と放物線による近似（右図）

そのような放物線を見つけるために，平均値の定理を次のように変形する．

> **✤ 補助定理 5.1 ✤**
>
> 関数 $f(x)$ が C^3 級で，区間 $a \leqq x \leqq b$ が $f(x)$ の定義域に含まれていれば
> $$f(b) = f(a) + f'(a)(b-a) + \frac{1}{2!}f''(a)(b-a)^2 + \frac{1}{3!}f'''(c)(b-a)^3 \tag{5.1}$$
> となるような c が，a と b の間に少なくとも一つ存在する．

【証明】　証明の要点は，関数 $f(x)$ と定数 a, b で定まる関数 $F(x)$ をうまく作り，$F(x)$ に平均値の定理を用いることである．まず，定数 K を次のように定義する．

$$K = \frac{3!}{(b-a)^3} \left\{ f(b) - f(a) - f'(a)(b-a) - \frac{1}{2!}f''(a)(b-a)^2 \right\} \tag{5.2}$$

次に，この K を用いて補助的な関数 $F(x)$ を

$$F(x) = f(b) - f(x) - f'(x)(b-x) - \frac{1}{2!}f''(x)(b-x)^2 - \frac{K}{3!}(b-x)^3$$

と定める．$f(x)$ が C^3 級だから $F(x)$ は C^1 級の関数である．K を代入すると

$$\begin{aligned} F(x) = & f(b) - f(x) - f'(x)(b-x) - \frac{1}{2!}f''(x)(b-x)^2 \\ & - \frac{(b-x)^3}{(b-a)^3} \left\{ f(b) - f(a) - f'(a)(b-a) - \frac{1}{2!}f''(a)(b-a)^2 \right\} \end{aligned}$$

となるから $F(a) = 0$, $F(b) = 0$ である．したがって平均値の定理により，$F'(c) = 0$ となる c が，a と b の間に少なくとも一つ存在する．一方 $F(x)$ の定義式を微分して整頓すれば

$$F'(x) = -\frac{f'''(x)}{2!}(b-x)^2 + \frac{K}{2!}(b-x)^2$$

となる．この式と $F'(c) = 0$ より，$b - c \neq 0$ に注意して，$K = f'''(c)$ が得られる．これを式 (5.2) の左辺に代入し，分母を払って移項すると

$$f(b) = f(a) + f'(a)(b-a) + \frac{1}{2!}f''(a)(b-a)^2 + \frac{1}{3!}f'''(c)(b-a)^3$$

となり，求める式が示された．■

4.5 節の式 (4.16) と同様に $b - a = h$，$c = a + \theta h$ とおけば，式 (5.1) は次のように書き換えられる．

$$f(a+h) = f(a) + f'(a)h + \frac{f''(a)}{2!}h^2 + \frac{f'''(a+\theta h)}{3!}h^3, \quad 0 < \theta < 1 \quad (5.3)$$

式 (4.16) について述べたのと同様に，$h < 0$ であっても a と $a + h$ を含む区間が $f(x)$ の定義域に含まれていれば，式 (5.3) は成り立つ．

ここでもし $|h|$ が十分小さければ，$|h|$ や $|h^2|$ に比べて $|h^3|$ はかなり小さくなるから，式 (5.3) の右辺の第 1 項・第 2 項に比較して，第 3 項は無視しうるほど小さい．したがって，次の近似式が得られる．

$$f(a+h) \approx f(a) + f'(a)h + \frac{f''(a)}{2!}h^2 \quad (5.4)$$

$a + h$ を x と置き換えれば

$$f(x) \approx f(a) + f'(a)(x-a) + \frac{f''(a)}{2!}(x-a)^2 \quad (5.5)$$

となり，2 次式による $y = f(x)$ の近似の式が得られた．この 2 次式の表す放物線（図 5-1 右図の実線の放物線）が，点 $(a, f(a))$ において曲線 $y = f(x)$ に接する放物線のうち，この曲線を最も良く近似する放物線である（これを正確にいうには，誤差を評価する必要がある）．

〔3〕テイラーの定理

式 (5.5) は 2 次式による近似であるが，3 次式，4 次式，$\cdots$，n 次式と次数を上げていけば，より良い近似式が得られるであろう．そのためには，まず K と $F(x)$ の定義を次のように書き直す．

$$K = \frac{(n+1)!}{(b-a)^{n+1}} \Big\{ f(b) - f(a) - f'(a)(b-a)$$
$$-\frac{1}{2!}f''(a)(b-a)^2 - \cdots - \frac{1}{n!}f^{(n)}(a)(b-a)^n \Big\}$$
$$F(x) = f(b) - f(x) - f'(x)(b-x)$$
$$-\frac{1}{2!}f''(x)(b-x)^2 - \cdots - \frac{K}{(n+1)!}(b-x)^{n+1}$$

この K と $F(x)$ を用いれば，$n+1=3$ のときと同じ計算を経て，次の定理が得られる．

❖ **定理 5.1** ❖　　**テイラーの定理**

関数 $f(x)$ が C^{n+1} 級で，区間 $a \leqq x \leqq b$ が $f(x)$ の定義域に含まれていれば

$$f(b) = f(a) + f'(a)(b-a) + \frac{1}{2!}f''(a)(b-a)^2 + \cdots$$
$$+ \frac{1}{n!}f^{(n)}(a)(b-a)^n + \frac{1}{(n+1)!}f^{(n+1)}(c)(b-a)^{n+1} \tag{5.6}$$

となるような c が a と b の間に少なくとも一つ存在する．

式 (5.6) の b を x に置き換え，$c = a + \theta(x-a)$ $(0 < \theta < 1)$ とおき，最後の項を R_{n+1} とおくと

$$f(x) = f(a) + f'(a)(x-a) + \frac{f''(a)}{2!}(x-a)^2 + \cdots$$
$$+ \frac{f^{(n)}(a)}{n!}(x-a)^n + R_{n+1} \tag{5.7}$$
$$R_{n+1} = \frac{f^{(n+1)}(a + \theta(x-a))}{(n+1)!}(x-a)^{n+1} \quad (0 < \theta < 1)$$

と表される．R_{n+1} は $(n+1)$ 次の**剰余項**（residue）と呼ばれる．式 (5.6)，(5.7) を**テイラーの式**という．特に $a = 0$ の場合には

$$f(x) = f(0) + f'(0)x + \frac{f''(0)}{2!}x^2 + \cdots + \frac{f^{(n)}(0)}{n!}x^n + R_{n+1} \tag{5.8}$$
$$R_{n+1} = \frac{f^{(n+1)}(\theta x)}{(n+1)!}x^{n+1} \quad (0 < \theta < 1)$$

この式を**マクローリンの式**という．剰余項を無視すれば，次のように n 次式による $f(x)$ の近似が得られる．

$$f(x) \approx f(0) + f'(0)x + \frac{1}{2!}f''(0)x^2 + \cdots + \frac{1}{n!}f^{(n)}(0)x^n \tag{5.9}$$

例題 5.2 関数 $f(x) = e^x$ に対し，$n = 6$ としたときのマクローリンの式を求め，$f(x) = e^x$ を 6 次式で近似せよ．

解答 $f(x)$ は微分しても変わらないから，

$$f(x) = f'(x) = f''(x) = \cdots = f^{(7)}(x) = e^x$$
$$f(0) = f'(0) = f''(0) = \cdots = f^{(7)}(0) = 1$$

これらを式 (5.8) に代入すると，マクローリンの式は

$$e^x = 1 + x + \frac{x^2}{2!} + \frac{x^3}{3!} + \frac{x^4}{4!} + \frac{x^5}{5!} + \frac{x^6}{6!} + \frac{e^{\theta x} x^7}{7!} \quad (0 < \theta < 1) \tag{5.10}$$

近似式は

$$e^x \approx 1 + x + \frac{x^2}{2!} + \frac{x^3}{3!} + \frac{x^4}{4!} + \frac{x^5}{5!} + \frac{x^6}{6!} \tag{5.11}$$

図 5-2 は，コンピュータを用いて式 (5.11) の左辺（実線）と右辺（破線）のグラフを描いたものである．グラフから，この 6 次式は $x = 0$ の近くではかなり良い近似であることが読み取れる．

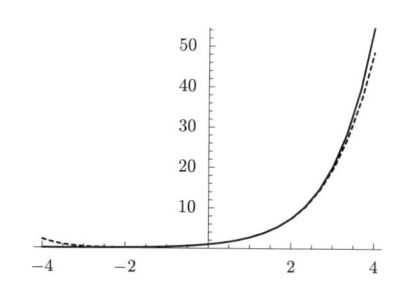

図 5-2 e^x（実線）の 6 次式（破線）による近似

問題 5.2 次の関数を 6 次式で近似せよ．

(1) $\sin x$ (2) $\log(x+1)$ (3) $\dfrac{1}{x+1}$ (4) $\sqrt{x+1}$

[4] ロピタルの定理

ここで，極限の計算にしばしば用いられるロピタルの定理を，テイラーの定理との関係で紹介しておこう．

> ❖ 定理 5.2 ❖　ロピタルの定理
>
> 極限 $\lim_{x \to a} \dfrac{f(x)}{g(x)}$ が $\dfrac{0}{0}$ または $\pm\dfrac{\infty}{\infty}$ の不定形のとき，極限 $\lim_{x \to a} \dfrac{f'(x)}{g'(x)}$ が確定した値に収束すれば，
> $$\lim_{x \to a} \frac{f(x)}{g(x)} = \lim_{x \to a} \frac{f'(x)}{g'(x)}$$
> が成り立つ．a は $\pm\infty$ であってもよい．

注意すべきことは，ロピタルの定理では極限を考えているので，$f(x)$ や $g(x)$ が点 $x = a$ 自身では必ずしも定義されている必要や微分可能である必要がないことである．

【証明】　ここでは，$f(x)$ と $g(x)$ が $x = a$ を含む開区間で定義されていて C^2 級であり，$f(a) = g(a) = 0$ となっている場合を考える．その他の場合は平均値の定理に帰着するのだが，その証明はここでは省略する．

$f(x)$ と $g(x)$ のテイラーの式 (5.7) で $n = 1$，$f(a) = g(a) = 0$ とすると

$$f(x) = f'(a)(x - a) + \frac{f''(a + \theta_1(x - a))}{2!}(x - a)^2 \quad (0 < \theta_1 < 1)$$

$$g(x) = g'(a)(x - a) + \frac{g''(a + \theta_2(x - a))}{2!}(x - a)^2 \quad (0 < \theta_2 < 1)$$

したがって

$$\lim_{x \to a} \frac{f(x)}{g(x)} = \lim_{x \to a} \frac{f'(a) + \dfrac{1}{2} f''(a + \theta_1(x - a))(x - a)}{g'(a) + \dfrac{1}{2} g''(a + \theta_2(x - a))(x - a)}$$

仮定により $f''(x)$ は連続だから，$x \to a$ のとき $f''(a + \theta_1(x - a)) \to f''(a)$ となり，右辺の分子の第 2 項は 0 に収束する（正確にいえば，θ_1 は x のとり方に依存し，しかも一意的ではないのだが，$0 < \theta_1 < 1$ だから $x \to a$ のとき $a + \theta_1(x - a) \to a$ となる）．分母についても同様だから

$$\lim_{x \to a} \frac{f(x)}{g(x)} = \lim_{x \to a} \frac{f'(a)}{g'(a)}$$ ■

例題 5.3　次の極限を計算せよ．

(1) $\displaystyle\lim_{x \to 0} \frac{\cos x - 1}{x^2}$　　(2) $\displaystyle\lim_{x \to 0} x \log x$　　(3) $\displaystyle\lim_{x \to \infty} x^3 e^{-x}$

解答

(1) $\dfrac{0}{0}$ の型の不定形の極限だから，ロピタルの定理を用いて分母分子を微分して $\displaystyle\lim_{x \to 0} \frac{-\sin x}{2x}$．これも不定形だから，さらにロピタルの定理を用いて分母分子を微分して

$$\lim_{x \to 0} \frac{-\cos x}{2} = -\frac{1}{2} \quad \therefore \quad \lim_{x \to 0} \frac{\cos x - 1}{x^2} = -\frac{1}{2}$$

(2) $0 \times (-\infty)$ の型の不定形の極限であるが，$\displaystyle\lim_{x \to 0} \frac{\log x}{x^{-1}}$ と書き直すと $-\dfrac{\infty}{\infty}$ の不定形となるから，ロピタルの定理を用いて

$$\lim_{x \to 0} x \log x = \lim_{x \to 0} \frac{\log x}{x^{-1}} = \lim_{x \to 0} \frac{x^{-1}}{-x^{-2}} = -\lim_{x \to 0} x = 0$$

(3) $\displaystyle\lim_{x \to \infty} x^3 e^{-x} = \lim_{x \to \infty} \frac{x^3}{e^x}$ と書き直すと $\dfrac{\infty}{\infty}$ の不定形の極限となる．ロピタルの定理を 3 回用いて

$$\lim_{x \to \infty} x^3 e^{-x} = \lim_{x \to \infty} \frac{x^3}{e^x} = \lim_{x \to \infty} \frac{3x^2}{e^x} = \lim_{x \to \infty} \frac{6x}{e^x} = \lim_{x \to \infty} \frac{6}{e^x} = 0$$

(3) は，3 次関数 x^3 も指数関数 e^x も増加関数であるが，$x \to \infty$ としたとき，e^x のほうが x^3 より増加の速度が大きいことを示す．図 5-3 において，太い線は

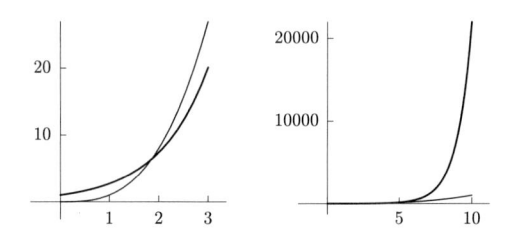

図 5-3　e^x（太線）は x^3（細線）より急速に増大

e^x，細い線は x^3 を表す．同様に任意の自然数 n について，$x \to \infty$ としたとき e^x のほうが x^n より増加の速度が大きい（第 3 章の図 3-13（p.55）を参照）．

問題 5.3　次の極限を計算せよ．

(1) $\displaystyle\lim_{x\to 0}\frac{\sin x - x}{x^3}$　　(2) $\displaystyle\lim_{x\to 0} x^2 \log x$　　(3) $\displaystyle\lim_{x\to \infty} x^5 e^{-x}$

5.2　整級数展開

例題 5.2 ではマクローリンの式を用いて指数関数を 6 次多項式で近似した．この節では，近似多項式の次数を大きくしていったときの極限として，マクローリン展開を考える．

〔1〕実験的考察

コンピュータを用いると，関数 $f(x)$ と区間 $-a \leqq x \leqq a$ と次数 n が与えられたとき，$f(x)$ を 1 次式で近似した図から n 次式で近似した図までを $-a \leqq x \leqq a$ の範囲で示すアニメーションを作ることができる．関数と区間をさまざまに変えることによって，実験的に近似の変化の様子を観察することができる．これについては，この本のウェブ上の資料を参照されたい．このページの上では，アニメーションを示すことができないので，その結果の一端を静止画で紹介する．

図 5-4 は，関数 $f(x) = \sin x$ についての 15 次式近似までを $-2\pi \leqq x \leqq 2\pi$ の範

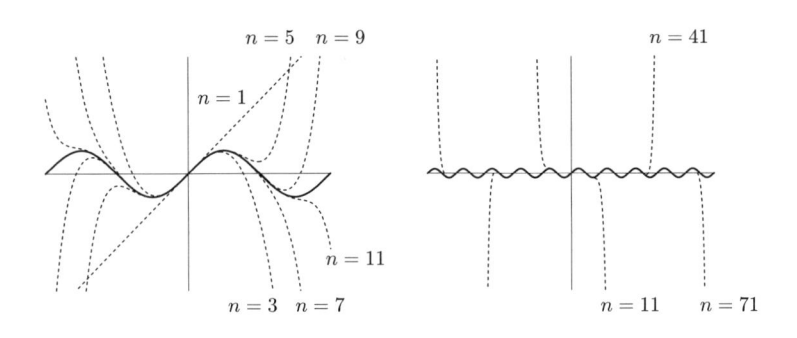

図 5-4　$\sin x$ の近似：$n = 11$ まで（左図）と $n = 71$ まで（右図）

囲で描いたアニメーションについて，いくつかのコマを重ねて示したものである．この図から，近似式の次数を増すに従ってより広い範囲で良い近似が得られることが読み取れるであろう．

次に図 5-5 は，関数 $f(x) = \log(1+x)$ に対して同様のことを試みたものである．$f(x) = \log x$ とすると，$x = 0$ で関数が定義されずマクローリンの式が使えないので，グラフを x 軸方向に -1 平行移動して $f(x) = \log(1+x)$ としてある．左図は 4 次多項式までの近似の様子，右図は 200 次多項式の近似の様子を示す．前の $f(x) = \sin x$ の場合と違って，$f(x) = \log(1+x)$ の場合は近似式の次数を増やしても，近似の範囲は広がらないことがわかるであろう．

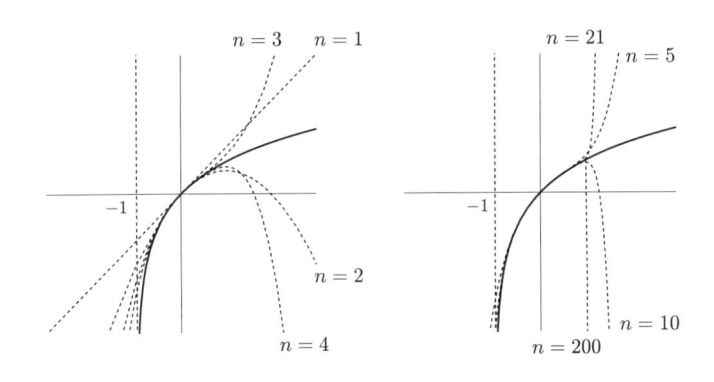

図 5-5　$\log(1+x)$ の近似：$n = 4$ まで（左図）と $n = 200$ まで（右図）

まとめると，マクローリンの式から得られる近似式は，次数を増やせば良い近似となるのだが，近似の速度は変数 x の値によって異なる．また，どの範囲で近似するかは関数によって異なる．これを念頭におき，テイラーの式 (5.7) やマクローリンの式 (5.8) で $n \to \infty$ とした無限級数を考える．

〔2〕整級数展開

まず，高校で習った無限級数の収束を確認しておこう．数列 $\{a_n\}$ において「n を限りなく大きくすると a_n が限りなく α に近づく」ということを「数列 $\{a_n\}$ は α に収束する」といい

$$\lim_{n \to \infty} a_n = \alpha$$

と表す．数列 $\{a_n\}$ の各項を和の記号"+"でつないだもの

$$a_1 + a_2 + \cdots + a_n + \cdots$$

を級数という．級数においては，部分和 $s_n = a_1 + \cdots + a_n$ のなす数列 $\{s_n\}$ がある値 S に収束するとき，つまり $\lim_{n \to \infty} s_n = S$ のとき，この級数は収束してその和が S であるといい，

$$S = a_1 + a_2 + \cdots + a_n + \cdots$$

と表す．たとえば等比級数

$$a + ar + ar^2 + \cdots + ar^n + \cdots$$

は公比 r の絶対値が 1 より小さければ $\dfrac{a}{1-r}$ に収束する．

　ここで新たに変数を含む級数を考える．x を変数とするとき，定数 $a, \alpha_0, \alpha_1, \alpha_2, \cdots, \alpha_n, \cdots$ を用いて

$$\alpha_0 + \alpha_1(x-a) + \alpha_2(x-a)^2 + \cdots + \alpha_n(x-a)^n + \cdots$$

の形に表される級数を x の**整級数**という．ある関数 $f(x)$ が整級数で

$$f(x) = \alpha_0 + \alpha_1(x-a) + \alpha_2(x-a)^2 + \cdots + \alpha_n(x-a)^n + \cdots$$

と表されるとき，これを $f(x)$ の**整級数展開**という．特に，テイラーの式 (5.7) で $n \to \infty$ として得られる整級数を，$x = a$ を中心とする $f(x)$ の**テイラー級数** (Taylor series) といい，

$$f(x) \sim f(a) + f'(a)(x-a) + \cdots + \frac{f^{(n)}(a)}{n!}(x-a)^n + \cdots \tag{5.12}$$

と表す．ここで記号 $\sim$ は，$=$ が成り立つかどうかとは無関係に，右辺が関数 $f(x)$ から得られたテイラー級数であるという関係のみを示す．この式で $a = 0$ とおけば，次の**マクローリン級数**（Maclaurin series）となる．

$$f(x) \sim f(0) + f'(0)x + \cdots + \frac{f^{(n)}(0)}{n!}x^n + \cdots \tag{5.13}$$

式 (5.12) において，右辺の整級数は x の値を定めるごとに通常の級数となる．一般に，$f(x)$ が定義される x の範囲，右辺の級数が収束する x の範囲，級数が収束したとしてその値が左辺の関数の値に一致する x の範囲は異なる．関数 $f(x)$ が定義され，右辺の整級数が収束し，かつ左辺と右辺が一致する x の範囲では，式 (5.12) の $\sim$ を $=$ で置き換えた式

$$f(x) = f(a) + f'(a)(x-a) + \cdots + \frac{f^{(n)}(a)}{n!}(x-a)^n + \cdots \tag{5.14}$$

が成り立つ．この整級数展開を，$x=a$ を中心とする $f(x)$ の**テイラー展開**（Taylor expansion）という．特に $a=0$ の場合には，次の**マクローリン展開**（Maclaurin expansion）となる．

$$f(x) = f(0) + f'(0)x + \cdots + \frac{f^{(n)}(0)}{n!}x^n + \cdots \tag{5.15}$$

いろいろな関数のマクローリン展開を導く準備として，主な基本的関数の高次導関数をまとめておこう．

❖ **補助定理 5.2** ❖　**主な関数の n 次導関数**

(1) $(x^a)^{(n)} = a(a-1)(a-2)\cdots(a-(n-1))x^{a-n}$　（a は任意の実数）

(2) $(\sin x)^{(n)} = \sin\left(x + \dfrac{n\pi}{2}\right)$, $(\cos x)^{(n)} = \cos\left(x + \dfrac{n\pi}{2}\right)$

(3) $(e^x)^{(n)} = e^x$, $(\log x)^{(n)} = (-1)^{n-1}\dfrac{(n-1)!}{x^n}$

【証明】　(1) $y = x^a$ を順次微分して

$$y' = ax^{a-1}, \quad y'' = a(a-1)x^{a-2}, \quad y''' = a(a-1)(a-2)x^{a-3}$$

$$\therefore \; y^{(n)} = a(a-1)(a-2)\cdots(a-(n-1))x^{a-n}$$

(2) $y = \sin x$ を微分して加法定理を用いれば

$$(\sin x)' = y' = \cos x = \sin\left(x + \frac{\pi}{2}\right)$$

$y' = \sin\left(x + \dfrac{\pi}{2}\right)$ に上の式と合成関数の微分を用いて

$$y'' = \left(\sin\left(x + \frac{\pi}{2}\right)\right)' = \sin\left(\left(x + \frac{\pi}{2}\right) + \frac{\pi}{2}\right) = \sin\left(x + \frac{2\times\pi}{2}\right)$$

これを繰り返して

$$y^{(n)} = \sin\left(x + \frac{n\pi}{2}\right)$$

$\cos x$ についても同様．

(3) $y = e^x$ については明らか．$y = \log x$ については各自試みよ（問題 5.4）． ∎

補助定理 5.2 の高次導関数を $x = 0$ で評価して式 (5.8) に代入すれば，それぞれの関数のマクローリン級数が得られる．そのマクローリン級数が収束するか否か，収束したとしてその和が右辺の関数の値に一致するか否かを調べる必要があるのだが，ここでは結果のみを示す[1]．

❖ 定理 5.3 ❖　マクローリン展開

$$\frac{1}{1-cx} = 1 + cx + c^2 x^2 + \cdots + c^n x^n + \cdots \quad \left(-\frac{1}{|c|} < x < \frac{1}{|c|}\right)$$

$$e^x = 1 + x + \frac{x^2}{2!} + \cdots + \frac{x^n}{n!} + \cdots \quad (-\infty < x < \infty)$$

$$\sin x = x - \frac{x^3}{3!} + \frac{x^5}{5!} - \frac{x^7}{7!} + \cdots \quad (-\infty < x < \infty)$$

$$\cos x = 1 - \frac{x^2}{2!} + \frac{x^4}{4!} - \frac{x^6}{6!} + \cdots \quad (-\infty < x < \infty)$$

$$\log(1+x) = x - \frac{x^2}{2} + \frac{x^3}{3} - \cdots \quad (-1 < x \leqq 1)$$

$$(1+x)^a = 1 + ax + \cdots + \frac{a(a-1)\cdots(a-n+1)}{n!} x^n + \cdots \quad (-1 < x < 1)$$

例題 5.4　定理 5.3 を用いて $\log(2x+3)$ のマクローリン展開を求めよ．

解答　$\log(2x+3) = \log\left(3\left(\frac{2x}{3}+1\right)\right) = \log 3 + \log\left(\frac{2x}{3}+1\right)$ とかけるから，第 2 項に定理 5.3 第 5 式を用いて

---

[1]. 詳細は一松 信『解析学序説』（巻末参考文献 [4]），高木貞治『解析概論』（巻末参考文献 [5]）などを参照されたい．

$$\log(2x+3) = \log 3 + \frac{2x}{3} - \frac{\left(\frac{2x}{3}\right)^2}{2} + \frac{\left(\frac{2x}{3}\right)^3}{3} - \cdots \quad \left(-1 < \frac{2x}{3} \leqq 1\right)$$

$$= \log 3 + \frac{2}{3}x - \frac{2}{3^2}x^2 + \frac{2^3}{3^4}x^3 - \cdots \quad \left(-\frac{3}{2} < x \leqq \frac{3}{2}\right)$$

問題 5.4 補助定理 5.2 (3) の第 2 式を示せ．

問題 5.5 定理 5.3 を用いて $\sin 3x$, e^{3x+1} のマクローリン展開を求めよ．

〔3〕近似値の誤差

定理 5.3 の指数関数のマクローリン展開で $x=1$ とおくと，自然対数の底 e の無限級数表示

$$e = 1 + 1 + \frac{1}{2!} + \frac{1}{3!} + \cdots + \frac{1}{n!} + \cdots \tag{5.16}$$

が得られる．$n=8$ までで打ち切ると，近似値

$$e \approx 1 + 1 + \frac{1}{2!} + \frac{1}{3!} + \frac{1}{4!} + \frac{1}{5!} + \frac{1}{6!} + \frac{1}{7!} + \frac{1}{8!} = \frac{109601}{40320} = 2.718278\cdots \tag{5.17}$$

が得られるが，最後の小数表現は何桁までが正確な数字であろうか？　一般に，ある近似値の誤差を ε とするとき，$|\varepsilon| < \alpha$ となる正の数 α を**誤差の限界**といい，近似値を小数で表したとき上位の桁から数えて正しい数字の並んでいる桁数を**有効桁数**という．関数の値の近似的計算とその誤差は，**数値解析**という分野で扱われる．

式 (5.17) の誤差を $\varepsilon = e - 109601/40320$ とすると，ε はマクローリンの式の剰余項で $x=1$ とおいた値だから

$$0 < \varepsilon = \frac{e^\theta}{9!} < \frac{e}{9!} \leqq \frac{3}{9!} = \frac{1}{120960}$$

この式を導くために，まず指数関数は単調増加だから $0 < \theta < 1$ より $1 = e^0 < e^\theta < e^1 = e$ であること，次に $n > 2$ ならば

$$\frac{1}{n!} = \frac{1}{1} \times \frac{1}{2} \times \frac{1}{3} \times \cdots \times \frac{1}{n} < \frac{1}{1} \times \frac{1}{2} \times \frac{1}{2} \times \cdots \times \frac{1}{2} = \frac{1}{2^{n-1}}$$

であること，さらに等比級数の和を用いて

$$e = 1 + 1 + \frac{1}{2!} + \frac{1}{3!} + \frac{1}{4!} + \cdots \leqq 1 + 1 + \frac{1}{2} + \frac{1}{2^2} + \frac{1}{2^3} + \cdots = 3$$

より $e \leqq 3$ であることを用いた[2]. したがって

$$2.718278\cdots = \frac{109601}{40320} < e < \frac{109601}{40320} + \frac{1}{120960} = 2.718287\cdots$$

したがって，式 (5.17) の近似値は小数第 4 位まで正確な数字であることがわかる．

章末問題

1　次の関数の 5 次導関数を計算せよ．

(1) $\sin(-3x)$　　(2) $\log(2x+1)$　　(3) e^{2x-1}　　(4) $\sqrt{x+1}$

2　定理 5.3 を用いて次の関数のマクローリン展開の 6 次までの項を求めよ．

(1) $\log(x+2)$　　(2) $\cos 2x$　　(3) e^{2x-1}　　(4) $\sqrt{2x+1}$

---

[2] $e \leqq 3$ は，p.92 の近似表現 $e = 2.718281828459\cdots$ から明らかであると思うだろうが，ここで行っているのは，このような近似表現をどのように導くかの説明である．

第 6 章

積分

　曲線で囲まれた図形の面積は定積分で求められる．定積分は不定積分で計算され，不定積分は微分の逆の演算である．一般に，積分の計算は微分よりかなり難しいが，ここでは高校で学んだ積分の計算と応用の基本を復習し，さらにさまざまな計算の技法と，応用上重要な特異積分を紹介する．

　なお，積分は内容が多いので，学習の便宜上，6.1 節は高校の数学 II，6.2〜6.7 節は数学 III，6.8 節と 6.9 節は新たな項目として節を分けてある．

　キーワード　不定積分, 初等関数, 定積分, 面積, 置換積分, 部分積分, 三角関数・指数関数・対数関数・無理関数・分数関数の積分, 区分求積法, 体積, 曲線の長さ, 部分分数分解, 特異積分.

6.1　積分

ここでは高校の数学 II の範囲の積分の要点を述べておこう．

〔1〕不定積分

　関数 $f(x)$ に対して，微分すれば $f(x)$ となる関数があれば，それを $f(x)$ の**不定積分** (indefinite integral) あるいは**原始関数** (primitive function) といい[1]，$\int f(x)dx$

---

[1] 正確にいえば，微分して $f(x)$ になる関数が $f(x)$ の原始関数であり，無数にある原始関数をまとめて表現したものが不定積分である．

で表す：

$$\frac{d}{dx}\int f(x)dx = f(x) \tag{6.1}$$

たとえば $f(x) = 3x^2$ とすると，$(x^3)' = 3x^2 = f(x)$ だから，x^3 は $3x^2$ の不定積分である．また，$(x^3 + 5)' = 3x^2 = f(x)$ だから，$x^3 + 5$ も $3x^2$ の不定積分である．さらに，定数は微分して 0 になるから，任意の定数 C に対して $x^3 + C$ は $3x^2$ の不定積分である．

このように，一つの関数 $f(x)$ に対して不定積分はもしあれば無数にあるが，その一つを $F(x)$ とすれば，つまり $F'(x) = f(x)$ ならば，他の不定積分は $F(x)$ に定数を加えて得られる[2]．式で表せば

$$F'(x) = f(x) \text{ のとき } \int f(x)dx = F(x) + C \tag{6.2}$$

C は任意の定数で**積分定数**と呼ばれ，暗黙の了解の下に省略されることもある．

上に述べたように積分は微分の逆の演算であるが，微分に比べると積分は相当に厄介である．このことを少し説明しておこう．

第 3 章で述べたように，我々が普通に用いる関数は，多項式，有理式，無理関数，指数関数，対数関数，三角関数，逆三角関数，およびこれらの関数の有限回の合成で得られる関数である．これらをまとめて**初等関数**という．第 4 章で見たように，初等関数を微分して得られる導関数は初等関数となる．それに対して，初等関数の不定積分は初等関数で表現できるとは限らないのである．

たとえば，楕円の周を計算するときに登場する不定積分（6.7 節を参照）

$$I = \int \sqrt{4\sin^2 x + \cos^2 x}\, dx$$

は，x の初等関数ではないことが知られている．不定積分の定義で，「微分すれば $f(x)$ となる関数があればそれを $f(x)$ の不定積分という」と述べたのだが，このように「微分すれば $f(x)$ となる関数がある」とき $f(x)$ は**積分可能**であるという．連続関数は積分可能であることが知られている（証明は簡単ではない[3]）．

---

[2]. $F'(c) = G'(x)$ とすると $(F(x) - G(x))' = F'(x) - G'(x) = 0$，したがって第 4 章の定理 4.12 (p.98) より $F(x) - G(x)$ は定数関数で，$G(x) = F(x) + C$ の形に書ける．

[3]. この本の目的は高校の数学と理工系専門科目との接続なので，高校の教科書の論理展開に従って，まず不定積分を定義し，それを用いて定積分を定義し，その応用として面積を定積分で計算

$\sqrt{4\cos^2 x + \sin^2 x}$ は x の連続関数だから，上に挙げた不定積分 I は関数として存在するのだが，初等関数で表すことができないのである．積分の計算をするときには，このような厄介さを念頭におき，計算可能な限定された範囲内で計算しているのだということに注意を払う必要がある．

微分に関する定理 4.2 (p.80) の一部を不定積分で表現すれば，次の定理となる．

♣ 定理 6.1 ♣

(1) $x^0 = 1,\ x^1 = x,\ x^2$ に対して

$$\int x^n dx = \frac{1}{n+1} x^{n+1} + C \quad (n = 0, 1, 2) \tag{6.3}$$

(2) 二つの関数 $f(x),\ g(x)$ と，同時には 0 にならない二つの定数 a, b に対して

$$\int (a f(x) + b g(x)) dx = a \int f(x) dx + b \int g(x) dx \tag{6.4}$$

---

〔2〕定積分

関数 $F(x)$ と定数 a, b に対し，$F(b) - F(a)$ を記号 $\bigl[F(x) \bigr]_a^b$ で表す．$F(x)$ が $f(x)$ の不定積分であるとき，$\bigl[F(x) \bigr]_a^b$ を a から b までの $f(x)$ の**定積分**といい，$\int_a^b f(x) dx$ で表す．つまり

$$F'(x) = f(x) \text{ のとき } \int_a^b f(x) dx = \Bigl[F(x) \Bigr]_a^b = F(b) - F(a) \tag{6.5}$$

たとえば，$f(x) = 3x^2,\ F(x) = x^3$ の場合には

$$\int_0^1 3x^2 dx = \Bigl[x^3 \Bigr]_0^1 = 1^3 - 0^3 = 1$$

となる．不定積分に現れる積分定数 C は $F(b) - F(a)$ の計算の中で消えるので，定積分の計算には影響しない点に注意せよ．

する．その際に論理の詳細は直観に委ねている．数学的厳密性の立場からは，まず 6.5 節の区分求積法を一般化した形で定積分（いわゆる Riemann 積分 (G.F.B. Riemann, 1826–1866)）を定義し（この形だと連続関数の積分可能性を示すことができる），本節〔3〕で述べる形で定積分の端点に変数 x を含んだ関数として連続関数の原始関数を構成する．

定積分の定義と式 (6.4) から，次の定理が直ちに示される．

❖ 定理 6.2 ❖

a, b, h, k を定数とするとき，

$$\int_a^b (h f(x) + k g(x))dx = h\int_a^b f(x)dx + k\int_a^b g(x)dx \tag{6.6}$$

$$\int_a^a f(x)dx = 0 \tag{6.7}$$

$$\int_b^a f(x)dx = -\int_a^b f(x)dx \tag{6.8}$$

$$\int_a^b f(x)dx = \int_a^c f(x)dx + \int_c^b f(x)dx \tag{6.9}$$

また，簡単な計算で確かめられるように，定積分の変数に関して次の定理が成り立つ．

❖ 定理 6.3 ❖

$$\int_a^b f(x)dx = \int_a^b f(t)dt \tag{6.10}$$

つまり，定積分においては積分変数をいっせいに他の文字に変えてもよい．

〔3〕積分と微分

与えられた関数 $f(x)$ と定数 a に対し，x の値を決めれば $\int_a^x f(t)dt$ の値が定まるから，$\int_a^x f(t)dt$ は x の関数である．ここでは定積分の上端に変数 x が現れるので，混乱を避けるため積分記号の中の変数は x から t に変えてある（定理 6.3 に注意）．この関数の微分を考えるために，$F(x)$ を $f(x)$ の不定積分とすると，

$$\frac{d}{dx}\int_a^x f(t)dt = \frac{d}{dx}\left\{\Big[F(t)\Big]_a^x\right\} = \frac{d}{dx}\{F(x) - F(a)\} = F'(x) = f(x)$$

したがって，次の定理が得られる．

❖ 定理 6.4 ❖　微分積分学の基本定理

$$\frac{d}{dx}\int_a^x f(t)dt = f(x) \tag{6.11}$$

〔4〕面積

定積分は面積に関係している．

まず，$f(x)$ は連続関数で，$f(x) \geqq 0$ であるとして，図 6-1 左図の陰影部の面積 S を考える．

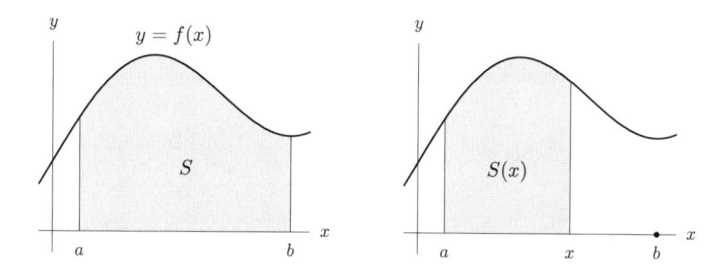

図 6-1　曲線の囲む面積（左図），a から x までの面積 $S(x)$（右図）

図 6-1 右図に示すように，$a \leqq x \leqq b$ となる x をとり，a から x までの部分の面積を $S(x)$ とする．

$h \neq 0$ であるとし，x から $x+h$ までの $S(x)$ の増分を ΔS とおく：

$$\Delta S = S(x+h) - S(x)$$

$h > 0$ の場合には $\Delta S > 0$ で，図 6-2 左図の濃い陰影部の面積が ΔS となり，$x < t < x+h$ であるような t をうまくとれば $\Delta S = f(t) \times h$ となる．$f(t) \times h$ は，図 6-2 右図の濃い陰影部の長方形の面積を表す[4]．

---

[4] このような t の存在は $f(x)$ の連続性と中間値の定理から示される．

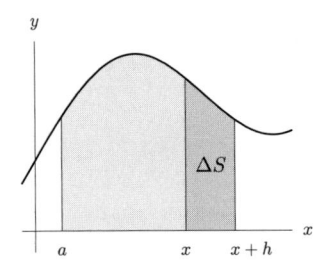

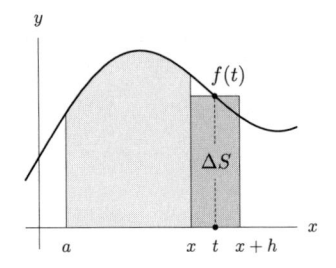

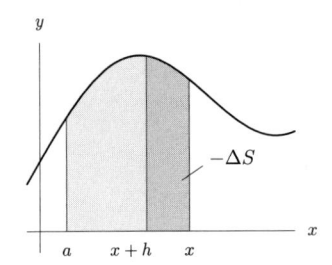

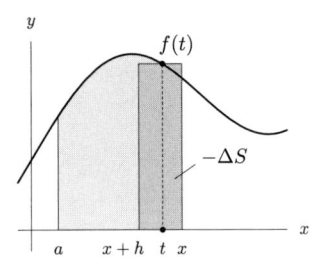

図 6-2 $h>0$ の場合：$\Delta S>0$（左図），$\Delta S = f(t) \times h > 0$（右図）

$h < 0$ の場合には $\Delta S < 0$ で，図 6-3 左図の濃い陰影部の面積が $-\Delta S$ となり，$x+h < t < x$ であるような t をうまくとれば $\Delta S = f(t) \times h$ となる．$f(t) \times h$ は，図 6-3 右図の濃い陰影部の長方形の面積の -1 倍を表す．

図 6-3 $h<0$ の場合：$\Delta S<0$（左図），$\Delta S = f(t) \times h < 0$（右図）

いずれの場合も $\Delta S = f(t) \times h$ となり，$f(x)$ の連続性から $h \to 0$ のとき $f(t) \to f(x)$ だから[5]，

$$S'(x) = \lim_{h \to 0} \frac{S(x+h) - S(x)}{h} = \lim_{h \to 0} \frac{\Delta S}{h} = \lim_{h \to 0} f(t) = f(x)$$

したがって

$$\int_a^b f(x)dx = \Big[S(x) \Big]_a^b = S(b) - S(a)$$

$S(x)$ の定義から，$S(b)$ は求める面積 S であり $S(a) = 0$ だから，

---

[5]. これも $f(x)$ の連続性から導かれる．

$$S = \int_a^b f(x)dx \tag{6.12}$$

$f(x)$ が正にも負にもなる場合は，負の部分を x 軸に関して対称に折り返して $S = \int_a^b |f(x)|dx$ とすればよい（図 6-4）．

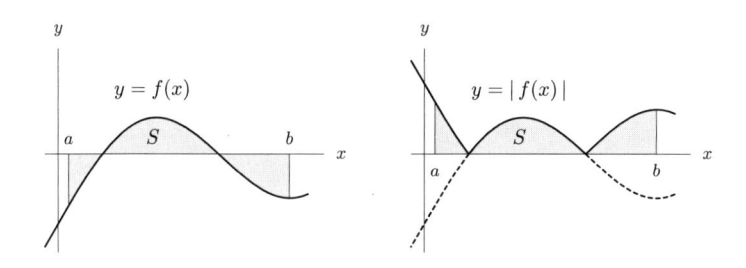

図 6-4 $f(x)$ の囲む面積（左図）は，$|f(x)|$ の囲む面積（右図）

次に二つの曲線 $y = f(x)$, $y = g(x)$ と 2 直線 $x = a$, $x = b$ の囲む図形の面積 S を考える．図 6-5 左図のように，$a \leqq x \leqq b$ の範囲で $f(x) \geqq g(x)$ となっている場合には，十分大きな定数 A をとって（図 6-5 右図）

$$S = \int_a^b (f(x) + A)dx - \int_a^b (g(x) + A)dx = \int_a^b (f(x) - g(x))dx$$

必ずしも $f(x) \geqq g(x)$ でない場合には，絶対値をつけて積分すればよい（図 6-6）．

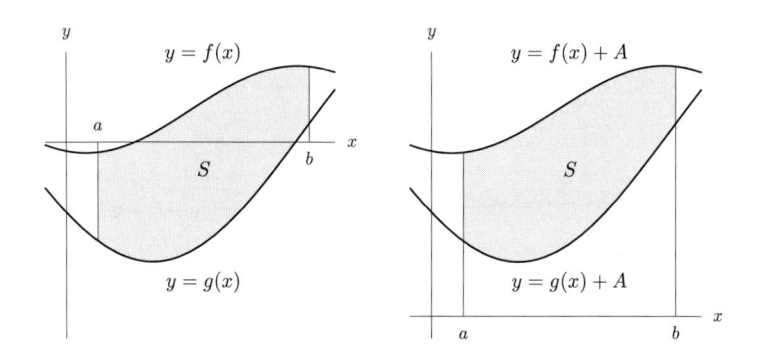

図 6-5 上の曲線 $y = f(x)$ と下の曲線 $y = g(x)$ の囲む面積

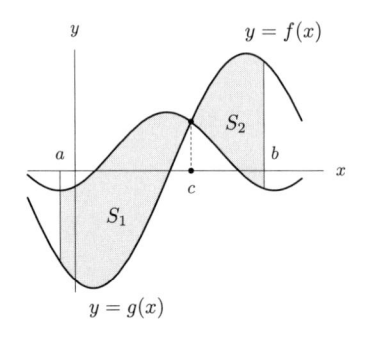

図 6-6　二つの曲線の囲む面積

x 軸は $g(x) = 0$ と表されることに注意して，一般的な形でまとめると，次の定理となる．

❖ 定理 6.5 ❖

2 曲線 $y = f(x)$, $y = g(x)$ および 2 直線 $x = a$, $x = b$ $(a < b)$ の囲む図形の面積 S は

$$S = \int_a^b |f(x) - g(x)|\,dx \tag{6.13}$$

6.2　基本的な関数の積分

第 4 章の微分の式（定理 4.6 (p.88)，定理 4.7 (p.90)，定理 4.9 (p.93)）を，不定積分の形にしておこう．

❖ 定理 6.6 ❖　基本的な関数の積分

(1) $\displaystyle\int x^c\,dx = \dfrac{1}{c+1}x^{c+1} + C$　（c は -1 以外の実数）

(2) $\displaystyle\int x^{-1}\,dx = \int \dfrac{1}{x}\,dx = \log|x| + C$

(3) $\displaystyle\int \sin x\,dx = -\cos x + C$

(4) $\displaystyle\int \cos x\, dx = \sin x + C$

(5) $\displaystyle\int \frac{1}{\cos^2 x}\, dx = \tan x + C$

(6) $\displaystyle\int \frac{1}{\sin^2 x}\, dx = -\frac{1}{\tan x} + C$

(7) $\displaystyle\int e^x\, dx = e^x + C$

(8) $\displaystyle\int a^x\, dx = \frac{a^x}{\log a} + C \quad (a > 0)$

(9) $\displaystyle\int \frac{1}{\sqrt{1-x^2}}\, dx = \arctan x + C$

(10) $\displaystyle\int \frac{1}{x^2+1}\, dx = \arctan x + C$

【証明】 (2) (6) 以外は元の式をそのまま，あるいは係数をそろえて不定積分で表現したものである．(2) については，$x > 0$ の場合には定理 4.9 (2) より

$$(\log |x|)' = (\log x)' = \frac{1}{x}$$

$x < 0$ の場合には，定理 4.9 (2) と合成関数の微分により

$$(\log |x|)' = (\log(-x))' = -\frac{1}{(-x)} = \frac{1}{x}$$

いずれにしても $(\log |x|)' = \dfrac{1}{x}$ だから，

$$\int \frac{1}{x}\, dx = \log |x| + C$$

(6) については，定理 4.2 (4) (p.80) の商の微分を用いて

$$\left(\frac{1}{\tan x}\right)' = \left(\frac{\cos x}{\sin x}\right)' = \frac{-\sin x \cdot \sin x - \cos x \cdot \cos x}{\sin^2 x} = -\frac{1}{\sin^2 x}$$

ゆえに

$$\int \frac{1}{\sin^2 x}\, dx = -\frac{1}{\tan x} + C \qquad \blacksquare$$

上の定理で，(9) (10) 以外は高校の数学 III の内容である．

例題 6.1 次の不定積分を求めよ.

(1) $\int \dfrac{1}{x^3}\,dx$ 　(2) $\int x\sqrt{x}\,dx$ 　(3) $\int \dfrac{\sqrt{x}+1}{x}\,dx$

(4) $\int (3e^x + 2)\,dx$ 　(5) $\int (3\sin x - 4\cos x)\,dx$ 　(6) $\int \dfrac{\cos^3 x - 1}{\cos^2 x}\,dx$

解答　いずれも定理 6.6 の公式に従って計算する.

(1) $I = \int x^{-3}\,dx = \dfrac{1}{-3+1} x^{-3+1} + C = -\dfrac{1}{2x^2} + C$

(2) $I = \int x^{\frac{3}{2}}\,dx = \dfrac{1}{\frac{3}{2}+1} x^{\frac{3}{2}+1} + C = \dfrac{2}{5} x^{\frac{5}{2}} + C$

(3) $I = \int (x^{-\frac{1}{2}} + x^{-1})\,dx = \dfrac{1}{-\frac{1}{2}+1} x^{-\frac{1}{2}+1} + \log|x| + C$
$= 2\sqrt{x} + \log|x| + C$

(4) $I = 3e^x + 2x + C$

(5) $I = -3\cos x - 4\sin x + C$

(6) $I = \int \left(\cos x - \dfrac{1}{\cos^2 x} \right) dx = \sin x - \tan x + C$

問題 6.1 次の不定積分を求めよ.

(1) $\int \dfrac{1}{x^5}\,dx$ 　(2) $\int \sqrt[3]{x^2}\,dx$ 　(3) $\int \dfrac{2x-1}{\sqrt{x}}\,dx$ 　(4) $\int (3 - 2\cos x)\,dx$

(5) $\int (\sin x + 2\cos x)\,dx$ 　(6) $\int \dfrac{\sin^3 x + 2}{\sin^2 x}\,dx$ 　(7) $\int (3e^x - 4x)\,dx$

(8) $\int 2^x\,dx$ 　(9) $\int \dfrac{x^3-1}{x}\,dx$

6.3　置換積分

定理 4.3 (p.83) の合成関数の微分を積分で表せば，次の**置換積分**の公式となる．

❖ 定理 6.7 ❖　置換積分

$x = g(t)$ のとき

$$\int f(x)\,dx = \int f(g(t))\,g'(t)\,dt \tag{6.14}$$

【証明】 $F'(x) = f(x)$ となる関数 $F(x)$ をとる．つまり

$$\int f(x)\,dx = F(x) + C$$

$y = F(x)$ と $x = g(t)$ の合成関数 $y = F(g(t))$ を t で微分すれば，定理 4.3 により

$$\frac{d}{dt}F(g(t)) = F'(g(t))g'(t) = f(g(t))g'(t)$$

積分で表せば

$$\int f(g(t))g'(t)\,dt = F(g(t)) + C = F(x) + C$$

したがって

$$\int f(g(t))g'(t)\,dt = \int f(x)\,dx \qquad \blacksquare$$

$x = g(t)$ の両辺を t で微分すれば $\dfrac{dx}{dt} = g'(t)$ となるが，この式の両辺に形式的に dt をかけて分母を払えば $dx = g'(t)dt$ が得られる．式 (6.14) の左辺で $x = g(t)$, $dx = g'(t)dt$ と置き換えると右辺になることに注意すれば，置換積分の公式は記憶しやすい形をしている．

例題 6.2 $I = \displaystyle\int (2x+1)^7 dx$ を計算せよ．

解答 $2x+1 = t$ つまり $x = \dfrac{t-1}{2}$ とおくと $\dfrac{dx}{dt} = \dfrac{1}{2}$ だから

$$I = \int t^7 \cdot \frac{1}{2}dt = \frac{1}{2}\cdot\frac{t^{7+1}}{7+1} + C = \frac{1}{16}t^8 + C = \frac{1}{16}(2x+1)^8 + C$$

上の解において，$2x+1 = t$ の両辺を x で微分して $2 = \dfrac{dt}{dx}$．形式的に分母を払って 2 で割って $dx = \dfrac{1}{2}dt$．これを代入して

$$I = \int (2x+1)^7 dx = \int t^7 \frac{1}{2}dt$$

として計算してもよい．今後はこのような簡便な計算法も用いる．

問題 6.2 積分せよ．

(1) $\displaystyle\int (3x+2)^4 dx$ (2) $\displaystyle\int \sqrt{2x+1}\,dx$ (3) $\displaystyle\int \frac{1}{2-3x}dx$

計算によく登場する置換積分のパターンを挙げておこう．

❖ 定理 6.8 ❖

(1) $\int f(x)dx = F(x) + C$, $a \neq 0$ のとき

$$\int f(ax+b)\,dx = \frac{1}{a}F(ax+b) + C \tag{6.15}$$

(2) $\int f(g(x))g'(x)\,dx = \int f(t)dt \tag{6.16}$

(3) $\int \frac{f'(x)}{f(x)}\,dx = \log|f(x)| + C \tag{6.17}$

【証明】 (1) $F'(x) = f(x)$ だから，合成関数の微分により

$$(F(ax+b))' = F'(ax+b) \cdot a = a\,f(ax+b)$$
$$\left(\frac{1}{a}F(ax+b)\right)' = f(ax+b)$$

積分で表せば式 (6.15) となる．

(2) $t = g(x)$ として，式 (6.14) の式で x と t を入れ換えればよい．

(3) $(\log|x|)' = \dfrac{1}{x}$ に合成関数の微分を用いて

$$(\log|f(x)|)' = \frac{f'(x)}{f(x)}$$

積分で表せば式 (6.17) となる． ∎

例題 6.3　積分せよ．

(1) $\int \sin\left(2x + \dfrac{\pi}{3}\right) dx$　(2) $\int e^{2x+1}\,dx$　(3) $\int x\sqrt{x+1}\,dx$

(4) $\int \sin^2 x \cos x\,dx$　(5) $\int \tan x\,dx$

解答

(1) $\int \sin x\,dx = -\cos x + C$ の x を $2x + \dfrac{\pi}{3}$ で置き換えて式 (6.15) を用いれば

$$\int \sin\left(2x + \frac{\pi}{3}\right)\,dx = -\frac{1}{2}\cos\left(2x + \frac{\pi}{3}\right) + C$$

(2) $\int e^x \, dx = e^x + C$ の x を $2x+1$ で置き換えて式 (6.15) を用いれば

$$\int e^{2x+1} \, dx = \frac{1}{2} e^{2x+1} + C$$

(3) $t = \sqrt{x+1}$ とおいて両辺を 2 乗して移項すると $x = t^2 - 1$. 両辺を t で微分して $\dfrac{dx}{dt} = 2t$ より $dx = 2t \, dt$. したがって

$$\int x\sqrt{x+1} \, dx = \int (t^2 - 1)t \cdot 2t \, dt = \frac{2}{5}t^5 - \frac{2}{3}t^3 + C$$
$$= \frac{2}{5}(\sqrt{x+1})^5 - \frac{2}{3}(\sqrt{x+1})^3 + C$$
$$= \frac{2}{15}(x+1)^{\frac{3}{2}}(3x - 2) + C$$

(4) $f(t) = t^2$, $t = g(x) = \sin x$ とおけば, $g'(x) = \cos x$ だから, 式 (6.16) より

$$\int \sin^2 x \cos x \, dx = \int f(g(x))g'(x) \, dx = \int f(t) \, dt$$
$$= \int t^2 \, dt = \frac{1}{3}t^3 + C = \frac{1}{3}\sin^3 x + C$$

(5) $\tan x = \dfrac{\sin x}{\cos x} = -\dfrac{(\cos x)'}{\cos x}$ だから, 式 (6.17) より

$$\int \tan x \, dx = -\log|\cos x| + C$$

問題 6.3　積分せよ.

(1) $\displaystyle\int \cos\left(2x - \frac{\pi}{6}\right) dx$ 　　(2) $\displaystyle\int e^{-x+1} \, dx$ 　　(3) $\displaystyle\int \frac{x}{\sqrt{x-1}} \, dx$

(4) $\displaystyle\int 2x\sqrt{x^2+1} \, dx$ 　　(5) $\displaystyle\int \frac{\cos x}{\sin x} \, dx$ 　　(6) $\displaystyle\int \frac{2x}{x^2+1} \, dx$

6.4 部分積分

定理 4.2 (2) (p.80) の関数の積の微分を積分で表せば, 次の定理となる.

❖ 定理 6.9 ❖ 　部分積分

$$\int f(x)g'(x) \, dx = f(x)g(x) - \int f'(x)g(x) \, dx \tag{6.18}$$

【証明】　積の微分より

$$\{f(x)g(x)\}' = f'(x)g(x) + f(x)g'(x)$$

積分で表せば

$$f(x)g(x) = \int \bigl(f'(x)g(x) + f(x)g'(x)\bigr) dx$$
$$= \int f'(x)g(x)\,dx + \int f(x)g'(x)\,dx$$

移項して

$$\int f'(x)g(x)\,dx = f(x)g(x) - \int f(x)g'(x)\,dx \qquad \blacksquare$$

式 (6.18) を**部分積分の公式**という．この公式は，被積分関数（インテグラルの中の関数）が二つの関数の積になっているとき，その一方の因数を導関数 $g'(x)$ とみなして適用するのだが，どちらの因数を導関数と見るのかについては，次の例題を参照されたい．

例題 6.4　積分せよ．

(1) $\displaystyle \int x \cos x\,dx$　　(2) $\displaystyle \int e^x (2x+1)\,dx$

解答

(1) $f(x) = x,\ g'(x) = \cos x$ つまり $g(x) = \sin x$ とみなせば

$$\int x \cos x\,dx = \int x\,(\sin x)'\,dx = x \sin x - \int x' \sin x\,dx$$
$$= x \sin x - \int \sin x\,dx = x \sin x + \cos x + C$$

(2) $f(x) = 2x+1,\ g'(x) = e^x$ つまり $g(x) = e^x$ とみなせば

$$\int e^x(2x+1)\,dx = \int (2x+1)(e^x)'\,dx$$
$$= (2x+1)e^x - \int (2x+1)' e^x\,dx$$
$$= (2x+1)e^x - 2\int e^x\,dx$$
$$= (2x+1)e^x - 2e^x + C = (2x-1)e^x + C$$

上の (2) の解において，$f(x) = e^x$, $g'(x) = 2x + 1$ つまり $g(x) = x^2 + x$ とみなせば

$$\int e^x(2x+1)\,dx = e^x(x^2+x) - \int (e^x)'(x^2+x)\,dx$$
$$= e^x(x^2+x) - \int e^x(x^2+x)\,dx$$

となり，第 2 項の積分がかえって面倒になる．どちらを $f(x)$ どちらを $g'(x)$ とみなすかは，試行錯誤的に決めればよい．また，次の例題のように被積分関数が見かけ上は積になっていない場合でも，部分積分が威力を発揮することもある．

例題 6.5 積分 $\int \log x\,dx$ を計算せよ．

解答 積分記号の中の関数を $\log x = \log x \times 1 = \log x \times (x)'$ とみなせば

$$\int \log x\,dx = \log x \times x - \int (\log x)' \times x\,dx = x\log x - \int \frac{1}{x} \times x\,dx$$
$$= x\log x - \int 1\,dx = x\log x - x + C$$

問題 6.4 積分せよ．

(1) $\displaystyle\int x \sin x\,dx$ (2) $\displaystyle\int xe^{-x+1}\,dx$ (3) $\displaystyle\int (x-1)\cos x\,dx$

(4) $\displaystyle\int x \log x\,dx$ (5) $\displaystyle\int \log(x+1)\,dx$ (6) $\displaystyle\int \sqrt{x}\log x\,dx$

6.5　区分求積法

曲線の囲む面積を図 6-7 に示すような細長い長方形の面積の和で近似し，長方形の幅を限りなく小さくしたときの極限は定積分の値に一致する，というのが**区分求積法**である．

$f(x) \geqq 0$ とすれば，定積分

$$I = \int_a^b f(x)dx$$

は，曲線 $y = f(x)$ と x 軸および 2 直線 $x = a$, $x = b$ の囲む領域の面積に等しい．

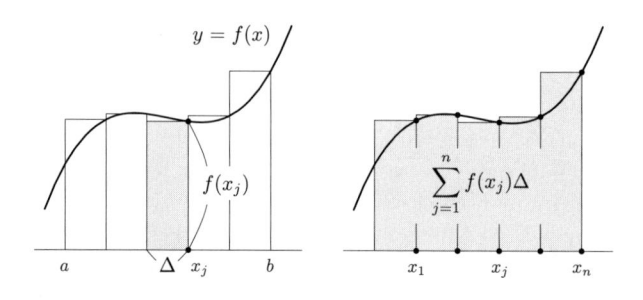

図 6-7 j 番目の長方形の面積（左図）とその総和（右図）

ここで，a から b までの区間を n 等分して，その分点を

$$a = x_0 < x_1 < x_2 < \cdots < x_{n-1} < x_n = b$$

とする．小区間の幅 $\dfrac{b-a}{n}$ を Δ で表せば $x_j = a + j\Delta$（$j = 0, 1, \cdots, n$）である．各番号 j に対し，j 番目の小区間 $x_{j-1} \leqq x \leqq x_j$ を底辺とし，小区間の右端における関数の値 $f(x_j)$ を高さとする長方形の面積は $f(x_j)\Delta$ となる（図 6-7 左図）．したがって，これらの長方形の面積の総和は

$$\sum_{j=1}^{n} f(x_j)\Delta, \quad \Delta = \frac{b-a}{n}$$

である（図 6-7 右図）．

このとき，長方形の和の領域と曲線の囲む領域との間には誤差があるのだが，図 6-8 に見るように分割の数を増やせば誤差は次第に小さくなり，長方形の和の領域の面積は曲線の囲む領域の面積に近づくであろう．実際，$f(x)$ が連続関数であればそうなることが知られている．式で表せば

$$\lim_{n \to \infty} \sum_{j=1}^{n} f(x_j) \frac{b-a}{n} = \int_a^b f(x)dx \tag{6.19}$$

高さを区間の左端での値 $f(x_{j-1})$ で決めても，極限をとれば同じで（図 6-9）

$$\lim_{n \to \infty} \sum_{j=1}^{n} f(x_{j-1}) \frac{b-a}{n} = \lim_{n \to \infty} \sum_{j=0}^{n-1} f(x_j) \frac{b-a}{n} = \int_a^b f(x)dx \tag{6.20}$$

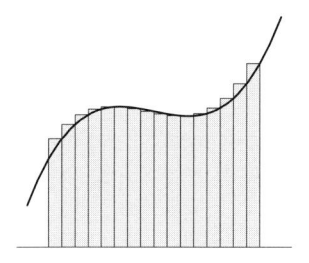

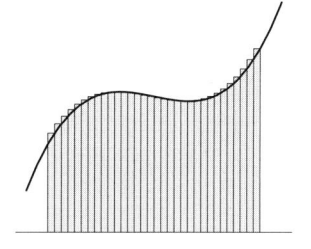

図 6-8　分割を細かくする：16 等分（左図）と 32 等分（右図）

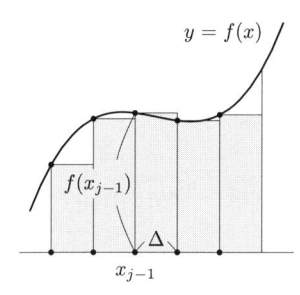

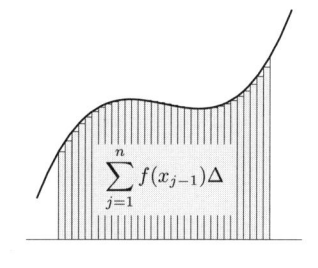

図 6-9　小区間の左端で高さを決めても極限は同じ

$f(x) < 0$ の場合には，$f(x_j)\Delta$ は長方形の面積を -1 倍したものになり，積分の値も曲線の囲む面積を -1 倍したものになるから，式 (6.19) および式 (6.20) は成り立つ．$f(x)$ が正にも負にもなる場合も，正の区間と負の区間に分けて考えればよいから，同じように成り立つ．まとめると

❖ 定理 6.10 ❖　　区分求積法

$\Delta = \dfrac{b-a}{n}$, $x_j = a + j\Delta$ $(j = 0, 1, \cdots, n)$ とするとき

$$\lim_{n\to\infty} \sum_{j=1}^{n} f(x_j)\Delta = \lim_{n\to\infty} \sum_{j=1}^{n} f(x_{j-1})\Delta = \int_a^b f(x)dx \tag{6.21}$$

例題 6.6　極限 $A = \lim\limits_{n\to\infty} \left(\dfrac{1^3}{n^4} + \dfrac{2^3}{n^4} + \cdots + \dfrac{n^3}{n^4} \right)$ を計算せよ．

解答 $A = \lim_{n \to \infty} \left(\dfrac{1^3}{n^3} \dfrac{1}{n} + \dfrac{2^3}{n^3} \dfrac{1}{n} + \cdots + \dfrac{n^3}{n^3} \dfrac{1}{n} \right)$ と書けるから，関数 $f(x) = x^3$ を $0 \leqq x \leqq 1$ の区間で考えれば（図 6-10）

$$A = \lim_{n \to \infty} \sum_{j=1}^{n} f\left(\dfrac{j}{n}\right) \dfrac{1}{n} = \int_0^1 f(x) dx = \int_0^1 x^3 dx = \left[\dfrac{x^4}{4}\right]_0^1 = \dfrac{1}{4}$$

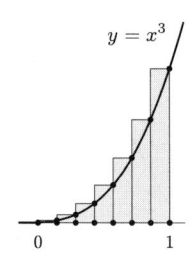

図 6-10　数列の和の極限と定積分

問題 6.5　次の極限を求めよ．

(1) $A = \lim_{n \to \infty} \left(\dfrac{1^2}{n^3} + \dfrac{2^2}{n^3} + \cdots + \dfrac{n^2}{n^3} \right)$

(2) $A = \lim_{n \to \infty} \dfrac{1}{n\sqrt{n}} \left(\sqrt{1} + \sqrt{2} + \cdots + \sqrt{n} \right)$

6.6　立体の体積

6.1 節で述べたように，平面において曲線で囲まれる図形の面積は，定積分で求められる．ここでは，同じような考え方を用いて，立体図形の体積を定積分で計算することを考える．

図 6-11 左図のような，$a \leqq x \leqq b$ の範囲におかれた立体があるとする．x 軸上の座標が x となる点を通り x 軸に垂直な平面でこの立体を切ったときの切り口の面積が，x の連続関数 $S(x)$，$a \leqq x \leqq b$ で表されるとする．また，この平面で切り取られた左側の部分の体積を $V(x)$ とする（図 6-11 右図）．

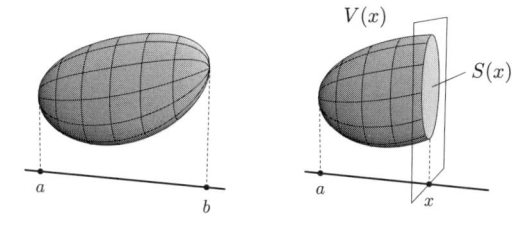

図 6-11 切り口の面積 $S(x)$ と, x までの体積 $V(x)$

x から $x+h$ まで体積の増分 $V(x+h)-V(x)$ を ΔV で表し (図 6-12 左図), x と $x+h$ の間に t をうまくとって, 底面積が $S(t)$ で高さが h の柱状立体の体積 $S(t)h$ が ΔV に等しくなるようにする (図 6-12 右図).

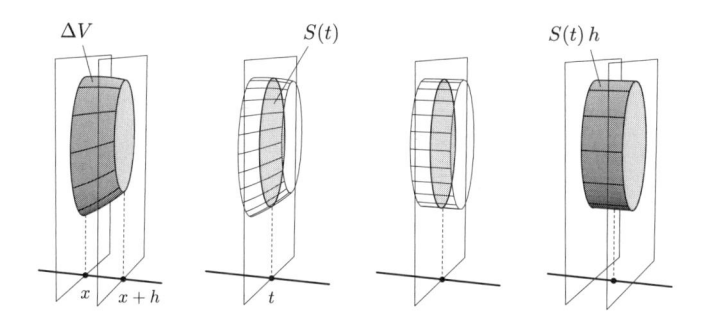

図 6-12 体積の増分 ΔV を柱状立体の体積 $S(t)h$ で近似

h を 0 に近づけると $S(t)$ は $S(x)$ に近づくから

$$\lim_{h \to 0} \frac{V(x+h)-V(x)}{h} = \lim_{h \to 0} \frac{\Delta V}{h} = \lim_{h \to 0} \frac{S(t)h}{h} = \lim_{h \to 0} S(t) = S(x)$$

つまり

$$V'(x) = S(x)$$

したがって,

$$\int_a^b S(x)dx = \Big[V(t)\Big]_a^b = V(b) - V(a)$$

$V(a) = 0$ で $V(b)$ は全体の体積だから，まとめると次の定理となる．

❖ **定理 6.11** ❖

x 軸に垂直な平面による切り口の面積が連続関数 $S(x)$ であるような立体の，$x = a$ から $x = b$ までの部分の体積 V は

$$V = \int_a^b S(x)dx \tag{6.22}$$

例題 6.7 図 6-13 のように半径 1 の円柱を，底面の中心を通り底面と $45°$ の角をなす平面で切ったときの，立体の体積 V を求めよ．

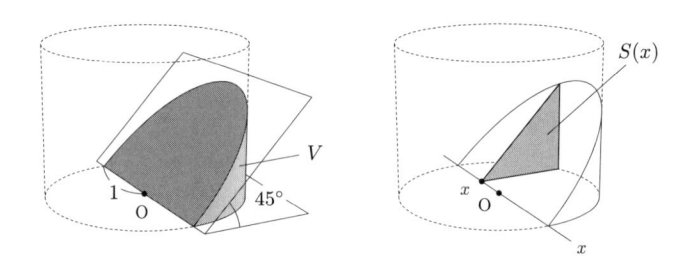

図 6-13 円柱を平面で斜めに切る

解答 図 6-13 右図のように，底面の中心を原点として平面と底面の交線を x 軸とする．x 軸に垂直な平面によるこの立体の切り口は直角二等辺三角形で，底辺の長さは $\sqrt{1-x^2}$ だから，切り口の面積 $S(x)$ と立体の体積 V は

$$S(x) = \frac{1}{2}\sqrt{1-x^2} \times \sqrt{1-x^2} = \frac{1}{2}(1-x^2)$$

$$V = \int_{-1}^{1} \frac{1}{2}(1-x^2)dx = \frac{1}{2}\left[x - \frac{x^3}{3}\right]_{-1}^{1} = \frac{2}{3}$$

特に立体が回転体のときには，体積は次の定理で求められる．

❖ 定理 6.12 ❖

xy 平面上の曲線 $y = g(x) \geqq 0$ を x 軸の周りに回転して得られる立体の, $a \leqq x \leqq b$ の部分の体積を V とすると

$$V = \pi \int_a^b (g(x))^2 dx \tag{6.23}$$

【証明】 図 6-14 に示すように, 断面は半径 $g(x)$ の円で, その面積 $S(x)$ は $\pi(g(x))^2$ となる. これを式 (6.23) に代入すれば, 求める式が得られる. ∎

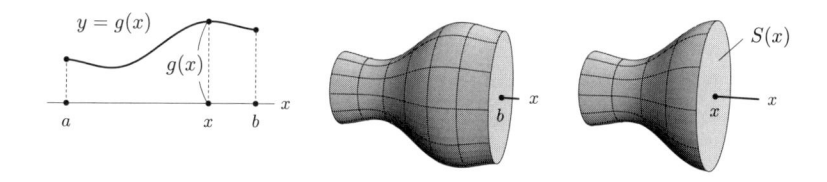

図 6-14 回転体:切り口の面積は $S(x) = \pi(g(x))^2$

例題 6.8 xy 平面上の点 $(0, 2)$ を中心とし半径 1 の円 (図 6-15 左図) を, x 軸の周りに回転してできる立体 (図 6-16 左図) の体積を求めよ (このドーナツ型の曲面はトーラス (円環面) と呼ばれる).

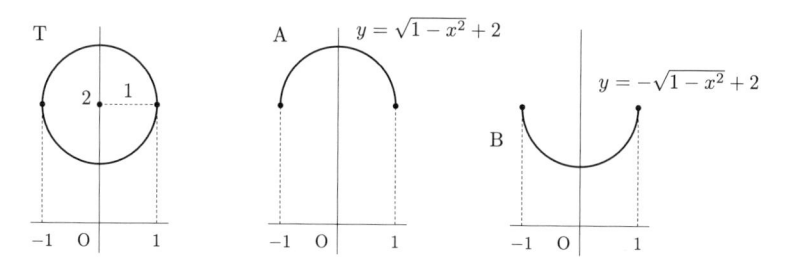

図 6-15 上の曲線 $y = \sqrt{1-x^2} + 2$ (中図), 下の曲線 $y = -\sqrt{1-x^2} + 2$ (右図)

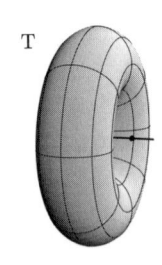

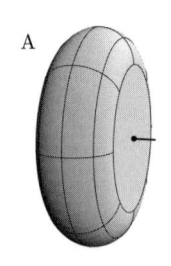

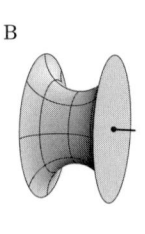

図 6-16　トーラス T の体積 = A の体積 − B の体積

解答　円を，図 6-15 中図に示す上の曲線 $y = \sqrt{1-x^2}+2$ と，図 6-15 右図に示す下の曲線 $y = -\sqrt{1-x^2}+2$ に分ける．

上の曲線を回転して得られる立体（図 6-16 中図 A）の体積から，下の曲線を回転して得られる立体（図 6-16 右図 B）の体積を引けば，求める体積が得られる．

$$V = \pi \int_{-1}^{1} \left(\sqrt{1-x^2}+2\right)^2 dx - \pi \int_{-1}^{1} \left(-\sqrt{1-x^2}+2\right)^2 dx$$
$$= 8\pi \int_{-1}^{1} \sqrt{1-x^2}\, dx$$

$\int_{-1}^{1} \sqrt{1-x^2}\, dx$ は半径 1 の円の面積の半分だから $\dfrac{\pi}{2}$ に等しい．したがって，求める体積は $4\pi^2$ となる．

問題 6.6

(1) 定積分を用いて底面の半径 r，高さ h の直円錐の体積を求めよ．
(2) 定積分を用いて半径 r の球の体積を求めよ．

6.7　曲線の長さ

xy 平面において，曲線 C 上の点 $\mathrm{P}(x,y)$ が，変数 t の関数によって

$$x = f(t), \quad y = g(t) \tag{6.24}$$

の形に表されるとき，これを C の**パラメータ表示**（媒介変数表示）といい，t を**パラメータ**（媒介変数）という．

例題 6.9
原点 O を中心とし，半径 r の円周 C をパラメータで表せ．

解答 円周 C 上に点 $\mathrm{P}(x,y)$ をとり，線分 OP が x 軸の正の方向となす角を t とする．図 6-17 より

$$x = r\cos t, \quad y = r\sin t \quad (0 \leqq t \leqq 2\pi)$$

これが C のパラメータ表示である．

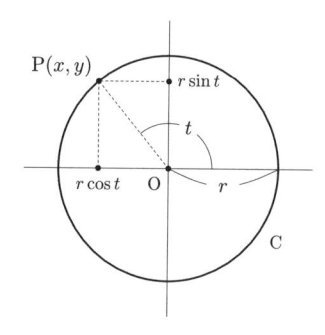

図 6-17 円のパラメータ表示

例題 6.10
次のようにパラメータ表示される曲線の概形を描け．

$$x = e^t \cos 2\pi t, \quad y = e^t \sin 2\pi t, \quad t \geqq 0$$

解答 x 軸となす角が t，原点からの距離が e^t だから，回転するにつれて原点から遠ざかる螺旋になる（図 6-18）．この曲線は対数螺旋と呼ばれる．

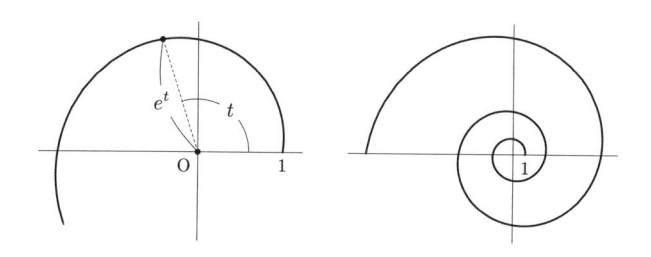

図 6-18 対数螺旋

式 (6.24) のようにパラメータ表示された曲線の, $a \leqq t \leqq b$ の部分の長さを l とし, 最初の点 $A(f(a), g(a))$ から途中の点 $P(f(t), g(t))$ までの長さを $s(t)$ で表す (図 6-19 左図). t を h だけ増やしたときの長さの増分, つまり $s(t+h) - s(t)$ を Δs で表す (図 6-19 右図).

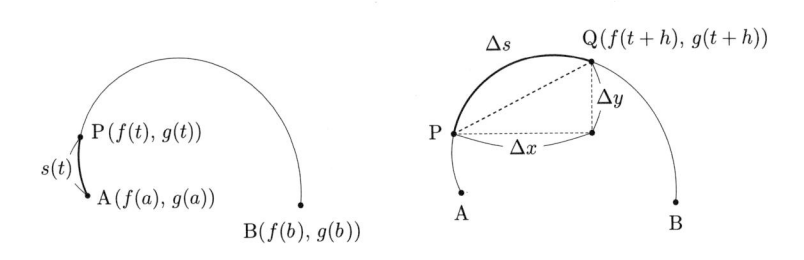

図 6-19　曲線の長さの増分 Δs

図 6-20 から読み取れるように, h が小さければ Δs は線分 PQ の長さで近似される. (c′) は (c) を拡大したもの, (d′) は (d) を拡大したものである. (a) では Δs と PQ の差は大きいが, (d) ではほとんど重なってしまう.

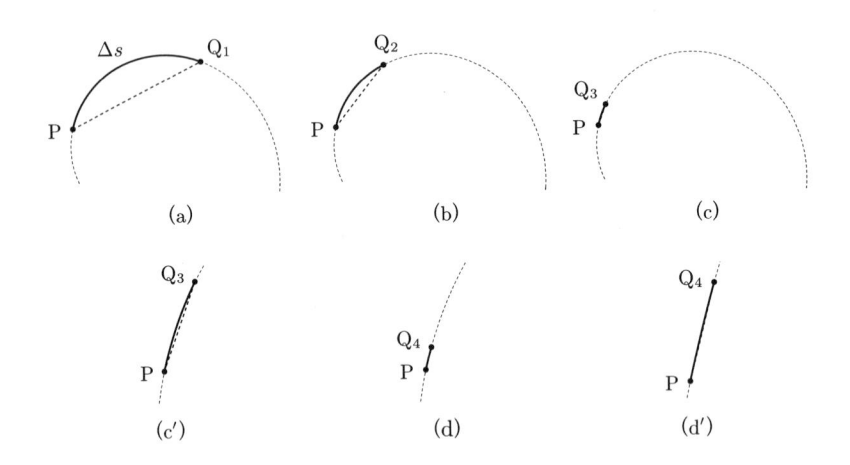

図 6-20　微小な曲線弧は線分で近似される

上で述べたことを式で表そう．図 6-19 右図に示すように，t の増分 $h > 0$ に対応した $x = f(t)$ と $y = g(t)$ の増分をそれぞれ Δx, Δy, つまり

$$\Delta x = f(t+h) - f(t), \quad \Delta y = g(t+h) - g(t)$$

とすると，線分 PQ の長さは PQ $= \sqrt{(\Delta x)^2 + (\Delta y)^2}$ と表されるから

$$\frac{s(t+h) - s(t)}{h} = \frac{\Delta s}{h} = \frac{\Delta s}{\mathrm{PQ}} \frac{\mathrm{PQ}}{h} = \frac{\Delta s}{\mathrm{PQ}} \frac{\sqrt{(\Delta x)^2 + (\Delta y)^2}}{h}$$

$$= \frac{\Delta s}{\mathrm{PQ}} \sqrt{\left(\frac{f(t+h) - f(t)}{h}\right)^2 + \left(\frac{g(t+h) - g(t)}{h}\right)^2}$$

したがって $h \to 0$ とすると，$\displaystyle\lim_{h \to 0} \frac{\Delta s}{\mathrm{PQ}} = 1$ とみなせることに注意して，

$$s'(t) = \sqrt{(f'(t))^2 + (g'(t))^2}$$

$$\therefore \int_a^b \sqrt{(f'(t))^2 + (g'(t))^2} \, dt = \Big[s(t)\Big]_a^b = s(b) - s(a) = l$$

まとめると

> ❖ 定理 6.13 ❖
>
> パラメータ表示された曲線 $x = f(t), y = g(t), a \leqq t \leqq b$ の長さ l は，次の式で求められる[6]．
>
> $$l = \int_a^b \sqrt{(f'(t))^2 + (g'(t))^2} \, dt \tag{6.25}$$

例題 6.11 曲線 $x = f(t) = \cos^3 t$, $y = g(t) = \sin^3 t$, $0 \leqq t \leqq 2\pi$ の長さを求めよ．この曲線は図 6-21 左図の形をしていて，アステロイドと呼ばれる．

解答 $0 \leqq t \leqq \dfrac{\pi}{2}$ の部分の長さを 4 倍して

$$l = 4 \int_0^{\pi/2} \sqrt{(-3\cos^2 t \sin t)^2 + (3\sin^2 t \cos t)^2} \, dt$$

$$= 12 \int_0^{\pi/2} \sqrt{\sin^2 t \cos^2 t (\cos^2 t + \sin^2 t)} \, dt$$

---

[6] 厳密には，式 (6.25) は，曲線上に有限個の点をとって結んでできる折れ線の長さの極限として，平均値の定理を用いて証明される．

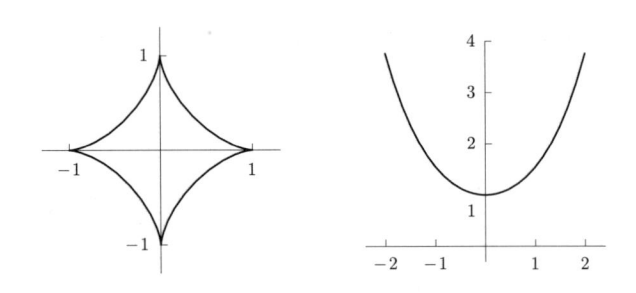

図 6-21　アステロイド（星形，左図）とカテナリー（懸垂線，右図）

$0 \leqq t \leqq \pi/2$ の範囲では $\sin t \geqq 0$, $\cos t \geqq 0$ となることに注意し，三角関数の加法定理を用いて

$$l = 12\int_0^{\pi/2} \sin t \cos t \, dt = 6\int_0^{\pi/2} \sin 2t \, dt = 6\left[-\frac{1}{2}\cos 2t\right]_0^{\pi/2} = 6$$

曲線が特に $y = \varphi(x)$, $a \leqq x \leqq b$ の形をしているときには，x 自身をパラメータ t とみなして $x = x$, $y = \varphi(x)$ に式 (6.25) を用いれば

$$l = \int_a^b \sqrt{1 + (\varphi'(x))^2}\, dx \tag{6.26}$$

例題 6.12　曲線 $y = \frac{1}{2}(e^x + e^{-x})$, $-2 \leqq t \leqq 2$ の長さを求めよ．この曲線は図 6-21 右図に示すような形をしていて，カテナリー（懸垂線）と呼ばれる．紐が重力で自然に垂れ下がるとこの形になることが，物理的に証明できる．

解答　$y' = \frac{1}{2}(e^x - e^{-x})$ だから，

$$l = \int_{-2}^2 \sqrt{1 + \frac{1}{4}(e^x - e^{-x})^2}\, dx = \frac{1}{2}\int_{-2}^2 \sqrt{(e^x + e^{-x})^2}\, dx$$
$$= \frac{1}{2}\int_{-2}^2 (e^x + e^{-x})\, dx = \frac{1}{2}\left[e^x - e^{-x}\right]_{-2}^2 = e^2 - e^{-2}$$

問題 6.7

(1) 例題 6.11 と同様の計算で，半径 r の円周の長さを求めよ．

(2) 曲線 $y = \frac{x^2}{4} - \frac{1}{2}\log x$ の $1 \leqq x \leqq 2$ の部分の長さを求めよ．

6.8 積分の技法

6.1 節 [1] で述べたように，初等関数の不定積分は一般には初等関数で表現できない．しかし，応用上の必要に迫られて，積分の計算に関しては過去数世紀にわたりさまざまな工夫がなされてきた．ここで高校の数学 III では扱われないもののほんの一端を紹介しよう．

[1] 有理式の積分と部分分数分解

3.1 節 [2] で述べたように，分母分子が x の整式である分数式を x の**有理式**という．有理式の積分は定理 6.6 (1) (2) と定理 6.8 (3)，つまり

$$\int x^c dx = \frac{1}{c+1} x^{c+1} + C, \quad c \neq -1 \tag{6.27}$$

$$\int x^{-1} dx = \int \frac{1}{x} dx = \log |x| + C \tag{6.28}$$

$$\int \frac{f'(x)}{f(x)} dx = \log |f(x)| + C \tag{6.29}$$

および逆三角関数に関連した定理 6.6 (10)

$$\int \frac{1}{x^2+1} dx = \arctan x + C \tag{6.30}$$

に帰着させて計算する．また，定理 6.8 (1) の置換積分

$$\int f(x)dx = F(x) + C, \ a \neq 0 \text{ のとき,}$$
$$\int f(ax+b)\, dx = \frac{1}{a} F(ax+b) + C \tag{6.31}$$

は積分の計算で頻繁に用いられる．有理式の積分を例題で示そう．

例題 6.13 次の積分の計算をせよ．

(1) $I = \displaystyle\int \frac{1}{(2x-3)^4} dx$ (2) $I = \displaystyle\int \frac{1}{(x-1)(x-2)} dx$

(3) $I = \displaystyle\int \frac{2x}{x^2+2x+2} dx$ (4) $I = \displaystyle\int \frac{3x}{(x-1)(x^2+x+1)} dx$

解答

(1) 式 (6.27) と式 (6.31) により

$$I = \int (2x-3)^{-4} dx = \frac{1}{2}\frac{1}{-4+1}(2x-3)^{-4+1} + C$$
$$= -\frac{1}{6(2x-3)^3} + C$$

(2) まず

$$\frac{1}{(x-1)(x-2)} = \frac{a}{x-1} + \frac{b}{x-2}$$

とおいて a, b を定める．分母を払って整頓すると

$$(a+b)x + (-2a-b) = 1$$

これが恒等的に成り立つためには

$$a+b = 0, \quad -2a-b = 1 \quad \therefore a = -1, \ b = 1$$

したがって式 (6.28) と式 (6.31) から

$$I = \int \left(-\frac{1}{x-1} + \frac{1}{x-2}\right) dx = -\log|x-1| + \log|x-2| + C$$
$$= \log\left|\frac{x-2}{x-1}\right| + C$$

(3) 分母を微分すると $2x+2$ となるから，式 (6.29) に帰着させて

$$I = \int \frac{(x^2+2x+2)' - 2}{x^2+2x+2} dx$$
$$= \log(x^2+2x+2) - 2\int \frac{1}{(x+1)^2+1} dx$$

第 2 項については，式 (6.30) と式 (6.31) により

$$I = \log(x^2+2x+2) - 2\arctan(x+1) + C$$

(4) まず

$$\frac{3x}{(x-1)(x^2+x+1)} = \frac{a}{x-1} + \frac{bx+c}{x^2+x+1}$$

とおいて，分母を払って整頓すると

$$3x = (a+b)x^2 + (a-b+c)x + (a-c)$$
$$\therefore a+b = 0, \ a-b+c = 3, \ a-c = 0 \quad \therefore a = c = 1, \ b = -1$$

したがって
$$I = \int \left(\frac{1}{x-1} - \frac{x-1}{x^2+x+1} \right) dx$$
第2項は，分子 $= \frac{1}{2}(x^2+x+1)' - \frac{3}{2}$，分母 $= \left(x+\frac{1}{2}\right)^2 + \left(\frac{\sqrt{3}}{2}\right)^2$ に注意して，(3) と同様に計算すれば
$$I = \log|x-1| - \frac{1}{2}\log(x^2+x+1) + \sqrt{3}\arctan\frac{2x+1}{\sqrt{3}} + C$$

例題の (2)(4) で示したように，有理式を積分しやすい分数式の和に書き直すことを，**部分分数分解**という．部分分数分解は，有理式の積分ばかりでなくラプラス変換などでも使われるので，有理式 $\dfrac{Q(x)}{P(x)}$ を部分分数分解する一般的な手順 (1)～(4) を紹介しておこう．

(1) $Q(x)$ の次数が $P(x)$ の次数より大きい場合には，割り算を実行して
$$\frac{Q(x)}{P(x)} = S(x) + \frac{R(x)}{P(x)}$$
の形に直す．ただし $S(x)$, $R(x)$ は整式で，$R(x)$ は $P(x)$ より次数が小さいとする．たとえば
$$\frac{x^4 - x^3 - 2x^2 + 3x - 1}{x^3 + x^2 - x + 1} = x - 2 + \frac{x^2+1}{x^3+x^2-x+1}$$

(2) $P(x)$ を実数の範囲で因数分解する．因数は 1 次式の累乗 $(ax+b)^k$ または 2 次式の累乗 $(cx^2+dx+e)^m$ の形をしている．たとえば
$$P(x) = 8x^7 + 4x^6 + 6x^5 - 9x^4 - 3x^2 + 4x - 1$$
$$= (x^2+x+1)^2 (2x-1)^3$$

(3) $\dfrac{R(x)}{P(x)}$ をいくつかの分数式の和の形に表す．そのとき，$P(x)$ が $(ax+b)^k$ を因数にもてば，$(ax+b), (ax+b)^2, \cdots, (ax+b)^k$ が分母に来る可能性があり，そのとき各分子は定数である．$P(x)$ が $(cx^2+dx+e)^m$ を因数にもてば，$(cx^2+dx+e), (cx^2+dx+e)^2, \cdots, (cx^2+dx+e)^m$ が分母に来る可能性があり，そのとき各分子は 1 次式である．各分子は文字の係数を用いて表しておく．たとえば
$$\frac{3x^3+8x^2+5x-1}{(x+2)^2(x^2+x+1)} = \frac{a}{x+2} + \frac{b}{(x+2)^2} + \frac{cx+d}{x^2+x+1}$$

(4) 分母を払って整頓し，両辺の対応する項の係数を比較して文字の係数を決定する．(3) の例では

$$3x^3 + 8x^2 + 5x - 1$$
$$= (a+c)x^3 + (3a+b+4c+d)x^2 + (3a+b+4c+4d)x$$
$$+ (2a+b+4d)$$
$$\therefore 3 = a+c, \quad 8 = 3a+b+4c+d, \quad 5 = 3a+b+4c+4d$$
$$-1 = 2a+b+4d$$
$$\therefore a = 2, \quad b = -1, \quad c = 1, \quad d = -1$$

問題 6.8 必要ならば部分分数分解して，次の積分を計算せよ．

(1) $I = \displaystyle\int \frac{1}{(3x+1)^3}\,dx$ (2) $I = \displaystyle\int \frac{1}{x(x+1)}\,dx$

(3) $I = \displaystyle\int \frac{2x-1}{4x^2+4x+5}\,dx$ (4) $I = \displaystyle\int \frac{x}{(2x+1)(9x^2-6x+2)}\,dx$

〔2〕積分の漸化式

数列の漸化式と似た処理で積分の計算ができる例を示す．

例題 6.14 $I_n = \displaystyle\int \sin^n x\,dx$ とおくとき，

(1) 漸化式 $I_n = -\dfrac{1}{n}\sin^{n-1} x \cos x + \dfrac{n-1}{n} I_{n-2}$ が成り立つことを示せ．

(2) I_0, I_1, I_2, I_3 を求めよ．

解答

(1) 部分積分を用いて

$$I_n = \int \sin^{n-1} x \sin x\,dx = \int \sin^{n-1} x\,(-\cos x)'\,dx$$
$$= -\sin^{n-1} x \cos x + (n-1)\int \sin^{n-2} x \cos^2 x\,dx$$
$$= -\sin^{n-1} x \cos x + (n-1)\int \sin^{n-2} x\,(1-\sin^2 x)\,dx$$
$$= -\sin^{n-1} x \cos x + (n-1)I_{n-2} - (n-1)I_n$$

$(n-1)I_n$ の項を移項してまとめると

$$nI_n = -\sin^{n-1} x \cos x + (n-1)I_{n-2}$$

両辺を n で割ると，求める式が得られる．

(2) $I_0 = \displaystyle\int 1\,dx = x + C$

$I_1 = \displaystyle\int \sin x\,dx = -\cos x + C$

$I_2 = -\dfrac{1}{2}\sin x \cos x + \dfrac{1}{2}I_0 = -\dfrac{1}{2}\sin x \cos x + \dfrac{1}{2}x + C$

$I_3 = -\dfrac{1}{3}\sin^2 x \cos x + \dfrac{2}{3}I_1 = -\dfrac{1}{3}\sin^2 x \cos x - \dfrac{2}{3}\cos x + C$

問題 6.9 $I_n = \displaystyle\int \cos^n x\,dx$ とおくとき，

(1) 漸化式 $I_n = \dfrac{1}{n}\cos^{n-1} x \sin x + \dfrac{n-1}{n}I_{n-2}$ が成り立つことを示せ．

(2) I_0, I_1, I_2, I_3 を求めよ．

〔3〕 $\sin x$, $\cos x$ の有理式

$\sin x$, $\cos x$ の有理式の積分は，次のように置き換えると t の有理式の積分に帰着する．

$$\tan\frac{x}{2} = t \text{ とおくと, } \sin x = \frac{2t}{1+t^2}, \quad \cos x = \frac{1-t^2}{1+t^2}, \quad \frac{dx}{dt} = \frac{2}{1+t^2}$$

【証明】

$$\sin x = 2\sin\frac{x}{2}\cos\frac{x}{2} = \frac{2\sin\dfrac{x}{2}\cos\dfrac{x}{2}}{\sin^2\dfrac{x}{2} + \cos^2\dfrac{x}{2}} = \frac{2t}{1+t^2} \quad (\text{分母分子を } \cos^2\frac{x}{2} \text{ で割った})$$

$$\cos x = \frac{\cos^2\dfrac{x}{2} - \sin^2\dfrac{x}{2}}{\sin^2\dfrac{x}{2} + \cos^2\dfrac{x}{2}} = \frac{1-t^2}{1+t^2}$$

$\dfrac{x}{2} = \arctan t \quad \therefore \dfrac{1}{2}\dfrac{dx}{dt} = \dfrac{1}{1+t^2} \quad \therefore \dfrac{dx}{dt} = \dfrac{2}{1+t^2}$ ∎

例題 6.15 $I = \displaystyle\int \dfrac{dx}{\sin x}$ を計算せよ.

解答 $\tan \dfrac{x}{2} = t$ とおくと

$$\int \dfrac{1}{\dfrac{2t}{1+t^2}} \cdot \dfrac{2}{1+t^2}\, dt = \int \dfrac{1}{t}\, dt = \log|t| + C = \log\left|\tan\dfrac{x}{2}\right| + C$$

問題 6.10 積分せよ.

(1) $I = \displaystyle\int \dfrac{dx}{1+\sin x}$ (2) $I = \displaystyle\int \dfrac{\sin x}{2+\cos x}\, dx$ (3) $I = \displaystyle\int \dfrac{dx}{\cos x}$

〔4〕無理関数

無理関数についてもさまざまな置き換え方が知られているが，そのうち最も簡単な，根号の中が 1 次式となっている場合を考える．このときには根号全体を t とおけばよい．

例題 6.16 $I = \displaystyle\int \dfrac{dx}{x\sqrt{1+x}}$ を計算せよ.

解答 $t = \sqrt{1+x}$ とおき，両辺を 2 乗して $t^2 = 1+x$．ゆえに $x = t^2 - 1$．両辺を t で微分して $\dfrac{dx}{dt} = 2t$ だから，$dx = 2t\, dt$．したがって，部分分数分解を用いて

$$I = \int \dfrac{2t\, dt}{(t^2-1)t} = \int \dfrac{2\, dt}{t^2 - 1} = \int \left(\dfrac{1}{t-1} - \dfrac{1}{t+1}\right) dt$$

$$= \log|t-1| - \log|t+1| + C = \log\left|\dfrac{t-1}{t+1}\right| + C$$

$$= \log\left|\dfrac{\sqrt{1+x} - 1}{\sqrt{1+x} + 1}\right| + C$$

問題 6.11 積分せよ.

(1) $\displaystyle\int \dfrac{x}{\sqrt{1-x}}\, dx$ (2) $\displaystyle\int \dfrac{dx}{(x-1)\sqrt{1+x}}$

〔5〕指数関数の有理式

この場合は $e^x = t$ とおけば，t の有理式の積分に帰着する．

例題 6.17　$I = \displaystyle\int \frac{dx}{e^x + 1}$ を計算せよ．

解答　$e^x = t$ とおくと，$\dfrac{dt}{dx} = e^x = t$ だから $dx = \dfrac{dt}{t}$．$t > 0$ に注意して，

$$I = \int \frac{1}{t+1}\frac{1}{t}dt = \int \left(\frac{1}{t} - \frac{1}{t+1}\right) dt$$

$$= \log t - \log(t+1) + C = x - \log(e^x + 1) + C$$

問題 6.12　積分せよ．

(1) $I = \displaystyle\int \frac{e^x - 1}{e^x + 1} dx$　　(2) $I = \displaystyle\int \frac{dx}{(e^x + 2)^2} dx$

6.9　特異積分

定積分については，これまで有限な閉区間 $a \leqq x \leqq b$ での連続関数 $f(x)$ の積分 $\displaystyle\int_a^b f(x)dx$ を考えてきた．ここでは $f(x)$ が不連続点を含む場合や，積分区間が無限区間になる場合の定積分を考える．このような積分は**特異積分**（improper integral）あるいは広義積分などと呼ばれ，フーリエ変換やラプラス変換に応用される．特異積分は，次に紹介する二つのパターンが基本形であり，他の場合もこれらのパターンの変形あるいは組み合わせとして処理することができる．

〔1〕区間の端点で不連続な場合

関数 $f(x)$ が区間 $a < x \leqq b$ で連続であるとする．$x = a$ において $f(x)$ は不連続であったり，定義されていなかったり，特に図 6-22 左図のように発散したりしていてもよいものとする．このとき，極限

$$\lim_{\varepsilon \to +0} \int_{a+\varepsilon}^b f(x)dx \tag{6.32}$$

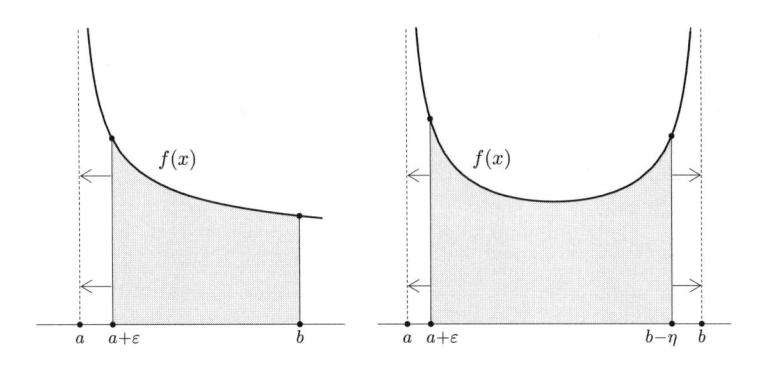

図 6-22 特異積分：左端で発散（左図），両端で発散（右図）

が存在すれば，その値を $\int_a^b f(x)dx$ と定める．3.2 節 [1] で述べたように，$\varepsilon \to +0$ は ε が正の値をとりながら 0 に近づくことを表す．図 6-22 左図に示すように，$f(x)$ の定義域に含まれる閉区間 $a+\varepsilon \leqq x \leqq b$ で積分し，左端の $a+\varepsilon$ を a に近づけるのである．関数 $f(x)$ のとり方次第で極限 (6.32) が存在しないこともある．

図 6-22 右図のように，$f(x)$ が区間の両端で不連続のときには，極限

$$\lim_{\varepsilon \to +0} \lim_{\eta \to +0} \int_{a+\varepsilon}^{b-\eta} f(x)dx \tag{6.33}$$

を考えればよい．$f(x)$ がいくつかの不連続点をもつ場合には，不連続点を境にしていくつかの区間に分けて考えればよい．

例題 6.18 次の特異積分を求めよ．

(1) $I = \int_0^1 \dfrac{1}{\sqrt{1-x}} dx$ (2) $I = \int_0^1 \dfrac{1}{x} dx$

解答

(1) $I = \lim\limits_{\varepsilon \to +0} \int_0^{1-\varepsilon} \dfrac{1}{\sqrt{1-x}} dx = \lim\limits_{\varepsilon \to +0} \left[-2\sqrt{1-x}\right]_0^{1-\varepsilon}$
$= \lim\limits_{\varepsilon \to +0} (-2\sqrt{\varepsilon} + 2) = 2$

(2) $I = \lim\limits_{\varepsilon \to +0} \int_\varepsilon^1 \dfrac{1}{x} dx = \lim\limits_{\varepsilon \to +0} [\log x]_\varepsilon^1 = \lim\limits_{\varepsilon \to +0} (-\log \varepsilon)$

この極限は ∞ に発散するから，I は存在しない．

問題 6.13 次の特異積分を求めよ（必要ならば 5.1 節〔4〕のロピタルの定理を用いよ）．

(1) $I = \int_0^1 \log x \, dx$ (2) $I = \int_0^1 \frac{1}{\sqrt{x}} \, dx$

〔2〕無限区間での積分

関数 $f(x)$ が $x \geq a$ で連続のとき，極限

$$\lim_{b \to \infty} \int_a^b f(x) dx \tag{6.34}$$

が存在すれば，それを $I = \int_a^\infty f(x) \, dx$ と定める（図 6-23 左図）．$-\infty$ から ∞ までの積分も同様に定義される（図 6-23 右図）．

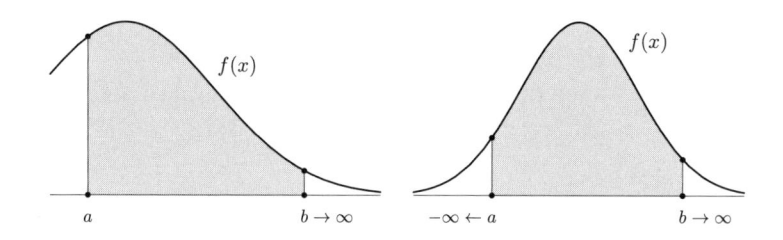

図 6-23 特異積分：無限区間での積分

例題 6.19 特異積分 $I = \int_0^\infty \frac{1}{1+x^2} \, dx$ を求めよ．

解答 $I = \lim_{b \to \infty} \int_0^b \frac{1}{1+x^2} \, dx = \lim_{b \to \infty} \Big[\arctan x \Big]_0^b = \lim_{b \to \infty} \arctan b = \frac{\pi}{2}$

問題 6.14 特異積分を計算せよ．

(1) $I = \int_0^\infty \frac{1}{x^2 + 4} \, dx$

(2) $I = \int_0^\infty x^2 e^{-x} \, dx$

☞ 部分積分を用いよ．

(3) $I = \displaystyle\int_1^\infty \dfrac{1}{x^2(x^2+1)}\,dx$

☞ $\dfrac{1}{x^2(x^2+1)} = \dfrac{1}{x^2} - \dfrac{1}{x^2+1}$ と部分分数分解せよ．

章末問題

$\boxed{1}$　積分の計算をせよ．

(1) $\displaystyle\int (x+1)\,dx$　　(2) $\displaystyle\int (x^2+2x+3)\,dx$　　(3) $\displaystyle\int (3y^2+2y+1)\,dy$

(4) $\displaystyle\int_0^1 (2x-1)\,dx$　　(5) $\displaystyle\int_{-2}^2 (x^2+x+3)\,dx$　　(6) $\displaystyle\int_1^3 (t-2)\,dt$

$\boxed{2}$　次の問いに答えよ．

(1) 曲線 $y=(x-1)^2$ と x 軸，y 軸の囲む図形の面積を求めよ．

(2) 2曲線 $y=x^2+x+1$，$y=-x^2+x+3$ の囲む図形の面積を求めよ．

$\boxed{3}$　積分の計算をせよ．

(1) $\displaystyle\int x^5\,dx$　　(2) $\displaystyle\int \sqrt{x}\,dx$　　(3) $\displaystyle\int \dfrac{x^2+1}{\sqrt{x}}\,dx$

(4) $\displaystyle\int (\sin x + \cos x)\,dx$　　(5) $\displaystyle\int \cos 5x\,dx$　　(6) $\displaystyle\int \left(\dfrac{1}{\sin^2 x} - \dfrac{1}{\cos^2 x}\right)\,dx$

(7) $\displaystyle\int (e^x + \sin x)\,dx$　　(8) $\displaystyle\int_0^1 3^x\,dx$　　(9) $\displaystyle\int_1^2 \dfrac{x^3+x^2+x+1}{x^2}\,dx$

$\boxed{4}$　次の問いに答えよ．

(1) 曲線 $y=x^3-x$ の $x=1$ における接線と，この曲線の囲む図形の面積を求めよ（図 6-24 左図）．

(2) $-\dfrac{3}{4}\pi \leqq x \leqq \dfrac{1}{4}\pi$ において，2曲線 $y=\sin x$，$y=\cos x$ の囲む図形の面積を求めよ（図 6-24 右図）．

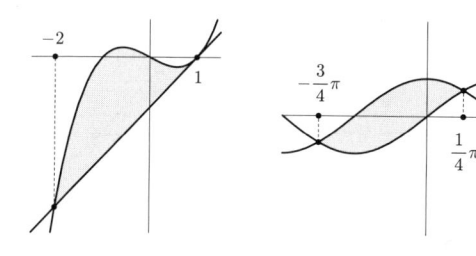

図 6-24

5 積分の計算をせよ．

(1) $\displaystyle\int (2x-1)^4 dx$ (2) $\displaystyle\int \sqrt{3x+2}\,dx$ (3) $\displaystyle\int \frac{1}{4x+3}dx$

(4) $\displaystyle\int \sin\left(2x-\frac{\pi}{3}\right)dx$ (5) $\displaystyle\int e^{2x-1}dx$ (6) $\displaystyle\int \frac{x-2}{\sqrt{x+1}}dx$

(7) $\displaystyle\int_0^1 2x\sqrt{x^2+1}\,dx$ (8) $\displaystyle\int_0^1 \frac{4x+3}{2x^2+3x+1}dx$ (9) $\displaystyle\int_{-1}^1 \frac{e^x}{e^x+1}dx$

(10) $\displaystyle\int x\sqrt{ax^2+b}\,dx \quad (a\neq 0)$ (11) $\displaystyle\int_0^1 \frac{x}{\sqrt{x+1}}dx$

6 積分の計算をせよ．

(1) $\displaystyle\int x\cos 2x\,dx$ (2) $\displaystyle\int (2x+1)e^x\,dx$ (3) $\displaystyle\int (3x+2)\sin x\,dx$

(4) $\displaystyle\int x\log 3x\,dx$ (5) $\displaystyle\int \log(2x+1)\,dx$ (6) $\displaystyle\int (-x+1)\log x\,dx$

(7) $\displaystyle\int x^2 e^x\,dx$ (8) $\displaystyle\int x^2 \sin x\,dx$ (9) $\displaystyle\int_1^2 x^2 \log x\,dx$

(10) $\displaystyle\int_{-1}^1 x^2(e^x+1)\,dx$

7 次の問いに答えよ．

(1) 曲線 $y=x\sin x$ と x 軸で囲まれる図形の，$0\leqq x\leqq 2\pi$ の部分の面積を求めよ（図 6-25 左図）．

(2) 曲線 $y=(x^2-x)e^x$ と x 軸の囲む図形の面積を求めよ（図 6-25 右図）．

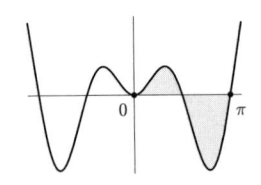

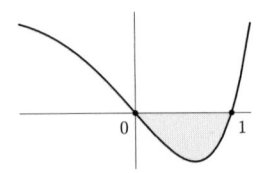

図 6-25

8 次の極限を求めよ.

(1) $A = \lim_{n \to \infty} \dfrac{1}{n} \left(e^{\frac{1}{n}} + e^{\frac{2}{n}} + \cdots + e^{\frac{n}{n}} \right)$

(2) $B = \lim_{n \to \infty} \dfrac{1}{n} \left(\sin\dfrac{\pi}{n} + \sin\dfrac{2\pi}{n} + \cdots + \sin\dfrac{n\pi}{n} \right)$

9 次の問いに答えよ.

(1) 曲線 $y = 1 - x^2$ と x 軸で囲まれる図形を, x 軸の周りに回転してできる回転体の概形を描き, その体積を求めよ.

(2) 曲線 $y = 1 - \sqrt{x}$ と x 軸および y 軸で囲まれる図形を, x 軸の周りに回転してできる回転体の概形を描き, その体積を求めよ.

10 次の問いに答えよ.

(1) 曲線 $y = x\sqrt{x}$, $0 \leqq x \leqq 1$ の長さを求めよ (図 6-26 左図).

(2) 曲線 $x = e^t \cos 2\pi t$, $y = e^t \sin 2\pi t$ $(0 \leqq t \leqq 1)$ の長さを求めよ (図 6-26 右図).

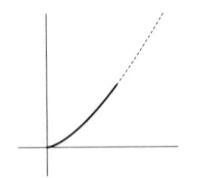

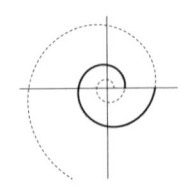

図 6-26

第7章

微分方程式

　変化を伴った現象は，微分を含んだ式，つまり微分方程式で表現される（付録 A, B を参照）．現象を解析するためには，その微分方程式を満たす関数，つまり微分方程式の解を見つける（微分方程式を解く）必要がある．この章では，付録で述べる振動の解析を念頭におき，定数係数 2 階線形微分方程式の解法までを紹介する．

　微分方程式の解を既知の関数を用いて具体的に表現することは，一般には不可能である．しかし，近似解を十分高い精度で求めることは現在のコンピュータ環境では可能である．近似解を求める方法の数学的考え方は，第 10 章で説明する．

キーワード　微分方程式，常微分方程式，偏微分方程式，一般解，初期条件，特殊解，分離形，同次形，1 階線形，2 階線形，斉次，非斉次，ベクトル場，解曲線，解の存在と一意性，数値解．

7.1　1 階常微分方程式

〔1〕微分方程式

x を変数，y を x の関数とするとき，たとえば

$$y' + x^3 y^2 = 0 \tag{7.1}$$

$$y'' + xy' - x^2 y = 0 \tag{7.2}$$

のように y の導関数を含んだ関係式を**微分方程式**（differential equation）といい，y をこの微分方程式の**未知関数**という．式 (7.1) は 1 次導関数まで，式 (7.2) は 2 次導関数までを含むので，式 (7.1) は 1 階の微分方程式，式 (7.2) は 2 階の微分方程式と呼ばれる．

代入してみればわかるように，$y = \dfrac{4}{x^4}$ は式 (7.1) を満たす．このように微分方程式を満たす関数を，その微分方程式の**解**という．また，C を任意の定数とするとき，$y = \dfrac{4}{x^4 + C}$ も式 (7.1) の解である．このように，微分方程式は一般に無数の解をもつ．解の関数を求めることを，**微分方程式を解く**という．

また，第 8 章で述べる偏導関数を含む関係式，たとえば u が 2 変数 x, t の関数であるとき，

$$\frac{\partial^2 u}{\partial t^2} = c^2 \frac{\partial^2 u}{\partial x^2} \tag{7.3}$$

$$\frac{\partial u}{\partial t} = k \frac{\partial^2 u}{\partial x^2} \tag{7.4}$$

のように u の偏導関数を含む関係式を**偏微分方程式**（partial differential equation, PDE）という．式 (7.3) は**波動方程式**，式 (7.4) は**熱伝導方程式**と呼ばれる 2 階の偏微分方程式である．これに対し，式 (7.1), (7.2) のように常微分のみを含む微分方程式を**常微分方程式**（ordinary differential equation, ODE）という．7.1 節では 1 階常微分方程式の三つの基本的タイプを紹介する．

[2] 分離形

次の形の微分方程式を**変数分離形**という．

$$y' = f(x)g(y) \tag{7.5}$$

右辺が x のみの関数と y のみの関数の積となっているタイプである．この形の微分方程式は，次の例題のようにして解くことができる．

例題 7.1　次の微分方程式を解け．

$$y' = -x^2 y \tag{7.6}$$

解答　まず，$y \neq 0$ の場合には y の関数を左辺に，x の関数を右辺に分離し，y' を $\dfrac{dy}{dx}$ で表して

$$\frac{1}{y}\frac{dy}{dx} = -x^2 \tag{7.7}$$

両辺を x で積分して

$$\int \frac{1}{y}\frac{dy}{dx}dx = -\int x^2 dx \tag{7.8}$$

左辺に置換積分を用いて

$$\int \frac{1}{y}dy = -\int x^2 dx \tag{7.9}$$

$$\therefore \ \log|y| + C' = -\frac{x^3}{3} + C \tag{7.10}$$

両辺の積分定数をまとめて，$C - C'$ をあらためて C とおくと

$$\log|y| = -\frac{x^3}{3} + C \tag{7.11}$$

対数を指数に直して

$$|y| = e^{-\frac{x^3}{3}+C} = e^C e^{-\frac{x^3}{3}} \tag{7.12}$$

$$\therefore \ y = \pm e^C e^{-\frac{x^3}{3}} \tag{7.13}$$

C は任意の定数だから，$\pm e^C$ をあらためて C とおけば

$$y = Ce^{-\frac{x^3}{3}} \tag{7.14}$$

次に，$y = 0$ の場合には，定数の関数 $y = 0$ も明らかに式 (7.6) の解である．これは，式 (7.14) で $C = 0$ とおいて得られるから，式 (7.14) に含まれる．

したがって，微分方程式 (7.6) の解は

$$y = Ce^{-\frac{x^3}{3}} \quad (C \text{ は任意の定数})$$

例題の解のように，任意の定数を含む解を**一般解**という．上の解法では途中の式の変形を細かく書いたのだが，微分方程式の解法ではもう少し簡潔に表現するのが普通である．たとえば式 (7.6) から式 (7.14) までの変形は，式 (7.7) の両辺に形式的に dx をかけ，y で割る．このとき，$\frac{dy}{dx}$ は全体として導関数を表す記号であり，通常の意味の分数ではないのだが，いずれ置換積分の公式を適用することを念頭におき，あたかも dx と dy が独立した式であるかのように分母を払う．ま

た y で割るには 0 であるか否かを場合分けする必要があるのだが，それが結果的に式 (7.14) の C の任意性に含まれてしまうことを先取りして

$$\frac{1}{y}dy = -x^2 dx \tag{7.15}$$

両辺に $\int$ をつけて

$$\int \frac{1}{y}dy = -\int x^2 dx \tag{7.16}$$

$\dfrac{1}{y}$ の積分は絶対値がついて $\log|y|$ なのだが，絶対値を外すときの式 (7.13) の $\pm$ は式 (7.14) の C の任意性の中にこめられてしまうことを考慮して絶対値をつけない．また，両辺に現れる積分定数も初めから 1 個にまとめて

$$\log y = -\frac{x^3}{3} + C \tag{7.17}$$

指数に直して

$$y = e^C e^{-\frac{x^3}{3}} \tag{7.18}$$

となる．係数の e^C をあらためて C とおくとき，本来なら $e^C > 0$ であるのだが，上で述べた $\pm$ と，解 $y = 0$ に対応した $C = 0$ もこめて何も条件をつけない任意の定数 C とおくことによって

$$y = Ce^{-\frac{x^3}{3}} \tag{7.19}$$

が一般解となる．微分方程式の解法では，この一種独特な省略方法を用いるのが伝統的である．念のため，これを解の形にまとめておこう．

解答 例題 7.1 の解（簡潔形）

$$\frac{dy}{dx} = -x^2 y$$

$$\frac{1}{y}dy = -x^2 dx$$

$$\int \frac{1}{y}dy = -\int x^2 dx$$

$$\log y = -\frac{x^3}{3} + C$$

$$y = e^C e^{-\frac{x^3}{3}}$$

$$y = Ce^{-\frac{x^3}{3}} \quad (C \text{ は任意定数})$$

例題 7.2 微分方程式 $\dfrac{dy}{dx} = -x^2 y$ の解のうち，$x = 0$ のとき $y = 2$ となるものを求めよ．

解答 上で求めた一般解に $x = 0$，$y = 2$ を代入すると

$$2 = Ce^0 \quad \therefore \ C = 2$$

よって，求める解は

$$y = 2e^{-\frac{x^3}{3}}$$

例題 7.2 のように，ある点（上では $x = 0$）において解の関数に付加した条件（上では y の値が 2）を，**初期条件**という．初期条件によって定まる解（上では $y = 2e^{-\frac{x^3}{3}}$）を，**特殊解**という．

問題 7.1 次の微分方程式を解け．

(1) $yy' = 1$　　(2) $y' = x(y+2)$　　(3) $xy' + 1 = x^2$ （$x = 1$ のとき $y = 0$）

〔3〕同次形

次の形の微分方程式を**同次形**という．

$$\frac{dy}{dx} = f\left(\frac{y}{x}\right) \tag{7.20}$$

同次形の微分方程式は，$u = \dfrac{y}{x}$ とおいて

$$y = xu, \quad y' = xu' + u$$

を用いれば，u を未知関数とする分離形の微分方程式に直すことができる．

例題 7.3 微分方程式 $(x^2 + xy)\dfrac{dy}{dx} = y^2$ を解け．

解答

$$\frac{dy}{dx} = \frac{y^2}{x^2 + xy} = \frac{\left(\dfrac{y}{x}\right)^2}{1 + \dfrac{y}{x}}$$

と変形し

を代入すれば

$$\frac{du}{dx}x + u = \frac{u^2}{1+u} \qquad \therefore \frac{du}{dx} = -\frac{1}{x}\frac{u}{1+u}$$

となり，u を未知関数とする分離形の微分方程式となる．したがって

$$\left(\frac{1}{u} + 1\right)du = -\frac{1}{x}dx$$

$$\int \left(\frac{1}{u} + 1\right)du = -\int \frac{1}{x}dx$$

$$\therefore \log u + u = -\log x + C$$

u を $\frac{y}{x}$ に戻し，整理すると

$$\log y = -\frac{y}{x} + C$$

よって求める一般解は，e^C をあらためて C とおいて

$$y = Ce^{-\frac{y}{x}} \quad （一般解）$$

微分方程式の解の表現の仕方は一意的ではない．たとえば例題 7.3 の一般解は，

$$ye^{\frac{y}{x}} = C$$

と表してもよい．つまり，微分方程式の解 y が x の関数 $y = f(x)$ として具体的に表されていなくても，x と y の間の微分を含まない関係式が得られれば，それを微分方程式の解としてよい．微分方程式によっては，$y = f(x)$ の形の式より，簡明に解の状況が表現できるからである．

問題 7.2   次の微分方程式を解け．

(1) $y' = \dfrac{y-x}{y+x}$ (2) $y' = \dfrac{2xy}{x^2+y^2}$ (3) $yy' = 2y - x$

〔4〕線形

次の形の方程式を **1 階線形微分方程式** という.

$$y' + P(x)y = Q(x) \tag{7.21}$$

つまり, y と y' について 1 次式となっている微分方程式である. この形の微分方程式については, 以下のように解の公式を作ることができる.

まず, 次の形の式

$$\left(ye^{\int Pdx}\right)' = y'e^{\int Pdx} + y\left(e^{\int Pdx}\right)'$$
$$= (y' + Py)e^{\int Pdx}$$

が成り立つことに注意し, 式 (7.21) の両辺に $e^{\int Pdx}$ をかけると

$$\left(ye^{\int Pdx}\right)' = Qe^{\int Pdx}$$

両辺を x で積分して

$$ye^{\int Pdx} = \int Qe^{\int Pdx}dx + C$$

両辺を $e^{\int Pdx}$ で割れば, 次の 1 階線形微分方程式 (7.21) の解の公式が得られる.

$$y = e^{-\int Pdx}\left(\int Qe^{\int Pdx}dx + C\right) \tag{7.22}$$

例題 7.4 微分方程式 $y' + y\cos x = 2\sin x\cos x$ を解け.

解答 解の公式 (7.22) に $P = \cos x$, $Q = 2\sin x\cos x$ を代入して

$$y = e^{-\int \cos x dx}\left(\int 2\sin x\cos x\, e^{\int \cos x dx}dx + C\right)$$
$$= e^{-\sin x}\left(2\int \sin x\cos x\, e^{\sin x}dx + C\right) \tag{7.23}$$

$\cos x\, e^{\sin x} = \left(e^{\sin x}\right)'$ に注意して部分積分を用いれば

$$\int \sin x\cos x\, e^{\sin x}dx = \int \sin x\left(e^{\sin x}\right)'dx$$
$$= \sin x\, e^{\sin x} - \int \cos x\, e^{\sin x}dx$$
$$= \sin x\, e^{\sin x} - e^{\sin x} + C$$

したがって
$$y = 2(\sin x - 1) + C e^{-\sin x}$$
が一般解となる．

問題 7.3 次の微分方程式を解け．

(1) $xy' - 3y = x + 1$ (2) $y' + 2y\tan x = \sin x$

以上本節で述べた解法を定理にまとめておく．

❖ 定理 7.1 ❖

(1) 分離形の微分方程式 $y' = f(x)g(y)$ は，形式的に分母を払って $\dfrac{1}{g(y)}dy = f(x)dx$ とし，インテグラルをつけて $\displaystyle\int \dfrac{1}{g(y)}dy = \int f(x)dx$ の形にして積分を実行すればよい．$g(y_0) = 0$ となる y_0 があれば，$y = y_0$ も解である．

(2) 同次形の微分方程式 $y' = f\left(\dfrac{y}{x}\right)$ については，$u = \dfrac{y}{x}$ とおいて，u についての分離形の微分方程式に直せばよい．

(3) 1階線形微分方程式 $y' + P(x)y = Q(x)$ については，解の公式
$$y = e^{-\int P dx}\left(\int Q e^{\int P dx} dx + C\right)$$
を用いればよい．

7.2　2階線形微分方程式

未知関数 y の 2 次導関数までを含み，y'', y', y について 1 次式でその係数が定数であるような微分方程式

$$y'' + py' + qy = f(x) \quad (p, q \text{ は定数}) \tag{7.24}$$

を，**定数係数2階線形微分方程式**という（y'' の係数で両辺を割って，y'' の係数を 1 に整えてある）．特に $f(x) = 0$ となっている場合に，この微分方程式は**斉次**であるという．以下，斉次の場合と非斉次の場合に分けて解法を説明する．

〔1〕斉次の場合

斉次の場合

$$y'' + py' + qy = 0 \tag{7.25}$$

の解を，以下の (1)〜(5) の段階に分けて考える．

(1) もし二つの関数 $y_1(x), y_2(x)$ が微分方程式 (7.25) の解ならば，それらに定数をかけて加えた関数 $hy_1(x) + ky_2(x)$ も解である．実際，$y_1(x), y_2(x)$ は微分方程式 (7.25) を満たすから

$$y_1'' + py_1' + qy_1 = 0, \quad y_2'' + py_2' + qy_2 = 0$$

関数 $hy_1(x) + ky_2(x)$ を微分方程式 (7.25) の左辺に代入すると

$$(hy_1 + ky_2)'' + p(hy_1 + ky_2)' + q(hy_1 + ky_2)$$
$$= (hy_1'' + ky_2'') + p(hy_1' + ky_2') + q(hy_1 + ky_2)$$
$$= h(y_1'' + py_1' + qy_1) + k(y_2'' + py_2' + qy_2) = 0$$

となり，$hy_1(x) + ky_2(x)$ も微分方程式 (7.25) を満たす．$hy_1(x) + ky_2(x)$ の形の式を，$y_1(x)$ と $y_2(x)$ の**線形結合**という．

(2) 微分方程式 (7.25) の左辺の係数 $1, p, q$ を係数とし t を未知数とする 2 次方程式

$$\varphi(t) = t^2 + pt + q = 0 \tag{7.26}$$

を，微分方程式 (7.25) の**特性方程式**という．

特性方程式が二つの異なる実数解 α, β をもっている場合には，二つの関数 $y_1 = e^{\alpha x}, y_2 = e^{\beta x}$ は微分方程式 (7.25) の解である．実際，y_1 については

$$y_1'' + py_1' + qy_1 = (e^{\alpha x})'' + p(e^{\alpha x})' + q(e^{\alpha x})$$
$$= \alpha^2 e^{\alpha x} + p\alpha e^{\alpha x} + q e^{\alpha x}$$
$$= (\alpha^2 + p\alpha + q)e^{\alpha x}$$
$$= \varphi(\alpha)e^{\alpha x} = 0$$

となり微分方程式 (7.25) を満たし，y_2 についても同様である．したがって，y_1, y_2 の線形結合

$$C_1 e^{\alpha x} + C_2 e^{\alpha x}$$

も微分方程式 (7.25) の解となる.

(3) 特性方程式が重複解 α をもつ場合には, $y_1 = e^{\alpha x}$ と $y_2 = xe^{\alpha x}$ は微分方程式 (7.25) の解である. y_1 については (2) と同様であり, y_2 については

$$y_2'' + py_2' + qy_2 = (xe^{\alpha x})'' + p(xe^{\alpha x})' + q(xe^{\alpha x})$$
$$= \{2\alpha + p + (\alpha^2 + p\alpha + q)x\}e^{\alpha x}$$
$$= \{(2\alpha + p) + \varphi(\alpha)x\}e^{\alpha x}$$

となるが, $\varphi(\alpha) = 0$ であり, また, 2 次方程式の解と係数の関係から $2\alpha = -p$ だから, y_2 も解であることがわかる. したがって, y_1 と y_2 の線形結合

$$C_1 e^{\alpha x} + C_2 x e^{\alpha x}$$

も微分方程式 (7.25) の解となる.

(4) 特性方程式が複素数解 $a \pm bi$ をもつ場合には, $y_1 = e^{ax}\sin bx$ と $y_2 = e^{ax}\cos bx$ が微分方程式 (7.25) の解となる. 実際, $y_1 = e^{ax}\sin bx$ については

$$y_1'' + py_1' + qy_1 = (e^{ax}\sin bx)'' + p(e^{ax}\sin bx)' + qy_1$$
$$= \{(a^2 - b^2 + ap + q)\sin bx + b(2a + p)\cos bx\}e^{ax}$$

一方, 2 次方程式の解と係数の関係から

$$2a = -p, \quad a^2 + b^2 = q$$

であるから

$$a^2 - b^2 + ap + q = a^2 - b^2 + a(-2a) + (a^2 + b^2) = 0, \quad 2a + p = 0$$

となり, y_1 が微分方程式 (7.25) の解であることがわかる. y_2 についても同様. したがって, 線形結合

$$C_1 e^{ax}\sin bx + C_2 e^{ax}\cos bx$$

も微分方程式 (7.25) の解となる.

(4) の場合の解はやや煩雑な印象を受けるであろうが, 複素数の関数としての指数関数を定義すれば (指数関数の概念を複素数の範囲まで拡張すれば), (2) と (4) は本質的に同じであることがわかる.

(5) 上に述べた三つの場合のいずれにおいても，二つの関数 $f_1(x)$, $f_2(x)$ があって，その線形結合が微分方程式 (7.25) の解となっている．このような $f_1(x)$, $f_2(x)$ を，微分方程式 (7.25) の**基本解**という．実は，微分方程式 (7.25) の解は基本解の線形結合以外にないことが示される（その証明はやや長いので，ここでは省略する）．

以上を総合してまとめると，次の定理になる．

❖ **定理 7.2** ❖

定数係数 2 階線形斉次微分方程式

$$y'' + py' + qy = 0 \quad (p, q \in \mathbb{R})$$

の特性方程式を $\varphi(t) = t^2 + pt + q = 0$ とする．

(1) $\varphi(t) = 0$ が異なる実数解 α, β をもてば，一般解は

$$y = C_1 e^{\alpha x} + C_2 e^{\beta x}$$

(2) $\varphi(t) = 0$ が重複解 α をもてば，一般解は

$$y = C_1 e^{\alpha x} + C_2 x e^{\alpha x}$$

(3) $\varphi(t) = 0$ が虚数解 $a \pm bi$ $(b \neq 0)$ をもてば，一般解は

$$y = C_1 e^{ax} \sin bx + C_2 e^{ax} \cos bx$$

例題 7.5 次の微分方程式を解け．

(1) $y'' - 2y' - 3y = 0$ (2) $y'' + 5y = 0$ (3) $y'' - 2y' + y = 0$

解答

(1) 特性方程式を解くと

$$t^2 - 2t - 3 = (t-3)(t+1) = 0 \quad \therefore \ t = -1, 3$$

したがって一般解は

$$y = C_1 e^{-x} + C_2 e^{3x}$$

(2) $t^2 + 5 = 0$ $\therefore t = \pm\sqrt{5}i$

$$\therefore y = C_1 e^{0x}\sin\sqrt{5}x + C_2 e^{0x}\cos\sqrt{5}x = C_1\sin\sqrt{5}x + C_2\cos\sqrt{5}x$$

(3) $t^2 - 2t + 1 = (t-1)^2 = 0$ $\therefore t = 1$ (重複解)

$$\therefore y = C_1 e^{1x} + C_2 x e^{1x} = C_1 e^x + C_2 x e^x$$

問題 7.4 次の微分方程式を解け.

(1) $y'' + y' - 6y = 0$ (2) $y'' + 2y' + 5y = 0$ (3) $y'' + 4y' + 4y = 0$

〔2〕非斉次の場合

定数係数 2 階線形微分方程式で非斉次のもの

$$y'' + py' + qy = f(x) \tag{7.27}$$

を考える.この方程式で $f(x) = 0$ とおいてできる定数係数斉次方程式

$$y'' + py' + qy = 0 \tag{7.28}$$

を式 (7.27) に対応する斉次方程式と呼ぶ.初めに次の定理を示す.

❖ **定理 7.3** ❖

定数係数 2 階線形微分方程式 (7.27) の一つの解を $y_0(x)$ とし,対応する斉次方程式 (7.28) の基本解を $y_1(x)$, $y_2(x)$ とすれば,式 (7.27) の解は $y = C_1 y_1(x) + C_2 y_2(x) + y_0(x)$ の形で表現される.

【証明】 条件から

$$y_0'' + py_0' + qy_0 = f(x)$$

$\widetilde{y}(x)$ を式 (7.27) の任意の解とする．つまり

$$\widetilde{y}'' + p\widetilde{y}' + q\widetilde{y} = f(x)$$

ここで $\widetilde{y}(x) - y_0(x)$ を式 (7.28) の左辺に代入すると

$$(\widetilde{y} - y_0)'' + p(\widetilde{y} - y_0)' + q(\widetilde{y} - y_0) = (\widetilde{y}'' + p\widetilde{y}' + q\widetilde{y}) - (y_0'' + py_0' + qy_0)$$
$$= f(x) - f(x) = 0$$

したがって，$\widetilde{y}(x) - y_0(x)$ は式 (7.28) の解であり，基本解 $y_1(x), y_2(x)$ の線形結合で書けるから

$$\widetilde{y}(x) - y_0(x) = C_1 y_1(x) + C_2 y_2(x)$$

$$\therefore \widetilde{y}(x) = C_1 y_1(x) + C_2 y_2(x) + y_0(x)$$ ∎

次に，式 (7.28) の解の一つ $u(x)$ を用いて式 (7.27) の一つの解 $y_0(x)$ を見つける方法を考える．

♣ **定理 7.4** ♣

$u(x)$ は斉次方程式 (7.28) の解であるとし，$g(x)$ は 1 階の微分方程式

$$ug' + (2u' + pu)g = f(x)$$

の解であるとすれば，

$$y(x) = u \int g(x) dx$$

は定数係数 2 階線形微分方程式 (7.27) の解である．

【証明】 関数 $v(x)$ をうまく選んで $u(x)$ との積 $u(x)v(x)$ が式 (7.27) の解であるようにしたい．$u(x)v(x)$ の導関数

$$(uv)' = u'v + uv', \quad (uv)'' = u''v + 2u'v' + uv''$$

を式 (7.27) に代入して v についてまとめると

$$uv'' + (2u' + pu)v' + (u'' + pu' + qu)v = f(x)$$

$$\therefore uv'' + (2u' + pu)v' = f(x)$$

これは v' についての 1 階の微分方程式である．この 1 階の微分方程式が解けたとして，その解の一つを

$$v' = g(x)$$

とすれば，それを積分して

$$v = \int g(x)dx$$

したがって

$$y = uv = u\int g(x)dx$$

が式 (7.27) の一つの解となる． ∎

　次の例題に示すように，定理 7.3 と定理 7.4 を組み合わせれば，非斉次の場合の定数係数 2 階線形微分方程式 (7.27) の一般解が求められる．なお，$f(x)$ が特別な形をしている場合には，式 (7.27) の解 $y_0(x)$ をより簡単に見つける方法がいくつか知られている．

例題 7.6　微分方程式 $y'' - 4y' + 3y = x$ を解け．

解答　対応する斉次方程式

$$y'' - 4y' + 3y = 0$$

の固有方程式 $t^2 - 4t + 3 = 0$ の解は $t = 1, 3$ だから，斉次方程式の基本解は

$$y_1 = e^x, \quad y_1 = e^{3x}$$

斉次方程式の解 $y_1 = e^x$ を用いて，1 階の微分方程式

$$y_1 z' + (2y_1' - 4y_1)z = x$$

つまり

$$z' - 2z = \frac{x}{e^x}$$

を考える．この方程式は 1 階線形だから，解の公式 (7.22) から

$$z = e^{2x}\left(\int xe^{-3x}dx + C\right)$$

部分積分を用いてまとめると

$$z = -\frac{1}{9}(3x+1)e^{-x} + Ce^{2x}$$

定理 7.3 の解 y_0 としては一つ見つかればよいから，$C = 0$ として

$$y_0 = y_1 \int z\,dx = e^x \int \left(-\frac{1}{9}(3x+1)e^{-x}\right) dx$$

再び部分積分を用いてまとめると

$$y_0 = \frac{1}{9}(3x+4)$$

したがって，初めの非斉次微分方程式の一般解は

$$y = C_1 e^x + C_2 e^{3x} + \frac{1}{9}(3x+4)$$

問題 7.5 微分方程式 $y'' - 3y' + 2y = x$ を解け．

7.3 解の存在と近似解

〔1〕ベクトル場と解曲線

微分方程式の解を図形的な観点から捉えてみよう．たとえば，例題 7.4 の微分方程式，つまり

$$y' = f(x,y) = -y\cos x + 2\sin x \cos x \tag{7.29}$$

の一般解は

$$y = 2(\sin x - 1) + Ce^{-\sin x} \tag{7.30}$$

であった．ここで，たとえば初期条件 $y(0) = 0.5$ を与えると，特殊解

$$y = g(x) = 2(\sin x - 1) + \frac{5}{2}e^{-\sin x} \tag{7.31}$$

が得られ，曲線 $y = g(x)$ は点 $P_0(0, 0.5)$ を通過する（図 7-1 左図）．

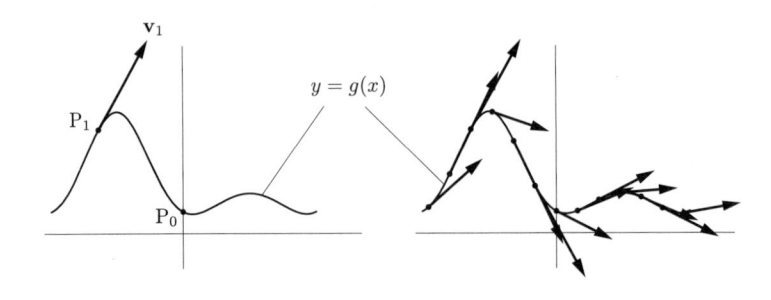

図 7-1 P_0 を通る解曲線 $y = g(x)$

曲線 $y = g(x)$ を，この微分方程式の P_0 を通る**解曲線**という．この解曲線上の 1 点 $P_1(x_1, y_1)$

$$(x_1, y_1) = \left(x_1,\ 2(\sin x_1 - 1) + \frac{5}{2}e^{-\sin x_1}\right)$$

は式 (7.29) を満たすから

$$y'(x_1) = -y_1 \cos x_1 + 2 \sin x_1 \cos x_1$$

つまり，この解曲線上の点 $P_1(x_1, y_1)$ における接線の傾きを $m(x_1, y_1)$ とすると

$$m(x_1, y_1) = -y_1 \cos x_1 + 2 \sin x_1 \cos x_1$$

と表される．ベクトルでいえば，図 7-1 左図のベクトル

$$\mathbf{v}_1 = (\,1,\ -y_1 \cos x_1 + 2 \sin x_1 \cos x_1\,)$$

が P_1 において解曲線 $y = g(x)$ に接している．これが解曲線上の各点で成り立っている（図 7-1 右図）．

この状況は，ベクトル場の概念を用いると明確に説明される．平面上の各点 (x, y) に，式 (7.29) の $f(x, y)$ によって次のように定められるベクトル $\mathbf{v}(x, y)$ を付随させる．

$$\mathbf{v}(x, y) = (\,1,\ -y_1 \cos x_1 + 2 \sin x_1 \cos x_1\,) \tag{7.32}$$

ベクトルは平行移動しても同じとみなされるのだが，今の場合は $\mathbf{v}(x, y)$ の始点は (x, y) であるとし，各点にベクトルが配分されていると考えればイメージとして捉えやすい（図 7-2 左図）．このように，各点にベクトルが与えられている状況を**ベクトル場**という．

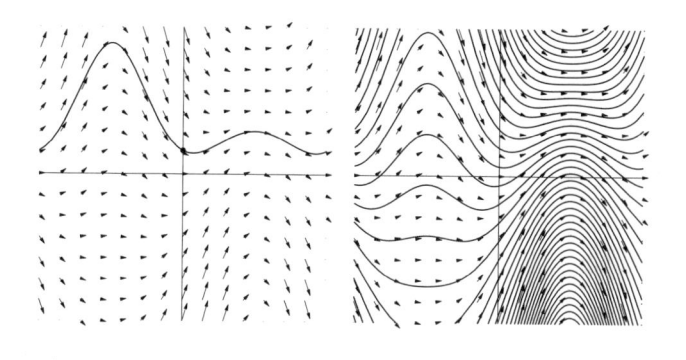

図 7-2　ベクトル場と解曲線（左図），解曲線群（右図）

　各点 (a,b) において $\mathbf{v}(a,b)$ の傾きは $f(a,b) = -b\cos a + 2\sin a \cos a$ である．したがって，特に点 (a,b) が解曲線 $y = g(x)$ 上にあれば，(a,b) での解曲線の接線はこのベクトル $\mathbf{v}(a,b)$ で張られる．言い換えれば，解曲線 $y = g(x)$ 上の点 (a,b) において $\mathbf{v}(a,b)$ は $y = g(x)$ に接する（図 7-2 左図）．今の場合，ベクトルが曲線に接するか否かが問題で，ベクトルの長さは無関係だから，図 7-2 では矢印が重なって図が不明瞭になるのを避けるため，すべてのベクトル $\mathbf{v}(a,b)$ を一定の割合で縮小して描いてある．

　このように，ベクトル場 $\mathbf{v}(x,y)$ と曲線 $y = g(x)$ があって，曲線の各点で $\mathbf{v}(x,y)$ が曲線に接しているとき，曲線 $y = g(x)$ をベクトル場 $\mathbf{v}(x,y)$ の**積分曲線**という．一般解 (7.30) の任意定数 C を与えるたびごとに一つの解曲線が定まり，それらはすべてこのベクトル場 $\mathbf{v}(x,y)$ の積分曲線である（図 7-2 右図）．言い換えれば，平面上に一点 $\mathrm{P}_0(x_0, y_0)$ をとれば，初期条件 $y(x_0) = y_0$ で定まる特殊解に対応した解曲線，つまり $\mathrm{P}_0(x_0, y_0)$ を通過する解曲線が定まる．解曲線の存在は，後述の「常微分方程式の解の存在と一意性の定理」により保証される．

　まとめると，1 階の微分方程式が

$$y' = f(x,y)$$

の形（この形を**正規形**という）で与えられているときには，ベクトル場

$$\mathbf{v}(x,y) = (1, f(x,y))$$

の積分曲線が個々の特殊解に対応する．

以上では，1階の微分方程式の解をベクトル場の積分曲線に対応させて考えた．高階の微分方程式については具体例は挙げないが，連立微分方程式に直し，次元の十分高い実数空間 $\mathbb{R}^n$（2.1節〔2〕を参照）の中のベクトル場と積分曲線として捉えればよい．

〔2〕解の存在

本節〔1〕において，一点 $P_0(x_0, y_0)$ を与えれば，$P_0(x_0, y_0)$ を通過する解曲線が定まると述べた．これを正確に言い表すのが次の定理である．定理の中の条件の詳細についてはここでは触れず，また，証明もここでは述べないが，簡単にいえば「ほとんどの場合，あまり広くない範囲で考えれば，初期条件に対応して微分方程式の解がただ一つ存在する」ということである．

❖ **定理 7.5** ❖　**常微分方程式の解の存在と一意性**

$(n+1)$ 変数の関数 $f(x, y, t_1, \cdots, t_{n-1})$ と $\mathbb{R}^{n+1}$ の定点 $(a, b, c_1, \cdots, c_{n-1})$，および正の定数 $r, \rho, L, L_1, \cdots, L_{n-1}$ があって，$f(x, y, t_1, \cdots, t_{n-1})$ が

$$|x - a| \leqq r, \ |y - b| \leqq \rho, \ |t_1 - c_1| \leqq \rho, \ \cdots, \ |t_{n-1} - c_{n-1}| \leqq \rho$$

において連続で，条件

$$\begin{aligned}&|f(x, y, t_1, \cdots, t_{n-1}) - f(x, z, s_1, \cdots, s_{n-1})| \\ &\leqq L|y - z| + L_1|t_1 - s_1| + \cdots + L_{n-1}|t_{n-1} - s_{n-1}|\end{aligned} \tag{7.33}$$

を満たしているものとする．このとき，n 階の微分方程式

$$y^{(n)} = f(x, y, y', \cdots, y^{(n-1)})$$

の解で初期条件

$$y(a) = b, \ y'(a) = c_1, \ \cdots, \ y^{(n-1)}(a) = c_{n-1}$$

を満足するものが，適当な区間

$$a - h \leqq x \leqq a + h, \quad h > 0$$

においてただ一つ存在する．

特に，微分方程式が線形の場合には，係数の関数が連続である区間全域で解が存在することが知られている．式 (7.33) の条件は，「リプシッツの条件」と呼ばれる．

章末問題

次の微分方程式を解け．

(1) $x^2 y' + y = 0$　　(2) $yy' + x = 0$　（$y(0) = 1$）　　(3) $y' + y^2 = 1$

(4) $(x^2 - xy)y' + y^2 = 0$　　(5) $y' + y = x^2$　　(6) $y'' + 3y' + 2y = 0$

(7) $y'' - 4y' + 13y = 0$　　(8) $y'' + 6y' + 9y = 0$　（$y(0) = 0,\ y'(0) = 1$）

(9) $2y'' - y' - y = x - 2$

☞ $y = ax + b$ の形の特殊解を作れ．

(10) $y'' + 2y' - 3y = -2e^{-2x}$

☞ $y = ae^{-2x}$ の形の特殊解を作れ．

第 8 章

偏微分

この章では2変数の関数の微分，つまり偏微分を学ぶ．偏微分に関してもテイラーの定理が成り立ち，それを応用して2変数の関数の極値を求めることができる．また，一定の条件の下での2変数の関数の極値も考察する．

キーワード 2変数の関数, 2変数の連続関数, 曲面, 偏微分, 偏導関数, 接平面, 法線ベクトル, 合成関数の偏微分, 2変数の関数のテイラーの定理, 2変数の関数の極値, 陰関数, 陰関数定理, 条件下の極値, ラグランジュの乗数法.

8.1 2変数の関数

〔1〕2変数の関数

等式 $z = x^2 + y^2$ において，x と y の値を $x = 1$, $y = 2$ と与えると，z の値は $z = 5$ と定まる．このように，x と y の値を決めるとそれに対応して z の値が定まるとき，z は2変数 x, y の関数であるといい，$z = f(x, y)$ のように表す．2変数の関数の定義域は xy 平面上の領域となり，D などで表される．写像で表せば

$$f : D \subset \mathbb{R}^2 \longrightarrow \mathbb{R} \, ; \, (x, y) \mapsto z = f(x, y) \tag{8.1}$$

1変数の関数のグラフと同様に，2変数の関数 $z = f(x, y)$ の定義域 D 内の点 (x, y) に対し空間の点 $(x, y, f(x, y))$ を対応させ，(x, y) を D 内で動かせば，点

$(x,y,f(x,y))$ の全体は空間の曲面を表す（図 8-1）．これが $f(x,y)$ の表す曲面，つまり $f(x,y)$ のグラフである．

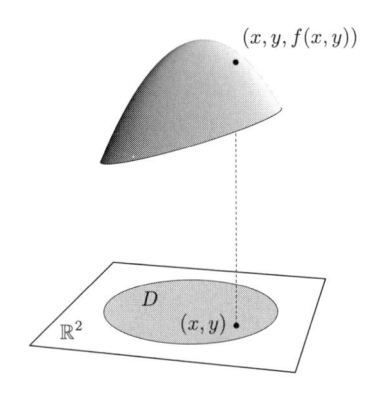

図 8-1　2 変数の関数の表す曲面

関数 $f(x,y) = x^2 + y^2$ を例にとって，関数の表す曲面を描く方法を説明しよう．1 変数の関数が表す曲線の概形を描くには，いくつかの点をとって結んでみればよかった．曲面の場合には，いろいろな平面による切り口の形を調べるのが簡単である．

$z = x^2 + y^2$ において，$y = 0$ とおいてみると $z = x^2$ となる．$y = 0$ は図形としては xz 平面を表す．この xz 平面上の点で曲面上にもある点では，x 座標と z 座標の間に $z = x^2$ という関係があって，それは放物線を表す（図 8-2 左図）．つまり，考えている曲面を xz 平面で切ったときの切り口は放物線となる（図 8-3 左図）．

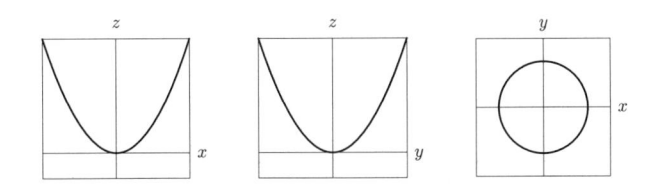

図 8-2　$z = x^2 + y^2$ の xz 平面（左図），yz 平面（中図），平面 $z = 1$（右図）による切り口

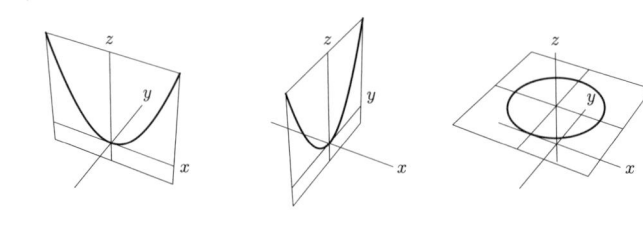

図 8-3 切り口を空間の中で見る

同様に，yz 平面 ($x=0$) で切ったときの切り口も放物線 $z=y^2$ となる（図 8-2 中図，図 8-3 中図）．

また，$z=1$ とおくと $x^2+y^2=1$ となるが，これは円周を表す（図 8-2 右図）．$z=1$ は，空間図形としては z 座標が常に 1 の点の集合，つまり xy 平面を z 軸方向に 1 だけ平行移動した平面を表し，この平面上で切り口が円周となっている（図 8-3 右図）．

これらの切り口を同時に示すと図 8-4 左図のようになり，$z=x^2+y^2$ の表す曲面が図 8-4 右図のような形をしていることがわかる．必要ならば，xz 平面や yz 平面を平行に移動した平面 $y=a$ や $x=b$ あるいは，水平平面 $z=c$ などをさらに多くとって切り口の形を調べれば，より正確な形状がわかる．

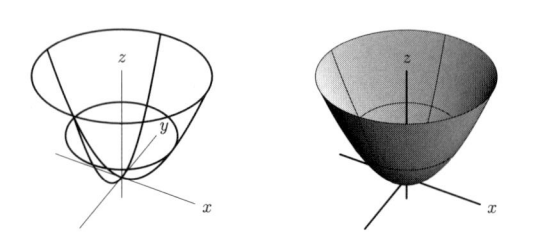

図 8-4 切り口を合わせて曲面の概形を得る

曲線の概形を描くときと同様に，曲面上の点をたくさんとって結んでみる方法も有効なのだが，手で正確に作図するのがやや面倒である．たとえば，区間 $-1.5 \leqq x \leqq 1.5$，$-1.5 \leqq y \leqq 1.5$ をそれぞれ 6 等分して平面上に格子点をとる（図 8-5 左図）．

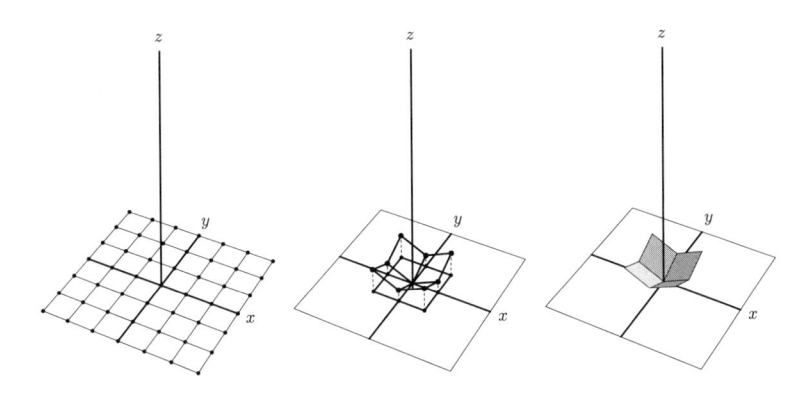

図 8-5　高さを決める (1)

9 個の点 $(0,0)$, $(\pm 0.5, 0)$, $(0, \pm 0.5)$, $(\pm 0.5, \pm 0.5)$ に対して関数 $f(x,y)$ の値を計算すると

$$f(0,0) = 0, \ f(\pm 0.5, 0) = 0.25, \ f(0, \pm 0.5) = 0.25, \ f(\pm 0.5, \pm 0.5) = 0.5$$

となるから，これらの値に対応する曲面上の点を xyz 座標空間にとる（図 8-5 中図）．これらを結んで図 8-5 右図の 4 個の小四辺形を作る．同様に

$$f(\pm 1, \pm 1) = 2$$
$$f(\pm 1, \pm 0.5) = f(\pm 0.5, \pm 1) = 1.25$$
$$f(\pm 1, 0) = f(0, \pm 1) = 1$$

より，図 8-6 右図の 12 個の小四辺形が付け加えられる．

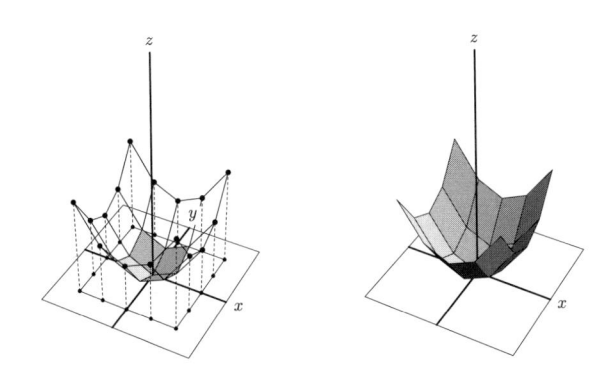

図 8-6　高さを決める (2)

同様に

$$f(\pm 1.5, \pm 1.5) = 4.5$$
$$f(\pm 1.5, \pm 1) = f(\pm 1, \pm 1.5) = 3.25$$
$$f(\pm 1.5, 0.5) = f(0.5, \pm 1.5) = 2.5$$
$$f(\pm 1.5, 0) = f(0, \pm 1.5) = 2.25$$

によって，さらに 20 個の小四辺形を付け加えたのが，図 8-7 右図である．

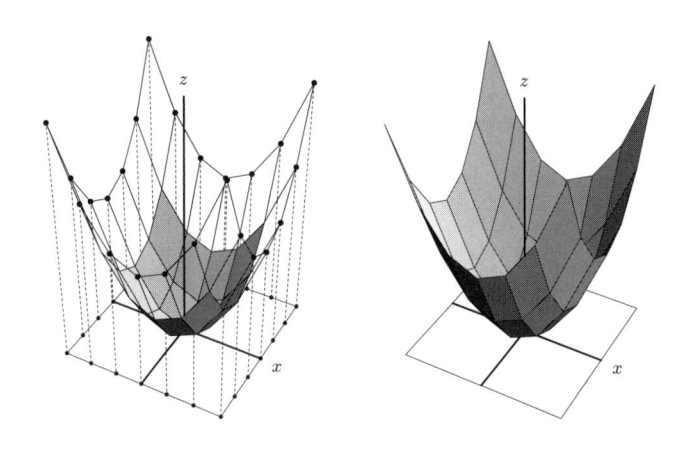

図 8-7 高さを決める (3)

これにより曲面の形は図 8-8 左図のようになることがわかる．また図 8-8 中図のように，各小四辺形の辺のみを描いた図形を**ワイアフレーム**（wire frame）という．

コンピュータによる曲面の表示も，図 8-8 右図のような小四辺形の集合で近似したものである．各小四辺形は，厳密には平面上の小四辺形をねじったものになっている．

例題 8.1 関数 $z = x^2 - y^2$ の表す曲面を，xz 平面と yz 平面による切り口の形から推測せよ．

解答 図 8-9 に切り口と曲面を示す．この曲面は馬の鞍（horse saddle）と呼ばれる．

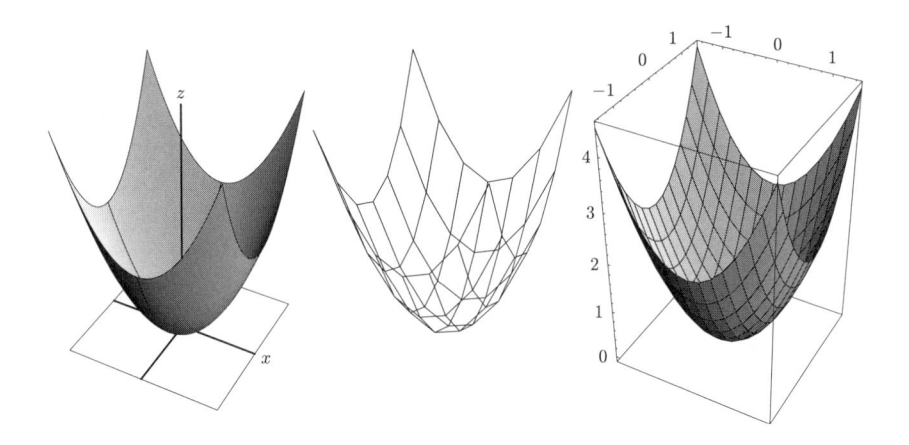

図 8-8 曲面（左図），ワイアフレーム（中図），コンピュータによる出力（右図）

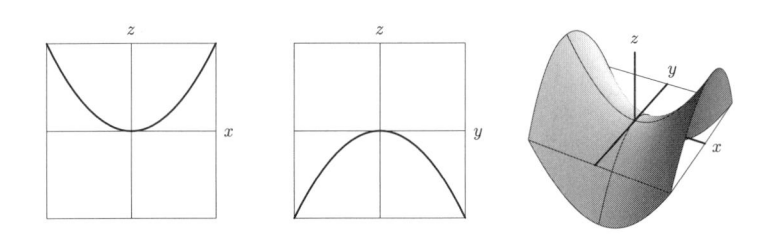

図 8-9 曲面 $z = x^2 - y^2$（馬の鞍）

問題 8.1　次の関数の表す曲面を，xz 平面と yz 平面による切り口の形から推測せよ．

(1) $z = -x^2 + y^2$ 　$(-1 \leqq x \leqq 1, \ -1 \leqq y \leqq 1)$
(2) $z = -x^2 - y^2$ 　$(-1 \leqq x \leqq 1, \ -1 \leqq y \leqq 1)$
(3) $z = e^x \sin y$ 　$(-2 \leqq x \leqq 2, \ -2\pi \leqq y \leqq 2\pi)$

〔2〕曲面のパラメータ表示

2 変数の関数の三つの組
$$f(s,t) = (f(s,t), g(s,t), h(s,t)) \tag{8.2}$$
は，**曲面のパラメータ表示**となる．

例として，原点を中心とし半径が 1 の球面のパラメータ表示を考えよう．z 軸との二つの交点 $(0,0,1)$ を北極，$(0,0,-1)$ を南極とみなしたときの，緯度に当たるパラメータ u と経度に当たるパラメータ v を用いてパラメータ表示したい．

図 8-10 のように，xz 平面上の緯度 u の点を Q，z 軸を軸として Q を角度 v だけ回転した点（経度 v の点）を P とする．P，Q を xy 平面に正射影した点をそれぞれ P′，Q′ とする．

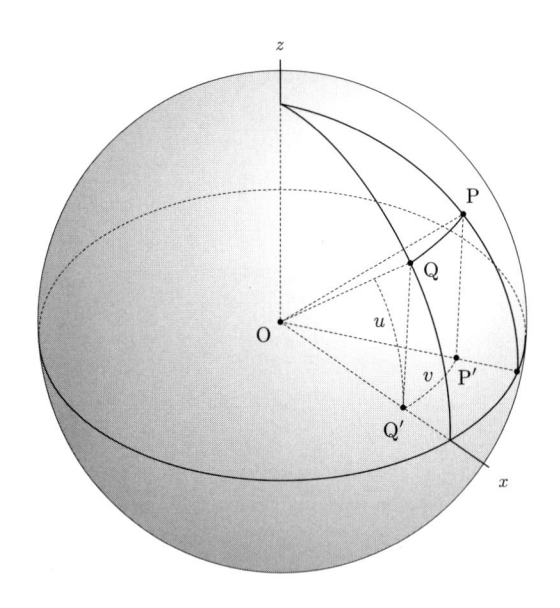

図 8-10 球面の緯度 u，経度 v

Q の xz 平面での座標は $(\cos u, \sin u)$，Q′ の xy 平面での座標は $(\cos u, 0)$ である．Q′ を xy 平面上で v だけ回転した点が P′ だから，P′ の xy 平面での座標は $(\cos u \cos v, \cos u \sin v)$ となり，P の座標は $(\cos u \cos v, \cos u \sin v, \sin u)$ である．したがって，求めるパラメータ表示は次の形となる．

$$f(u,v) = (\cos u \cos v,\ \cos u \sin v,\ \sin u), \quad -\frac{\pi}{2} \leqq u \leqq \frac{\pi}{2}, \quad 0 \leqq v \leqq 2\pi$$

球面は回転面の一つである．一般に，xz 平面上の曲線

$$c(u) = (x(u), z(u)) = (\varphi(u), \psi(u)) \tag{8.3}$$

を z 軸の周りに回転してできる曲面のパラメータ表示は，球面の場合と同じ考察から

$$f(u,v) = (\varphi(u)\cos v, \varphi(u)\sin v, \psi(u)) \tag{8.4}$$

となることがわかる（図 8-11）．

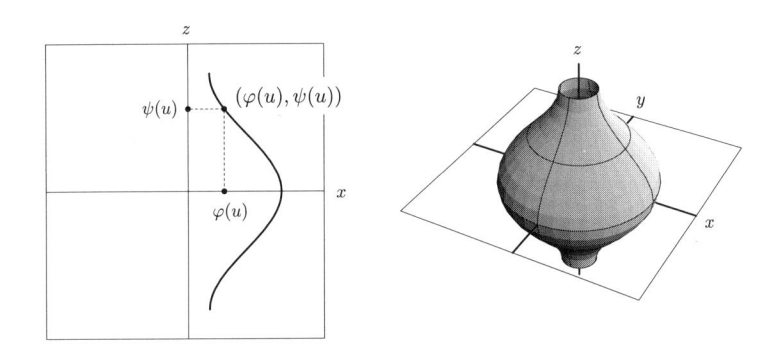

図 8-11　回転面

8.2　偏微分

多変数の関数の微分が偏微分である．本章では2変数の関数で説明するが，3変数以上の場合でもほぼ同様である．まず，2変数の関数の連続性に触れておこう．

〔1〕2変数の関数の連続性

2変数の関数 $z = f(x,y)$ があって，点 (x,y) を定点 (a,b) に近づけると $f(x,y)$ の値が定数 l に近づくとき，「(x,y) を (a,b) に近づけたときの $f(x,y)$ の極限は l である」といい

$$\lim_{(x,y)\to(a,b)} f(x,y) = l$$

と表す．(x,y) が (a,b) に近づくということは「$x \to a$ かつ $y \to b$」と言い換えてもよい．上記の極限が存在するということは「(x,y) がどのような経路で (a,b) に近づいても，$f(x,y)$ が経路に依存しない一定の値 l に近づく」ということである．

関数 $f(x,y)$ と，その定義域の点 $P(a,b)$ に対し

$$\lim_{(x,y)\to(a,b)} f(x,y) = f(a,b) \tag{8.5}$$

となっているとき，$f(x,y)$ は (a,b) で**連続**であるという．定義域 D の各点で連続な関数を**連続関数**という．

二つの連続関数の合成関数は連続関数であることが示される．したがって変数 x と y に加減乗除，累乗根，指数関数，対数関数，三角関数，逆三角関数，双曲線関数とそれらの合成をいくつか施して得られる 2 変数の関数は，その定義域で連続である．

〔2〕偏微分

2 変数の関数 $z = f(x,y)$ に対して，y を定数とみなして x で微分したものを，$z = f(x,y)$ の x による**偏導関数**（partial derivative）あるいは偏微分といい，

$$\frac{\partial z}{\partial x}, \ \frac{\partial f}{\partial x}, \ \frac{\partial}{\partial x}f(x,y), \ z_x, \ f_x(x,y)$$

などと表す．y による偏導関数

$$\frac{\partial z}{\partial y}, \ \frac{\partial f}{\partial y}, \ \frac{\partial}{\partial y}f(x,y), \ z_y, \ f_y(x,y)$$

も同様に定める．記号 ∂ はパーシャル（partial）と読む．偏導関数を求めることを**偏微分**（partial differentiation）という．

例題 8.2 $z = e^{2y}\sin x$ を偏微分せよ．

解答 x で偏微分するには，e^{2y} は定数としてそのまま残り $\dfrac{d}{dx}\sin x = \cos x$ だから，

$$z_x = e^{2y}\cos x$$

y で偏微分するときには，$\dfrac{d}{dy}e^{2y} = 2e^{2y}$ であり，$\sin x$ は定数とみなして

$$z_y = 2e^{2y}\sin x$$

問題 8.2 偏微分せよ．

(1) $z = 4x^3 + 2y^2$ (2) $z = \sin(xy)$ (3) $z = e^{-x^2-4y^2}$

偏導関数をさらに偏微分したものを **2 階の偏導関数** といい

$$\frac{\partial^2 z}{\partial x^2}, \ \frac{\partial^2 f}{\partial x^2}, \ \frac{\partial^2}{\partial x^2}f(x,y), \ z_{xx}, \ f_{xx}(x,y)$$

$$\frac{\partial^2 z}{\partial y \partial x}, \ \frac{\partial^2 f}{\partial y \partial x}, \ \frac{\partial^2}{\partial y \partial x}f(x,y), \ z_{xy}, \ f_{xy}(x,y)$$

$$\frac{\partial^2 z}{\partial x \partial y}, \ \frac{\partial^2 f}{\partial x \partial y}, \ \frac{\partial^2}{\partial x \partial y}f(x,y), \ z_{yx}, \ f_{yx}(x,y)$$

$$\frac{\partial^2 z}{\partial y^2}, \ \frac{\partial^2 f}{\partial y^2}, \ \frac{\partial^2}{\partial y^2}f(x,y), \ z_{yy}, \ f_{yy}(x,y)$$

などと表す．上の表し方に少し注釈を加えると，∂x^2 は $(\partial x)^2$ のつもりであり，

$$\frac{\partial}{\partial x}\left(\frac{\partial z}{\partial x}\right) = \frac{\partial \partial z}{\partial x \partial x} = \frac{\partial^2 z}{\partial x^2} = (z_x)_x = z_{xx}$$

のように形式的に括弧を外してまとめた形である．

3 階・4 階などの偏導関数も同様に考えられ，一般に n 階の偏導関数が定義される．$f(x,y)$ が n 階までの偏導関数をもち，それらがすべて連続であるとき，$f(x,y)$ は **C^n 級の関数**であると呼ばれる．

例題 8.3　$z = x^3 e^{-y^2}$ の 2 階の偏導関数を求めよ．

解答

$$z_x = 3x^2 e^{-y^2}, \quad z_y = -2x^3 y e^{-y^2}, \quad z_{xx} = 6x e^{-y^2}$$
$$z_{xy} = -6x^2 y e^{-y^2} = z_{yx}, \quad z_{yy} = -2x^3 e^{-y^2} + 4x^3 y^2 e^{-y^2}$$

問題 8.3　2 階まで偏微分せよ．

(1) $z = ax^2 + 2bxy + cy^2$ 　(2) $z = \dfrac{x-y}{x+y}$ 　(3) $z = \log\sqrt{x^2+y^2}$

上の例題 8.3 では $z_{xy} = z_{yx}$ であったが，一般に次の定理が成り立つ．

✤ 定理 8.1 ✤

$f(x,y)$ が C^2 級の関数のとき，$f_{xy}(x,y) = f_{yx}(x,y)$ である．

証明は 2 変数の関数の連続性，偏微分の定義，平均値の定理を組み合わせて行われるが，やや長いのでここでは証明を割愛する．

定理 8.1 から，$f(x,y)$ が C^3 級ならば $f_{xxy}(x,y) = f_{xyx}(x,y) = f_{yxx}(x,y)$，$f_{xyy}(x,y) = f_{yxy}(x,y) = f_{yyx}(x,y)$ となる．なぜなら $f_{xy}(x,y) = f_{yx}(x,y)$ の両辺を x で偏微分して $f_{xyx}(x,y) = f_{yxx}(x,y)$．また，$f(x,y)$ が C^3 級なら $f_x(x,y)$ は C^2 級だから，$(f_x(x,y))_{xy} = (f_x(x,y))_{yx}$ つまり $f_{xxy}(x,y) = f_{xyx}(x,y)$．その他も同様である．このことから，たとえば $f_{xxy}(x,y)$，$f_{xyx}(x,y)$，$f_{yxx}(x,y)$ をすべて同じ記号で $\dfrac{\partial^3 f}{\partial x^2 \partial y}$ と表す．

これを一般化して，C^n 級関数 $f(x,y)$ を x で j 回，y で $(n-j)$ 回偏微分したものを，偏微分の順序に関係なく $\dfrac{\partial^n f}{\partial x^j \partial y^{n-j}}$ と表現する．

[3] 接平面・法線ベクトル

次の定理は，$z = f(x,y)$ の偏導関数が曲面 $z = f(x,y)$ の接平面や法線ベクトルに関連していることを示す．

❖ 定理 8.2 ❖

関数 $z = f(x,y)$ が表す曲面上の 1 点 $\mathrm{P}(a,b,f(a,b))$ において，ベクトル $\mathbf{a} = (1, 0, f_x(a,b))$，$\mathbf{b} = (0, 1, f_y(a,b))$ はこの曲面に接する．また，ベクトル $\mathbf{n} = (-f_x(a,b), -f_y(a,b), 1)$ はこの曲面に垂直である．

$\mathbf{a}$, $\mathbf{b}$ の張る平面を，この曲面の P における**接平面**といい，$\mathbf{n}$ を**法線ベクトル**という（図 8-12）．

【証明】　xy 平面上の点 (a,b) を通り xz 平面に平行な平面を考える．式で表せば，この平面の方程式は $y = b$ となる．この平面 $y = b$ による曲面 $z = f(x,y)$ の切り口の曲線は，$z = f(x,b)$ と表される（図 8-13 中図）．正確にいえば，この平面を取り出して x 軸と z 軸を設定したときの曲線の方程式が $z = f(x,b)$ であり（図 8-13 右図），中図において考えた空間曲線としてのパラメータ表示は，x 自身をパラメータとして $c(x) = (x, b, f(x,b))$ となる．

曲線 $z = f(x,b)$ の $x = a$ における接線の傾きは，$\dfrac{d}{dx} f(x,b)$ の $x = a$ における

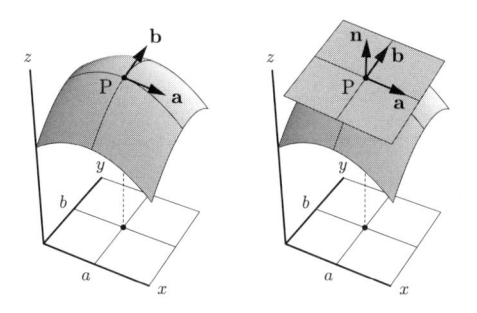

図 8-12　x 曲線 y 曲線の接ベクトル（左図），接平面と法線ベクトル（右図）

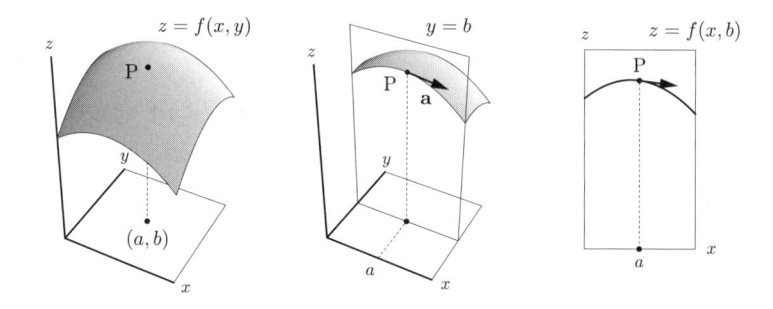

図 8-13　$f_x(a,b)$：平面 $y=b$ による切り口の $x=a$ での傾き

値，つまり $f_x(a,b)$ であり，右図の接線ベクトルは $(1, f_x(a,b))$ となる．したがって，中図の空間曲線の P における接線ベクトルは $\mathbf{a} = (1, 0, f_x(a,b))$ である．$\mathbf{a}$ は曲面上の曲線の接線ベクトルだから，この曲面に接する．

同じことを，x と y の立場を入れ換えて行ったのが，図 8-14 である．上と同じ計算から，中図の切り口の曲線の $y=b$ における接線ベクトルは，$\mathbf{b} = (0, 1, f_y(a,b))$ となり，このベクトルは曲面に接する．

図 8-13 中図のベクトル $\mathbf{a}$ と図 8-14 中図のベクトル $\mathbf{b}$ を同時に示したのが，図 8-12 左図である．また，ベクトル $\mathbf{n} = (-f_x(a,b), -f_y(a,b), 1)$ と $\mathbf{a}, \mathbf{b}$ との内積をとれば

$$\mathbf{n} \cdot \mathbf{a} = (-f_x(a,b), -f_y(a,b), 1) \cdot (1, 0, f_x(a,b)) = 0$$
$$\mathbf{n} \cdot \mathbf{b} = (-f_x(a,b), -f_y(a,b), 1) \cdot (0, 1, f_y(a,b)) = 0$$

となり，$\mathbf{n}$ は $\mathbf{a}, \mathbf{b}$ に垂直で，したがって曲面に垂直である（図 8-1 右図）．　■

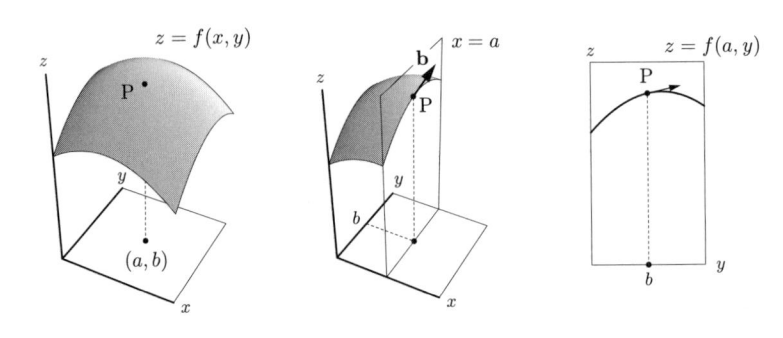

図 8-14　$f_y(a,b)$：平面 $x=a$ による切り口の $y=b$ での傾き

〔4〕合成関数の偏微分

第 4 章の定理 4.3 (p.83) の合成関数の微分の公式を，2 変数の関数に対して作っておこう．$f(x,y)$ が $x,\,y$ の具体的な式で与えられ，$\varphi(t),\,\psi(t)$ が t の具体的な式で与えられている場合には，合成関数 $z=f(\varphi(t),\psi(t))$ の t による微分の計算には，定理 4.3 を用いれば十分である．これから示す定理 8.3 と定理 8.4 は，むしろ論理の展開において重要となる．

❖ **定理 8.3** ❖

$z=f(x,y),\ x=\varphi(t),\ y=\psi(t)$ が C^1 級ならば，合成関数 $z(t)=f(\varphi(t),\psi(t))$ は微分可能で

$$\frac{dz}{dt}=\frac{\partial z}{\partial x}\frac{dx}{dt}+\frac{\partial z}{\partial y}\frac{dy}{dt} \tag{8.6}$$

【証明】　t を任意にとって固定しておく（x,y,z は t に対応して定まる）．t を Δt だけ増やしたときの x,y,z の増分をそれぞれ $\Delta x,\Delta y,\Delta z$ とすると

$$\begin{aligned}\Delta z &= f(x+\Delta x,\,y+\Delta y)-f(x,y)\\ &= \{f(x+\Delta x,\,y+\Delta y)-f(x,\,y+\Delta y)\}+\{f(x,\,y+\Delta y)-f(x,y)\}\end{aligned}$$

ここで，Δt を任意にとって固定し，s の関数 $\varphi(s)=f(s,\,y+\Delta y)$ を考えると，上の式の 2 行目の第 1 項は $\varphi(x+\Delta x)-\varphi(x)$ と書けるから，平均値の定理により

$$\text{第 1 項}=\varphi(x+\Delta x)-\varphi(x)=\varphi'(x+\theta\Delta x)\Delta x\quad(0<\theta<1)$$

偏微分の意味から $\varphi'(s) = \dfrac{d}{ds}f(s, y+\Delta y) = f_x(s, y+\Delta y)$ であるから，

$$\text{第 1 項} = f_x(x+\theta\Delta x, y+\Delta y)\Delta x \quad (0 < \theta < 1)$$

同様に

$$\text{第 2 項} = f_y(x, y+\eta\Delta y)\Delta y \quad (0 < \eta < 1)$$

と表される．したがって

$$\frac{\Delta z}{\Delta t} = f_x(x+\theta\Delta x, y+\Delta y)\frac{\Delta x}{\Delta t} + f_y(x, y+\eta\Delta y)\frac{\Delta y}{\Delta t}$$

ここで，固定しておいた Δt を 0 に近づけると，$\varphi(t)$, $\psi(t)$, $f(x,y)$ の連続性から Δx, Δy, Δz も 0 に近づく．θ, η は Δt に伴って変化するが，$0 < \theta < 1$ かつ $0 < \eta < 1$ だから $\theta\Delta x$ と $\eta\Delta y$ も 0 に近づく．したがって，$f_x(x,y)$, $f_y(x,y)$ の連続性に注意すれば

$$\frac{dz}{dt} = f_x(x,y)\frac{dx}{dt} + f_y(x,y)\frac{dy}{dt} = \frac{\partial z}{\partial x}\frac{dx}{dt} + \frac{\partial z}{\partial y}\frac{dy}{dt}$$ ■

2 変数の関数の合成関数としては，定理 8.3 の 1 変数の関数と 2 変数の関数の合成よりも，次の定理に見る 2 変数の関数と 2 変数の関数の合成のほうが自然である．

❖ 定理 8.4 ❖

関数 $z = f(x,y)$, $x = \varphi(u,v)$, $y = \psi(u,v)$ が C^1 級ならば，合成関数 $z(u,v) = f(\varphi(u,v), \psi(u,v))$ は u, v の関数として偏微分可能で

$$\frac{\partial z}{\partial u} = \frac{\partial z}{\partial x}\frac{\partial x}{\partial u} + \frac{\partial z}{\partial y}\frac{\partial y}{\partial u}$$

$$\frac{\partial z}{\partial v} = \frac{\partial z}{\partial x}\frac{\partial x}{\partial v} + \frac{\partial z}{\partial y}\frac{\partial y}{\partial v}$$

【証明】 (u_0, v_0) を任意にとると

$$\frac{\partial z}{\partial u}(u_0, v_0) = \left[\frac{d}{du}f(\varphi(u, v_0), \psi(u, v_0))\right]_{u=u_0}$$

したがって，$x = \widetilde{\varphi}(u) = \varphi(u, v_0)$, $y = \widetilde{\psi}(u) = \psi(u, v_0)$ と見て，定理 8.3 を適用すればよい．第 2 式も同様． ■

8.3　2変数の関数の極値

〔1〕テイラーの定理

　2変数の関数の極値を考える準備として，テイラーの定理を2変数の関数に対して拡張する．式の表現が複雑になるので，まず記号を用意する．定数 h, k に対し微分記号 $h\dfrac{\partial}{\partial x} + k\dfrac{\partial}{\partial y}$ を次のように定める．

$$\left(h\frac{\partial}{\partial x} + k\frac{\partial}{\partial y}\right) f = h\frac{\partial f}{\partial x} + k\frac{\partial f}{\partial y}$$

$$\left(h\frac{\partial}{\partial x} + k\frac{\partial}{\partial y}\right)^2 f = h^2\frac{\partial^2 f}{\partial x^2} + 2hk\frac{\partial^2 f}{\partial x \partial y} + k^2\frac{\partial^2 f}{\partial y^2}$$

$$\vdots$$

$$\left(h\frac{\partial}{\partial x} + k\frac{\partial}{\partial y}\right)^n f = \sum_{i=0}^{n} {}_n\mathrm{C}_i h^i k^{n-i} \frac{\partial^n f}{\partial x^i \partial y^{n-i}}$$

つまり，$h\dfrac{\partial}{\partial x} + k\dfrac{\partial}{\partial y}$ の累乗を二項定理に従って形式的に展開し，関数 f に分配した形で作用させる．これを用いると，2変数の場合のテイラーの定理が次のように表現される．

❖ **定理 8.5** ❖　**テイラーの定理**

$z = f(x, y)$ が領域 D で C^n 級で，D 内の点 (x, y) と $(x+h, y+k)$ に対し，この2点を結ぶ線分が D に含まれるとき，

$$f(x+h, y+k) = f(x, y) + \sum_{j=1}^{n-1} \frac{1}{j!}\left(h\frac{\partial}{\partial x} + k\frac{\partial}{\partial y}\right)^j f(x, y) + R_n$$

$$R_n = \frac{1}{n!}\left(h\frac{\partial}{\partial x} + k\frac{\partial}{\partial y}\right)^n f(x+\theta h, y+\theta k) \quad (0 < \theta < 1)$$

となる θ が存在する．

【証明】　x, y, h, k を固定し，1変数の関数 $g(t)$ を $g(t) = f(x+th, y+tk)$ で定める．$f(x+h, y+k) = g(1)$ と表されるから，$g(t)$ のマクローリンの式で $t = 1$ とおけば，

$$f(x+h, y+k) = g(0) + g'(0) + \frac{1}{2!}g''(0) + \cdots + \frac{1}{n!}g^n(\theta) \tag{8.7}$$

ここで，合成関数の微分により

$$g'(t) = f_x(x+th, y+tk)h + f_y(x+th, y+tk)k$$

$$\therefore g'(0) = hf_x(x,y) + kf_y(x,y) = \left(h\frac{\partial}{\partial x} + k\frac{\partial}{\partial x}\right)f(x,y)$$

同様に

$$g''(0) = \left(h\frac{\partial}{\partial x} + k\frac{\partial}{\partial x}\right)^2 f(x,y)$$

$$\vdots$$

$$g^{(n)}(\theta) = \left(h\frac{\partial}{\partial x} + k\frac{\partial}{\partial x}\right)^n f(x+\theta h, y+\theta k)$$

これらを式 (8.7) に代入すれば，求める式が得られる． ■

特に，$n=3$ として剰余項を無視すれば，次の近似式が得られる．

$$f(x+h, y+k) \approx f(x,y) + \{hf_x(x,y) + kf_y(x,y)\}$$
$$+ \frac{1}{2}\{h^2 f_{xx}(x,y) + 2hk f_{xy}(x,y) + k^2 f_{yy}(x,y)\} \tag{8.8}$$

さらに，$(x,y)=(0,0)$ とし h,k をあらためて x,y とおけば，次に示す原点の周りでの $f(x,y)$ の2次式による近似が得られる．

$$f(x,y) \approx f(0,0) + \{f_x(0,0)x + f_y(0,0)y\}$$
$$+ \frac{1}{2}\{f_{xx}(0,0)x^2 + 2f_{xy}(0,0)xy + f_{yy}(0,0)y^2\} \tag{8.9}$$

例題 8.4 関数 $f(x,y) = \cos x \cos y$ を原点の周りで2次式で近似せよ．

解答 近似式は $1 - \dfrac{x^2}{2} - \dfrac{y^2}{2}$

問題 8.4 次の関数を原点の周りで2次式で近似せよ．

(1) $e^{-x^2-y^2}$ 　　(2) $e^x \sin y$ 　　(3) $\cos x \cos(y+\pi)$

〔2〕極値

2 変数の関数 $f(x,y)$ とその定義域の中の点 $\mathrm{A}(a,b)$ に対し，(a,b) を中心とする，半径が十分小さい円を xy 平面にとれば，この円の中の中心以外の任意の点 $\mathrm{P}(x,y)$ に対し

$$f(x,y) < f(a,b)$$

となるとき，$f(x,y)$ は (a,b) で**極大**であるといい，$f(a,b)$ を**極大値**という．不等号を逆にすれば，**極小**・**極小値**が定義される（図 8-15）．

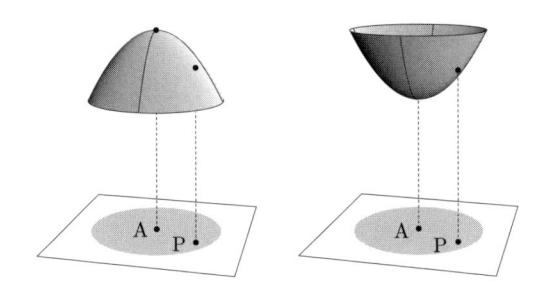

図 8-15　極大（左図）と極小（右図）

❖ 定理 8.6 ❖

$z = f(x,y)$ が (a,b) で極大または極小ならば

$$f_x(a,b) = f_y(a,b) = 0$$

【証明】　y を b に固定して得られる x のみの関数 $f(x,b)$ を $\varphi(x)$ とおくと，偏微分の意味から $\varphi'(x) = f_x(x,b)$ となる．$\varphi(x)$ は $x = a$ で極値をとるから $0 = \varphi'(a) = f_x(a,b)$．同様に $f_y(a,b) = 0$. ∎

〔3〕 **極値の判定**

まず，準備として次の補助定理を示す．

> ❖ **補助定理 8.1** ❖
>
> x, y の 2 次斉次式 $Q(x, y) = Ax^2 + 2Bxy + Cy^2$ は
>
> (1) $AC - B^2 > 0$, $A > 0$ なら，$(0, 0)$ で極小値をとる．
> (2) $AC - B^2 > 0$, $A < 0$ なら，$(0, 0)$ で極大値をとる．
> (3) $AC - B^2 < 0$ なら，$(0, 0)$ で極値をとらない．

2 次斉次式とは，1 次の項や定数項を含まない 2 次式を指す．

【証明】 $AC - B^2 > 0$ の場合には $A \neq 0$ だから

$$Q(x, y) = A\left\{\left(x + \frac{B}{A}y\right)^2 + \frac{AC - B^2}{A^2}y^2\right\}$$

と変形されるから，$A > 0$ なら原点以外で $Q(x, y)$ は常に正となり原点で極小，$A < 0$ なら原点以外で $Q(x, y)$ は常に負となり原点で極大となる．

$AC - B^2 < 0$ の場合には，もし $A \neq 0$ ならば，上と同じ形に変形できて，$\{\ \}$ の中の y^2 の係数は負となり，$Q(x, y)$ は正にも負にもなりうるから，$(0, 0)$ で極値をとらない．もし $A = 0$ ならば，$B \neq 0$ だから，

$$Q(x, y) = 2By\left(x + \frac{C}{B}y\right)$$

と因数分解され，$Q(x, y)$ は正にも負にもなり，$(0, 0)$ で極値をとらない． ∎

2 変数の関数の極値は，次の定理で判定される．

> ❖ **定理 8.7** ❖ **2 変数の関数の極値**
>
> C^2 級の関数 $f(x, y)$ に対して，(a, b) は連立方程式
>
> $$\begin{cases} f_x(x, y) = 0 \\ f_y(x, y) = 0 \end{cases}$$
>
> の解であるとする．$\Delta = f_{xx}(a, b)f_{yy}(a, b) - (f_{xy}(a, b))^2$ とおけば

(1) $\Delta > 0$, $f_{xx}(a,b) > 0$ なら, $f(x,y)$ は (a,b) で極小値をとる.
(2) $\Delta > 0$, $f_{xx}(a,b) < 0$ なら, $f(x,y)$ は (a,b) で極大値をとる.
(3) $\Delta < 0$ なら, $f(x,y)$ は (a,b) で極値をとらない.

【証明】 xy 平面上で点 (a,b) の近くに点 $(a+h,b+k)$ をとり, この 2 点での関数の値を比較する. 式 (8.8) の近似式で $(x,y) = (a,b)$ として

$$f(a+h,b+k) \approx f(a,b) + \{hf_x(a,b) + kf_y(a,b)\}$$
$$+ \frac{1}{2}\{h^2 f_{xx}(a,b) + 2hk f_{xy}(a,b) + k^2 f_{yy}(a,b)\} \tag{8.10}$$

定理の条件から $f_x(a,b) = f_y(a,b) = 0$ だから

$$f(a+h,b+k) - f(a,b) \approx \frac{1}{2}\{h^2 f_{xx}(a,b) + 2hk f_{xy}(a,b) + k^2 f_{yy}(a,b)\}$$

右辺は h,k の 2 次斉次式だから, $A = f_{xx}(a,b)$, $B = f_{xy}(a,b)$, $C = f_{yy}(a,b)$ として補助定理を用いれば, $AC - B^2 > 0$, $A > 0$ ならば $(0,0)$ の近くでは

$$(h,k) \neq (0,0) \text{ なら, } f(a+h,b+k) - f(a,b) > 0 \tag{8.11}$$

となって, $f(x,y)$ は (a,b) で極小となる. 他の場合も同様である. ∎

式 (8.11) の不等号は h,k の関数 $f(a+h,b+k)$ を h,k の 2 次式で近似して得たものだが, 厳密には近似の誤差を正確に評価する必要がある. また, 定理 8.7 は $\Delta = 0$ の場合については言及していない. この場合については, 定理 8.7 とは別な考察が必要である.

定理 8.7 の三つの場合の典型的な例を挙げておこう.

$$f(x,y) = -x^2 - y^2, \quad g(x,y) = x^2 + y^2, \quad h(x,y) = x^2 - y^2$$

とおくと, $f_x = f_y = 0$, $g_x = g_y = 0$, $h_x = h_y = 0$ となるのはいずれも原点で, 原点が極値を与える点の候補である. 原点において, f は $\Delta = 4 > 0$, g は $\Delta = 4 > 0$, h は $\Delta = -4 < 0$ となり, f と g は原点で極値をとり, h は極値をとらない. 原点で $f_{xx} = -2 < 0$, $g_{xx} = 2 > 0$ だから, f は原点で極大, g は原点で極小となる (図 8-16).

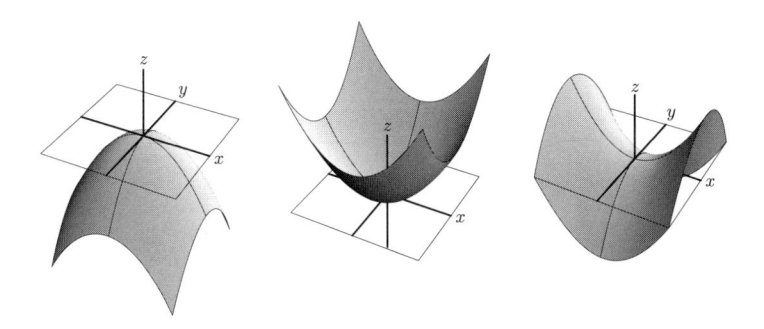

図 8-16　極値の判定：$z = -x^2 - y^2$（左図），$z = x^2 + y^2$（中図），$z = x^2 - y^2$（右図）

例題 8.5　関数 $f(x,y) = xy(1-x-y)$ の極値を求めよ．

解答　2 階までの偏導関数を求めると

$$f_x = y - 2xy - y^2, \ f_y = x - x^2 - 2xy$$
$$f_{xx} = -2y, \ f_{xy} = 1 - 2x - 2y, \ f_{yy} = -2x$$

連立方程式 $f_x = 0, \ f_y = 0$ を解いて

$$(x,y) = (0,0), (1,0), (0,1), \left(\frac{1}{3}, \frac{1}{3}\right)$$

$(x,y) = (0,0), (1,0), (0,1)$ では，$f_{xx}f_{yy} - f_{xy}^2 = -1 < 0$ となり，極値をとらない．
$(x,y) = \left(\frac{1}{3}, \frac{1}{3}\right)$ では

$$f_{xx}f_{yy} - f_{xy}^2 = \frac{1}{3} > 0, \quad f_{xx} = -\frac{2}{3}, \quad f = \frac{1}{27}$$

となる．したがって，$f(x,y)$ は $\left(\frac{1}{3}, \frac{1}{3}\right)$ で極大値 $\frac{1}{27}$ をとる．

問題 8.5　次の関数の極値を求めよ．

(1) $3x^2 + xy + 4y^2 + 11x - 6y + 10$
(2) $x^2 - 3(x+1)y^2 + 3y^4$

8.4 陰関数と条件下の極値

1変数の関数の微分の目的は関数の増減の状況を調べることであり，その状況は増加と減少の境目，つまり極値に顕著に現れる．2変数の関数でも同じであり，それが前節で述べた2変数の関数の極値である．しかし現実の問題を処理するときには，ある2変数（あるいは多変数）の関数が極大あるいは極小になる値を，一定の制約条件の下で調べることが多い．ここではそれに関するラグランジュの乗数法と呼ばれる方法を紹介する．

条件の下での極値の概念を簡単な例で示そう．二つの2変数の関数

$$f(x,y) = x^2 - y^2 + 3, \quad g(x,y) = 1 - x^2 - y^2$$

に対して，$g(x,y) = 0$ という条件の下で $z = f(x,y)$ の極値を考える．図 8-17 左図に関数 $z = f(x,y)$ の表す曲面と，$g(x,y) = 0$ が表す xy 平面上の単位円周を示す．

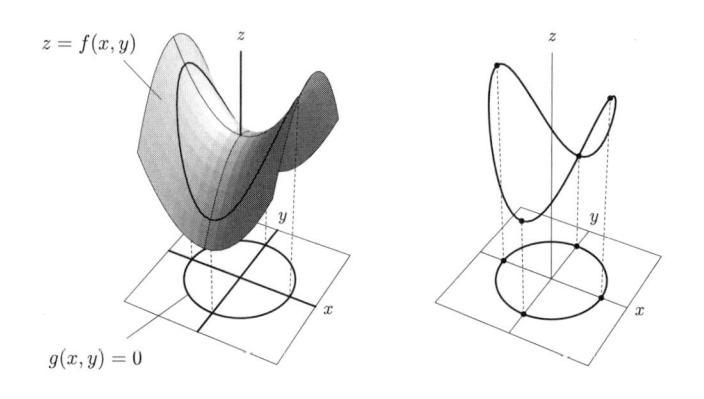

図 8-17 条件下の極値

条件がないときには，点 (x,y) は xy 平面全域を動くから，$z = f(x,y)$ は極大値も極小値もとらない．$g(x,y) = 0$ という条件の下では，点 (x,y) は $g(x,y) = 0$ の表す円周上を動く．このとき，$z = f(x,y)$ の値は図 8-17 左図に示す曲面上の曲線に沿った値のみをとる．それを取り出したのが図 8-17 右図で，この曲線上では極大値と極小値をとることがわかる．

今の場合は状況が簡単であるから，図を正確に描けば極大値と極小値を与える

点が $(\pm 1, 0)$ と $(0, \pm 1)$ であり，これを代入して $f(x,y)$ の極大値と極小値が 4 と 2 であることがわかる．しかし，もっと複雑な場合には，条件 $g(x,y) = 0$ の表す曲線がどのような形をしているのかを正確に知る必要がある．これが次に述べる陰関数の意味である．

2 変数の関数 $f(x,y)$ が与えられたとき，曲面 $z = f(x,y)$ の xy 平面による切り口の曲線を考えよう．具体例として，上に挙げた $g(x,y)$ をあらためて $f(x,y)$ とする．

$$f(x,y) = 1 - x^2 - y^2$$

この関数の表す曲面は図 8-18 左図のようになり，この曲面の xy 平面による切り口は図 8-18 右図に示す円周である．

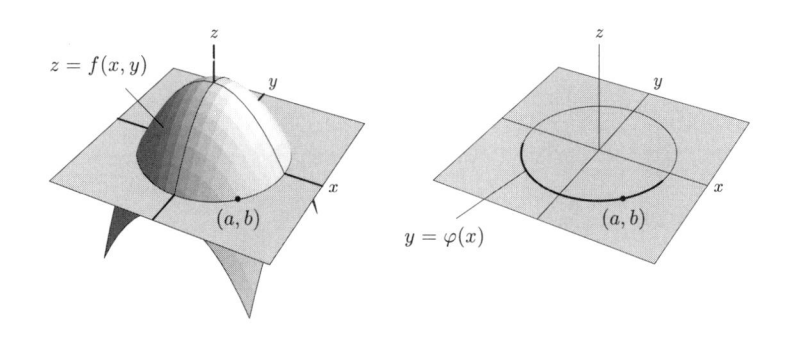

図 8-18 陰関数 1：曲面の xy 平面による切り口

この切り口の上に，図のような位置の点 (a,b) をとれば，この点の近くで切り口の曲線は $y = \varphi(x)$ のように 1 変数の関数として表示できるであろう．切り口全体が単一の関数 $y = \varphi(x)$ で表示できないことも，図から推察される．この状況を正確に述べるのが，次の**陰関数の定理**である．

♣ 定理 8.8 ♣ 陰関数の定理

C^1 級の関数 $f(x,y)$ が，ある点 (a,b) で

$$f(a,b) = 0, \quad f_y(a,b) \neq 0$$

を満たすとき，
$$b = \varphi(a), \quad f(x, \varphi(x)) = 0$$
となる関数 $\varphi(x)$ が $x = a$ の近くでただ一つ定まり，$\varphi(x)$ は微分可能で導関数は次の形となる．
$$\varphi'(x) = -\frac{f_x(x, \varphi(x))}{f_y(x, \varphi(x))} \tag{8.12}$$

【証明】（概略） $f(a,b) = 0$ は，曲面 $z = f(x,y)$ の xy 平面による切り口の曲線上に点 (a,b) があることを示す（図 8-19 左図）．証明のこの段階では切り口がどのようになるか不明なので，図 8-19 左図では切り口の曲線を曖昧に描いてある．

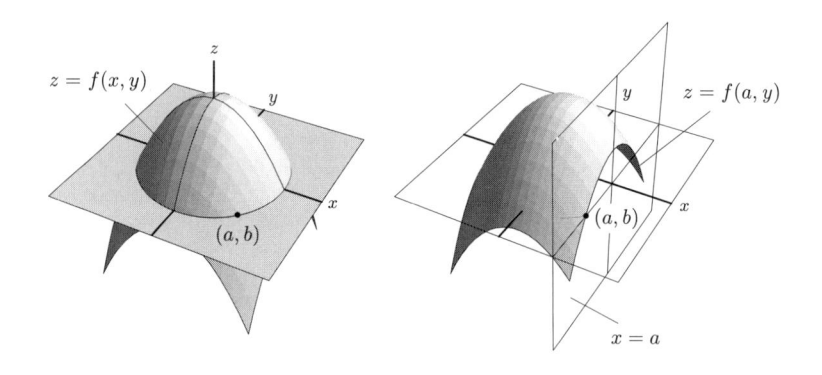

図 8-19 陰関数 2

点 (a,b) を通り yz 平面に平行な平面 $x = a$ によるこの曲面の切り口を図 8-19 右図に示してある．$f_y(a,b) \neq 0$ だから $f_y(a,b) > 0$ または $f_y(a,b) < 0$ であり（図では $f_y(a,b) > 0$），$x = a$ とおいてできる y のみの関数 $f(a,y)$ はこの点の近くで単調増加または単調減少である．

したがって，図 8-20 左図に示すように，平面 $x = a$ による切り口の上に 2 点 p, q をとり，p は xy 平面の上側，q は下側に来るようにすることができる．関数 $f(x,y)$ の連続性から，p を含む曲面上の小領域 U と q を含む曲面上の小領域 V を，U は xy 平面の上側で V は下側になるようにとることができる（図 8-20 右図）．図 8-21 は U, V の近くを拡大したものである．

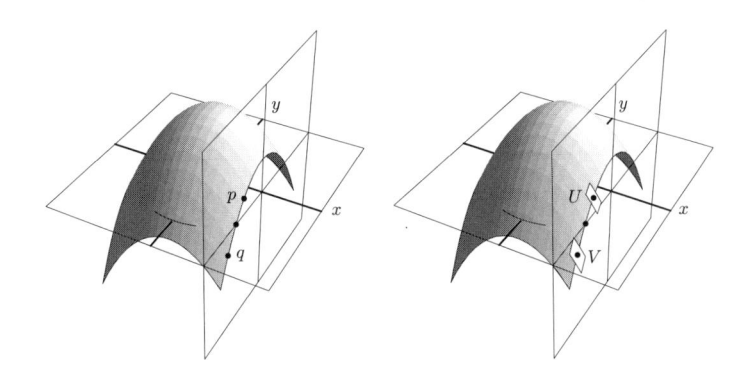

図 8-20　陰関数 3

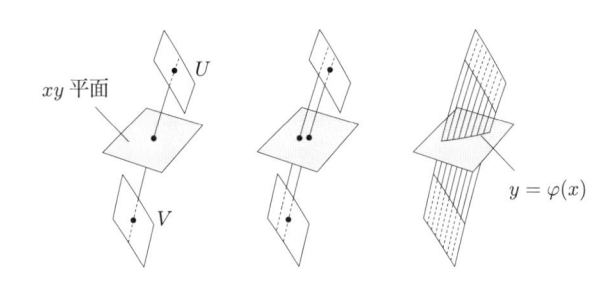

図 8-21　陰関数 4

　ここで，yz 平面に平行な平面 $x = a$ を平行移動したものを $x = x_0$ とすると，$x = x_0$ が U, V の両方と共有点をもっているときには，$x = x_0$ による曲面 $z = f(x, y)$ の切り口は必ず xy 平面と交わる（図 8-21 中図．厳密な証明は中間値の定理による）．この交点の y 座標を $\varphi(x_0)$ とすると，(a, b) の近くで曲面 $z = f(x, y)$ の xy 平面による切り口は $y = \varphi(x)$ と表される．切り口の上では曲面の高さは 0 だから

$$f(x, \varphi(x)) = 0$$

である．

　関数 $y = \varphi(x)$ の微分可能性は，微分に関する平均値の定理から導かれる（ここでは導き方を省略する）．導関数の形は，$f(x, \varphi(x)) = 0$ に両辺を x で微分して 2 変数の関数の合成関数の微分の式（定理 8.3）を用いれば

$$f_x(x,\varphi(x)) + f_y(x,\varphi(x))\varphi'(x) = 0$$

$f_y(x,y)$ の連続性から $x = a$ の近くでは $f_y(x,\varphi(x)) \neq 0$ だから，移項して割り算をすると

$$\varphi'(x) = -\frac{f_x(x,\varphi(x))}{f_y(x,\varphi(x))}$$

が得られる． ∎

定理 8.8 に述べられた関数 $y = \varphi(x)$ を，$f(x,y) = 0$ の**陰関数**（implicit function）という[1]．

図 8-22 のように，$f_y(a,b) = 0$ となる場合には $z = f(x,y)$ の xy 平面による切り口は (a,b) の近くで $y = \varphi(x)$ の形に表されないこともある．図 8-22 の場合には x による偏微分係数が $f_x(a,b) \neq 0$ を満たすから，定理の中の x と y の立場を入れ替えれば，この付近で切り口が $x = \psi(y)$ の形に表される（図 8-22 右図）．

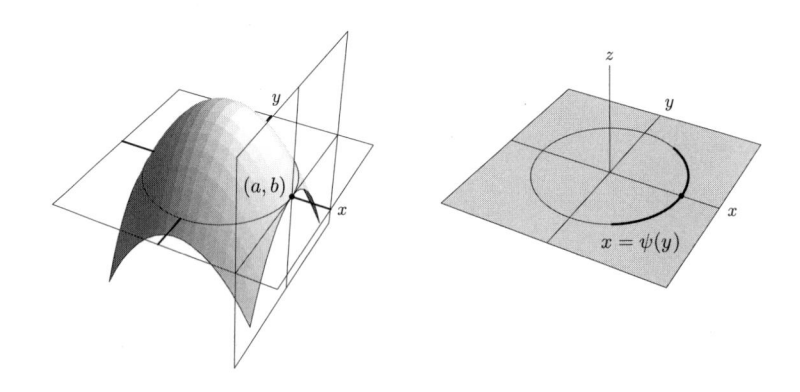

図 8-22　陰関数 5

図 8-23 のように $f_x(a,b) = f_y(a,b) = 0$ となる場合もあるが，これについては定理 8.8 とは異なる考察が必要である．

---

[1] 図 8-18 の曲線 $f(x,y) = 0$ の一部が曲線 $y = \varphi(x)$ になっていて，その意味で $f(x,y) = 0$ は $y = \varphi(x)$ を含んで（imply して）いる．伝統的には $f(x,y) = 0$ を切り口の曲線の陰関数表示（implicit expression），$y = \varphi(x)$ を陽関数表示（explicit expression）と呼んだ．

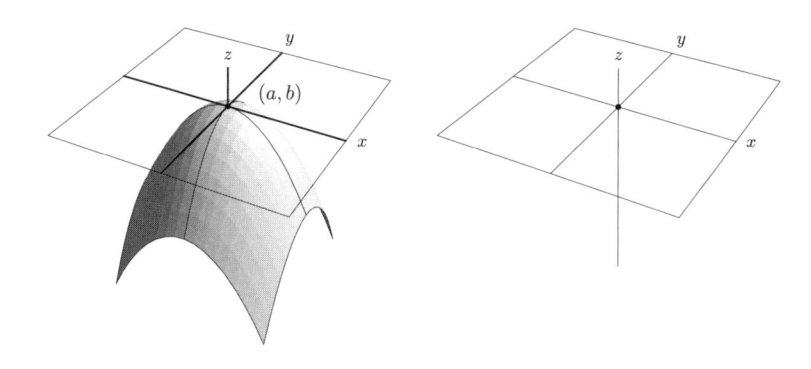

図 8-23　陰関数 6

　ここで，条件の下での極値の話に戻ろう．結論を定理の形で述べれば，次のようになる．

> **❖ 定理 8.9 ❖　ラグランジュの乗数法**
> $g(x,y) = 0$ という条件の下で関数 $z = f(x,y)$ の極値を与える点 (a,b) は，x, y, λ の連立方程式
> $$\begin{cases} g(x,y) = 0 \\ f_x(x,y) + \lambda g_x(x,y) = 0 \\ f_y(x,y) + \lambda g_y(x,y) = 0 \end{cases}$$
> の解である．ただし，$g_x(x,y)$ と $g_y(x,y)$ は同時には 0 にならないものとする．

【証明】　定理の点 (a,b) は条件 $g(x,y) = 0$ を満たすから

$$g(a,b) = 0 \tag{8.13}$$

$g_y(a,b) \neq 0$ の場合には，定理 8.8 により $x = a$ の近くで $g(x,y) = 0$ の陰関数 $y = \varphi(x)$ をとることができて

$$b = \varphi(a), \quad g(x, \varphi(x)) = 0$$

第 2 式の両辺を x で微分して $x = a$ とおけば

$$g_x(a,b) + g_y(a,b)\varphi'(a) = 0 \tag{8.14}$$

ここで $\psi(x) = f(x, \varphi(x))$ おくと，$\psi(x)$ は $x = a$ の近くで，条件 $g(x, y) = 0$ の下で関数 $f(x, y)$ のとる値を表す．合成関数の微分から

$$\psi'(x) = f_x(x, \varphi(x)) + f_y(x, \varphi(x))\varphi'(x)$$

が得られる．$\psi(x)$ は $x = a$ で極値をとるから，$\varphi(a) = b$ に注意して

$$0 = \psi'(a) = f_x(a, b) + f_y(a, b)\varphi'(a) \tag{8.15}$$

式 (8.14)，(8.15) より $\varphi'(a)$ を消去して

$$f_x(a, b) - g_x(a, b)\frac{f_y(a, b)}{g_y(a, b)} = 0 \tag{8.16}$$

ここで $\dfrac{f_y(a, b)}{g_y(a, b)} = -\lambda$ すなわち

$$f_y(a, b) + \lambda g_y(a, b) = 0 \tag{8.17}$$

とおけば，式 (8.16) より

$$f_x(a, b) + \lambda g_x(a, b) = 0 \tag{8.18}$$

ゆえに，a, b, λ は式 (8.13)，(8.18)，(8.17) を満たす．

$g_x(a, b) \neq 0$ の場合も，同様の計算から同じ結論が得られる． ∎

定理 8.9 で注意すべきことは，極値を与える点 (a, b) は定理の連立方程式の解であるが，この連立方程式の解のすべてが極値を与えるとは限らないことである．証明の中で，関数 $\varphi(x)$ が $x = a$ で極値をとる条件のうち $\varphi'(a) = 0$ しか用いていないからである．したがって，定理 8.9 の連立方程式の解は極値を与える点の候補であって，実際にその点で極値をとるか否かは別の考察を要する．たとえば下の例題 8.6 では，図の状況から判断している．

定理の中の定数 λ は，直接その値が結論には影響しない補助の定数である．定理 8.9 によって条件の下での極値を求める方法を**ラグランジュ[2]の乗数法**といい，物理・化学などでも昔から重要な手法として使われてきた．また，現代の産業界や軍事・宇宙技術などの分野で欠くことのできない最適化（optimization）の技術の中でも，最も基本的な手法である．

---

[2] J.L. Lagrange, 1736–1813.

以上の準備のもとに，p.196 の例の極値を計算で求めてみよう．

例題 8.6 条件 $g(x,y) = 1 - x^2 - y^2 = 0$ の下で，関数 $f(x,y) = x^2 - y^2 + 3$ の極値を求めよ．

解答

$$g(x,y) = 1 - x^2 - y^2 = 0 \tag{8.19}$$
$$f_x(x,y) + \lambda g_x(x,y) = 2x - \lambda 2x = 0 \tag{8.20}$$
$$f_y(x,y) + \lambda g_y(x,y) = -2y - \lambda 2y = 0 \tag{8.21}$$

式 (8.20) $\times\, y$ と式 (8.21) $\times\, x$ から λ を消去して $xy = 0$．これを式 (8.19) に代入して

$$(x,y) = (0, \pm 1), (\pm 1, 0)$$

図 8-17 から，$f(x,y)$ は $(x,y) = (\pm 1, 0)$ で極大をとり，$(0, \pm 1)$ で極小をとると判断される．$f(\pm 1, 0) = 4$，$f(0, \pm 1) = 2$ だから，$f(x,y)$ は $(\pm 1, 0)$ で極大値 4，$(0, \pm 1)$ で極小値 2 をとる．

問題 8.6

(1) $x^2 + 4y^2 - 4 = 0$ の条件の下で $f(x,y) = xy$ の極値を求めよ．
(2) $x^2 + y^2 - 1 = 0$ の条件の下で $f(x,y) = 2x + 3y$ の極値を求めよ．

章末問題

1 2 階まで偏微分せよ．

(1) $z = e^{x^2 y^2}$ (2) $z = \dfrac{x}{x+y}$ (3) $z = \log(x^2 - y^2)$
(4) $z = x^5 - x^3 y + x^2 y^2 - xy^3 + y^4$

2 次の関数を原点の周りで 2 次式で近似せよ．

(1) $z = \sqrt{1 + x^2 + y^2}$ (2) $z = e^{xy}$ (3) $z = \dfrac{1}{1 + x + y}$

3 次の関数の極値を求めよ.

(1) $z = 4x - x^2 - 2y^2$ 　　(2) $z = x^4 + y^2 + 2x^2 - 4xy$

4 $g(x, y) = x^2 + y^2 - 1 = 0$ の条件の下で $f(x, y) = x^2 + 4xy + 4y^2$ の極値を求めよ.

第9章

重積分

この章では，2変数の関数の積分，つまり重積分を，その関数が表す曲面で囲まれる立体図形の体積と関連づけて定義する．

キーワード 重積分，累次積分，重積分の変数変換，関数行列式，極座標での重積分．

9.1 重積分

1変数の関数の定積分は，その関数のグラフが囲む図形の面積と関連していた．ここでは6.5節で述べた区分求積法の考え方を用い，2変数の関数のグラフ（曲面）が囲む立体の体積を念頭において，2変数の関数の重積分を定義する．3変数以上の多変数の関数の多重積分も同じような考え方で定義されるが，ここでは触れない．1変数の関数の定積分に比べると状況が複雑なので，いくつかの段階に分けて説明する．

〔1〕長方形の領域での重積分

$f(x,y)$ を平面上の長方形の領域

$$A = \{(x,y) \mid a \leqq x \leqq b,\ c \leqq y \leqq d\} \tag{9.1}$$

で定義されている関数とする（図9-1左図）．当面は $f(x,y) \geqq 0$ としておく．い

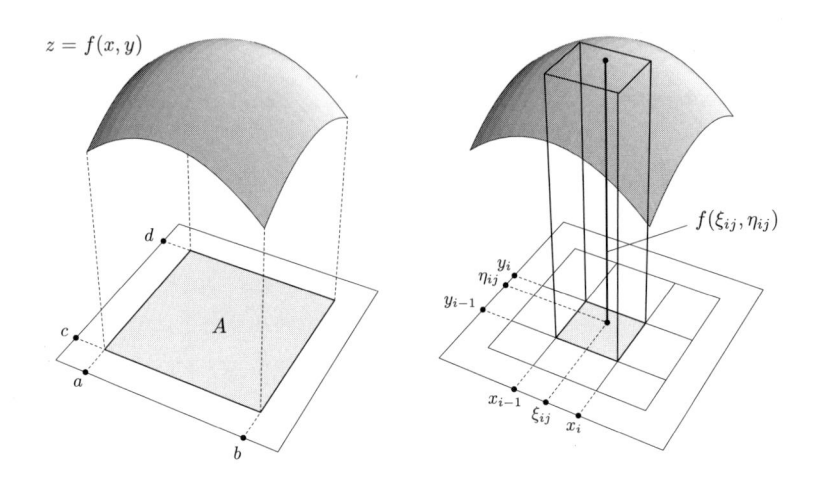

図 9-1　曲面（左図），細長い柱状立体（右図）

ま，x の範囲を m 個の小区間に分割し，y の範囲を n 個の小区間に分割したものを Δ で表す．

$$\Delta : a = x_0 < x_1 < x_2 < \cdots < x_m = b$$
$$c = y_0 < y_1 < y_2 < \cdots < y_n = d$$

分割の仕方は，必ずしも等分でなくてもよいとしておく．このとき A は mn 個の小長方形に分かれる（図 9-1 右図）．

各番号 i, j に対し，$x_{i-1} \leqq \xi_{ij} \leqq x_i$, $y_{j-1} \leqq \eta_{ij} \leqq y_j$ となるように点 (ξ_{ij}, η_{ij}) をとる（図 9-1 右図）．図 9-1 右図の陰影を施した小長方形を底面とし $f(\xi_{ij}, \eta_{ij})$ を高さとする四角柱の体積は，次の式で表される

$$f(\xi_{ij}, \eta_{ij})(x_i - x_{i-1})(y_i - y_{i-1}) \tag{9.2}$$

このような細長い四角柱の体積の総和

$$\sum_{i=1}^{m} \sum_{j=1}^{n} f(\xi_{ij}, \eta_{ij})(x_i - x_{i-1})(y_i - y_{i-1}) \tag{9.3}$$

は，図 9-2 左図に示すようなモザイク状の立体の体積を表す．このモザイク状の立体の上面は段差があるのだが，分割数を多くすると図 9-2 中図のように段差は細かくなるであろう．

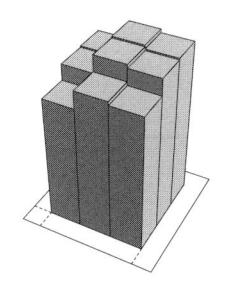

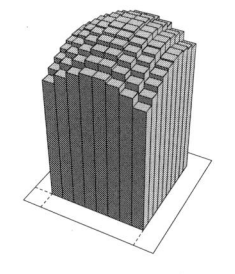

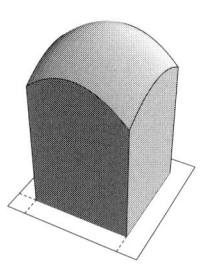

図 9-2　分割を細かくする

式 (9.3) で $m \to \infty$, $n \to \infty$ とし，かつ A を分割した小長方形の辺の長さのうち最大のものが 0 に近づくようにしたときの極限

$$\lim_{m,\,n\to\infty} \sum_{i=1}^{m} \sum_{j=1}^{n} f(\xi_{ij}, \eta_{ij})(x_i - x_{i-1})(y_i - y_{i-1}) \tag{9.4}$$

が存在するとき，$f(x,y)$ は A で**重積分可能**であるといい，その極限値を

$$\iint_A f(x,y)dxdy \tag{9.5}$$

で表し A での $f(x,y)$ の**重積分**という．この値は図 9-2 右図に示すように，長方形 A を底面とする四角柱の，曲面 $z = f(x,y)$ の下側にある部分の体積を表す．

以上では $f(x,y) \geqq 0$ として考えたのだが，そうでない場合も式 (9.4) の極限で重積分を定義する．$f(x,y) < 0$ ならば，重積分の値は A を上底面とする四角柱の，曲面 $z = f(x,y)$ の上側にある部分の体積の -1 倍を表す．

〔2〕累次積分

$f(x,y) \geqq 0$ ならば，式 (9.5) の重積分は図 9-2 右図の立体の体積を表す．一方，立体の体積は断面積の積分で求められる（第 6 章の定理 6.11（p.138））．

いま，$a \leqq x_0 \leqq b$ となるような x_0 をとり，yz 平面に平行な平面 $x = x_0$ によるこの立体の断面を考える（図 9-3 左図）．この平面の上では曲面の点の z 座標は $z = f(x_0, y)$ と表され，この y の関数のグラフは図 9-3 右図のようになる．したがって，断面積を $S(x_0)$ とすれば

$$S(x_0) = \int_c^d f(x_0, y)\,dy$$

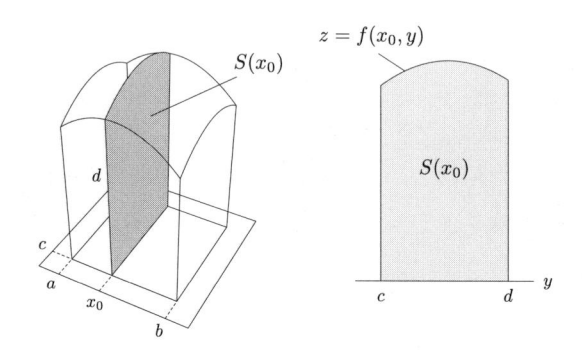

図 9-3 断面積 $S(x_0)$ を積分すれば体積

となり，求める立体の体積は

$$V = \int_a^b S(x)dx = \int_a^b \left(\int_c^d f(x,y)\,dy \right) dx$$

である．これが重積分の値に等しいから

$$\iint_A f(x,y)dxdy = \int_a^b \left(\int_c^d f(x,y)\,dy \right) dx \tag{9.6}$$

$f(x,y) \geqq 0$ ではない場合にも，式 (9.6) が導かれる．この式は，重積分が定積分を 2 回行って計算できることを示す．（ ）の中の積分は，$f(x,y)$ の x は定数で y だけの関数とみなして $y=c$ から $y=d$ まで y で積分する．その定積分の結果は y を含まず x だけの式だから，今度はそれを $x=a$ から $x=b$ まで x で積分するのである．このように定積分を繰り返すことを**累次積分**という．式 (9.6) の右辺は，通常括弧を省略して

$$\int_a^b \int_c^d f(x,y)\,dydx$$

と表される．$dydx$ の順序に注意せよ（内側のインテグラルは内側の dy による積分，外側のインテグラルは外側の dx による積分）．

上では yz 平面に平行な平面による断面積を積分したのだが，xz 平面に平行な平面による断面積を積分しても同様な結果が得られ，そのときは

$$\iint_A f(x,y)dxdy = \int_c^d \int_a^b f(x,y)\,dxdy$$

となる．以上の結果を定理の形にまとめておこう[1]．

♣ 定理 9.1 ♣

関数 $f(x,y)$ が長方形 $A = \{(x,y) \mid a \leqq x \leqq b, c \leqq y \leqq d\}$ で連続ならば，$f(x,y)$ は A で重積分可能で

$$\iint_A f(x,y)\,dxdy = \int_a^b \int_c^d f(x,y)\,dydx \tag{9.7}$$

$$= \int_c^d \int_a^b f(x,y)\,dxdy \tag{9.8}$$

例題 9.1 $I = \iint_A xy\,dxdy, \ A: 0 \leqq x \leqq 1, \ 0 \leqq y \leqq 2$ を計算せよ．

解答 $I = \int_0^1 \int_0^2 xy\,dydx = \int_0^1 \left[\frac{1}{2}xy^2\right]_{y=0}^{y=2} dx = \int_0^1 2x\,dx = 1$

問題 9.1 重積分の計算をせよ．

(1) $\iint_A x\,dxdy, \ A: 1 \leqq x \leqq 2, \ 0 \leqq y \leqq 1$

(2) $\iint_A (x+y)\,dxdy, \ A: 0 \leqq x \leqq 2, \ 0 \leqq y \leqq 1$

(3) $\iint_A \sin x \cos y\,dxdy, \ A: 0 \leqq x \leqq \pi, \ 0 \leqq y \leqq \dfrac{\pi}{2}$

(4) $\iint_A e^{x-y}\,dxdy, \ A: -1 \leqq x \leqq 1, \ -1 \leqq y \leqq 1$

〔3〕有界領域での重積分

xy 平面上の領域 D に対し，長方形 $A = \{(x,y) \mid a \leqq x \leqq b, c \leqq y \leqq d\}$ を十分大きくとれば，A が D を含むようにできるとき，D は**有界領域**であるという

---

[1] この定理を導くのに，高校の数学で学んだ「体積は断面積の積分」という命題（p.138，定理 6.11）を用いたが，6.6 節に述べたその証明は，直感になじみやすいけれども論理的には難点がある．厳密な論理の上からは，まず重積分を式 (9.4) で定義し，それに対して定理 9.1 を定積分の定義に帰着させて証明する．さらに重積分を用いて立体の体積を「定義」すれば，定理 9.1 が「体積は断面積の積分」であることを示しているのである．立体図形に対して体積が定まるのは自明のように思われようが，$f(x,y)$ が複雑なときには重積分の値として体積を「定義」するのである．

(図 9-4 左図). 有界領域 D での重積分も, D を底面とする柱状立体の体積を念頭において, 以下のように定義される.

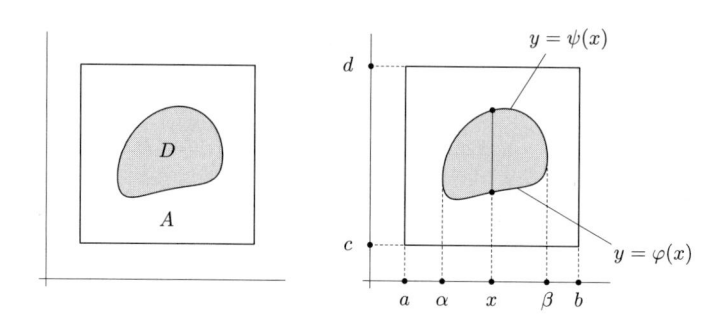

図 9-4　有界領域

有界領域 D 上の関数 $f(x,y)$ に対し, 上記のようにとった領域 A の上での関数 $\widetilde{f}(x,y)$ を

$$\widetilde{f}(x,y) = \begin{cases} f(x,y) & ((x,y) \in D) \\ 0 & ((x,y) \notin D) \end{cases} \tag{9.9}$$

と定める (図 9-5 左図).

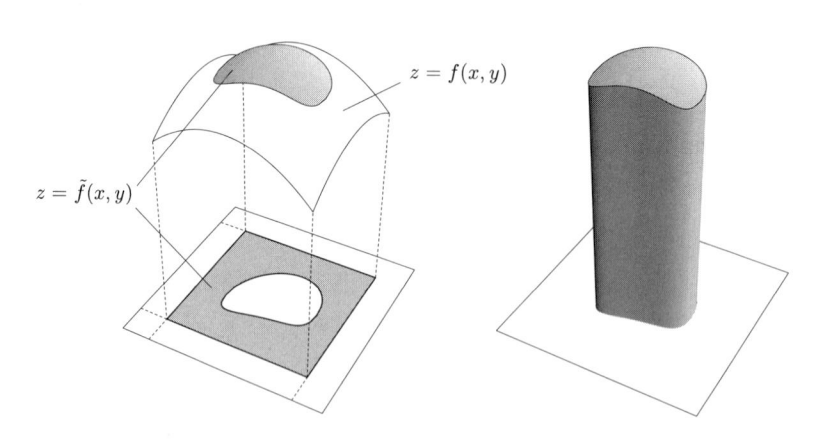

図 9-5　関数 $\widetilde{f}(x,y)$ (左図), D 上の柱状立体 (右図)

この状態で，D 上の $f(x,y)$ の重積分を次のように定義する．

$$\iint_D f(x,y)\,dxdy = \iint_A \widetilde{f}(x,y)\,dxdy \tag{9.10}$$

$f(x,y) \geqq 0$ ならば，式 (9.10) の右辺は図 9-5 右図の柱状立体の体積を表す．$f(x,y)$ が連続でも D の境界で $\widetilde{f}(x,y)$ は連続とは限らないが，式 (9.10) の積分の値が確定するか否かに関しては，次の定理が成り立つ．

> ❖ 定理 9.2 ❖
>
> 有界領域 D が連続関数 $\varphi(x), \psi(x)$ を用いて
>
> $$D = \{(x,y) \mid \varphi(x) \leqq y \leqq \psi(x),\ \alpha \leqq x \leqq \beta\} \tag{9.11}$$
>
> の形に表されるならば，D 上の連続関数 $f(x,y)$ は D で重積分可能で
>
> $$\iint_D f(x,y)dxdy = \int_\alpha^\beta \int_{\varphi(x)}^{\psi(x)} f(x,y)\,dy\,dx \tag{9.12}$$

D が式 (9.11) の形に表されるということは，図 9-4 右図に示すように，D が下の曲線 $y = \varphi(x)$ と上の曲線 $y = \psi(x)$ に囲まれているということである．

【証明】 重積分可能性については省略する．式 (9.12) については，D での重積分の定義から，図 9-4 のような A に対して

$$I = \iint_D f(x,y)\,dxdy = \iint_A \widetilde{f}(x,y)\,dxdy = \int_a^b \int_c^d \widetilde{f}(x,y)\,dy\,dx$$

$a \leqq x < \alpha,\ \beta < x \leqq b$ となる (x,y) に対しては，$\widetilde{f}(x,y) = 0$ だから

$$I = \int_\alpha^\beta \int_c^d \widetilde{f}(x,y)\,dy\,dx$$

内側の y に関する定積分は x を固定して行うのだが，図 9-4 右図に見るようにその固定した x に対しては，$c \leqq y < \varphi(x),\ \psi(x) < y \leqq d$ の範囲で $\widetilde{f}(x,y) = 0$，$\varphi(x) \leqq y \leqq \psi(x)$ の範囲で $\widetilde{f}(x,y) = f(x,y)$ だから

$$I = \int_\alpha^\beta \int_{\varphi(x)}^{\psi(x)} \widetilde{f}(x,y)\,dy\,dx = \int_\alpha^\beta \int_{\varphi(x)}^{\psi(x)} f(x,y)\,dy\,dx$$

となり，求める式が得られた． ∎

D が左の曲線 $x = \varphi(y)$ と右の曲線 $x = \psi(y)$ に囲まれているときには，定理 9.2 の中で x と y の立場を交換した，次の系が成り立つ．

系

$D = \{(x,y) \mid \varphi(y) \leqq x \leqq \psi(y),\ \gamma \leqq y \leqq \delta\}$ のときには

$$\iint_D f(x,y)\,dxdy = \int_\gamma^\delta \int_{\varphi(y)}^{\psi(y)} f(x,y)\,dx\,dy \tag{9.13}$$

有界領域 D が複雑な形のときには，D を定理 9.2 あるいは系の形の小領域に分割して重積分すればよい．このように，有界領域での重積分も累次積分に帰着するのだが，実際の計算においては二つの定積分の両端をはっきりさせるために，積分領域 D を図示してみることが大事である．

例題 9.2 重積分の計算をせよ．

(1) $I = \iint_D x^2 y\,dxdy$, $\quad D : x^2 + y^2 \leqq 2x,\ y \geqq 0$

(2) $I = \iint_D xy\,dxdy$, $\quad D : y \leqq 3x \leqq 3y,\ 1 \leqq y \leqq 3$

解答

(1) 積分領域は図 9-6 のようになる．したがって

$$I = \int_0^2 \int_0^{\sqrt{2x-x^2}} x^2 y\,dy\,dx = \int_0^2 \left[\frac{1}{2}x^2 y^2\right]_0^{\sqrt{2x-x^2}} dx$$
$$= \int_0^2 \frac{1}{2}x^2(2x - x^2)\,dx = \frac{4}{5}$$

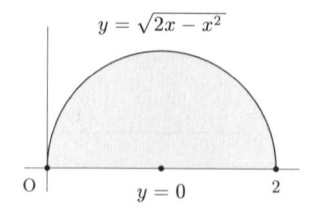

図 9-6 $D : x^2 + y^2 \leqq 2x,\ y \geqq 0$

(2) $I = \int_1^3 \int_{y/3}^y xy\,dx\,dy = \int_1^3 \left[\frac{1}{2}x^2 y\right]_{y/3}^y dy = \frac{4}{9}\int_1^3 y^3\,dx = \frac{80}{9}$ （図 9-7）

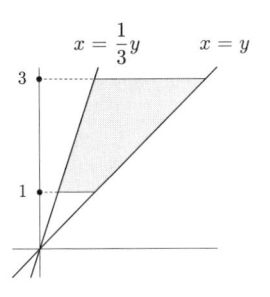

図 9-7 $D: y \leqq 3x \leqq 3y,\ 1 \leqq y \leqq 3$

問題 9.2 重積分の計算をせよ．

(1) $I = \iint_D x\,dxdy,\quad D: x+y \leqq 1,\ x \geqq 0,\ y \geqq 0$

(2) $I = \iint_D xy\,dxdy,\quad D: x \leqq y \leqq 2-x,\ x \geqq 0$

9.2　重積分の変数変換

1 変数の積分では積分変数の変換，つまり置換積分が重要であったが，それに対応するものが重積分の変数変換である．

uv 平面から xy 平面への写像が，偏微分可能な二つの 2 変数の関数 $\varphi(u,v)$, $\psi(u,v)$ を用いて

$$x = \varphi(u,v),\quad y = \psi(u,v) \tag{9.14}$$

で与えられているとき，この写像を (u,v) から (x,y) への**変数変換**という．また，

$$\frac{\partial x}{\partial u}\frac{\partial y}{\partial v} - \frac{\partial x}{\partial v}\frac{\partial y}{\partial u} \tag{9.15}$$

を $J(u,v)$ で表し，この変数変換の**関数行列式**（ヤコビ行列式，Jacobian）という．実用上最も重要な変数変換は，極座標 (r,θ) から直交座標 (x,y) への変換

$$x = r\cos\theta,\quad y = r\sin\theta \tag{9.16}$$

であり，$r\theta$ 平面から xy 平面への写像としては，図 9-8 のようになる．

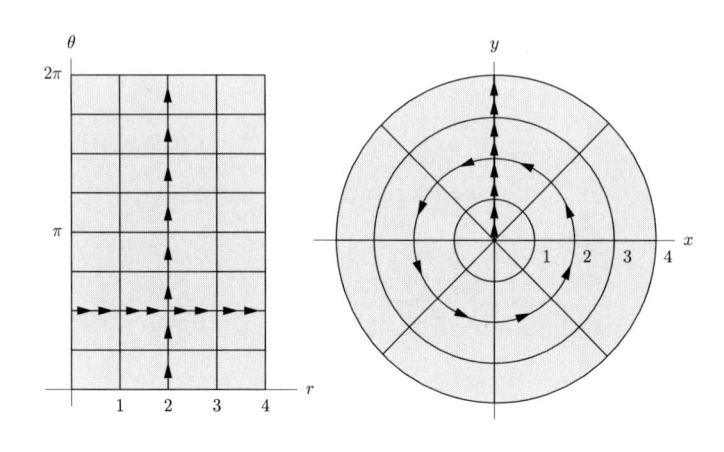

図 9-8 (r,θ) から (x,y) への変換

図では,$r\theta$ 平面上の陰影を施した領域 $0 \leqq r \leqq 4,\ 0 \leqq \theta \leqq 2\pi$ が,xy 平面の原点を中心とし半径 4 の円に写される様子を示す.水平な直線は原点から放射状に出る直線に,垂直な直線は原点を中心とする同心円に写される.$r\theta$ 平面の領域

$$A = \{\,(r, \theta) \mid r > 0,\ 0 \leqq \theta < 2\pi\,\}$$

が,原点を除いた xy 平面を一度覆い,$r\theta$ 平面全体では xy 平面を無限回覆う.この変数変換の関数行列式は

$$\frac{\partial x}{\partial r} = \cos\theta,\quad \frac{\partial y}{\partial r} = \sin\theta,\quad \frac{\partial x}{\partial \theta} = -r\sin\theta,\quad \frac{\partial y}{\partial \theta} = r\cos\theta$$

により

$$J(r, \theta) = r \tag{9.17}$$

となる.

変数変換によって,重積分は次のように対応する.

❖ 定理 9.3 ❖

変数変換 $x = \varphi(u, v),\ y = \psi(u, v)$ によって uv 平面の領域 K が xy 平面の領域 D に1対1に写され,かつ K で $J(u, v) > 0$ とすれば

$$\iint_D f(x, y)\,dxdy = \iint_K f(\varphi(u, v), \psi(u, v))\,J(u, v)\,dudv \tag{9.18}$$

【証明】（概略）　厳密な証明は相当の準備を要するので，ここでは証明の考え方を簡単に述べるにとどめる．

図 9-9 のように K を小長方形 K_{ij} に分割し，隅の点を (u_{ij}, v_{ij}) とする．対応する D の小領域を D_{ij}，隅の点を (x_{ij}, y_{ij}) とする．

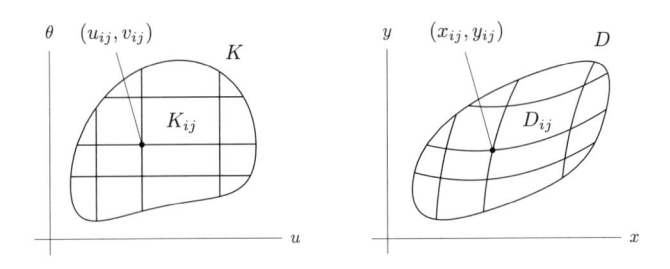

図 9-9　領域 K（左図）と領域 D（右図）の分割

重積分の図形的な意味から，式 (9.4) と同様に，
$$I = \iint_D f(x,y)dxdy = \lim \sum f(x_{ij}, y_{ij}) \times (D_{ij} \text{ の面積})$$
と表される．

ここで，計算により図 9-10 右図の二つのベクトルで張られる平行四辺形の面積は $J(u_{ij}, v_{ij}) \times (K_{ij} \text{ の面積})$ に等しいこと，および，テイラーの定理を用いれば D_{ij} の面積はこの平行四辺形の面積で近似できることが示される．

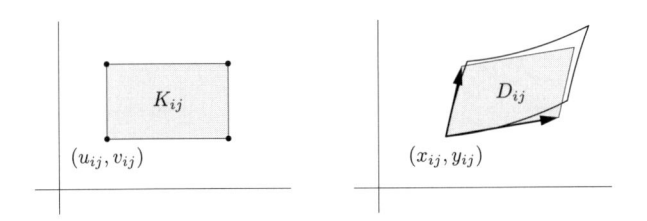

図 9-10　K_{ij}（左図）と D_{ij}（右図）の面積

したがって
$$I = \lim \sum f(\varphi(u_{ij}, v_{ij}), \psi(u_{ij}, v_{ij})) \times J(u_{ij}, v_{ij}) \times (K_{ij} \text{ の面積})$$

上の等号において，D_{ij} の面積を $J(u_{ij}, v_{ij}) \times (K_{ij}$ の面積$)$ で近似するときの誤差の総和が，$\lim \sum$ の過程で消滅することを用いた（これの証明は簡単ではない）．
重積分の定義から

$$I = \iint_K f(\varphi(u,v), \psi(u,v)) J(u,v) \, dudv$$

∎

例題 9.3 次の重積分を計算せよ．

$$I = \iint_D \frac{1}{\sqrt{1+x^2+y^2}} dxdy, \quad D : x^2 + y^2 \leqq a^2, \, a > 0$$

解答 極座標に変換すると積分領域は $K : 0 \leqq r \leqq a, \, 0 \leqq \theta \leqq 2\pi$ となるから，$J(r, \theta) = r$ に注意して

$$I = \iint_K \frac{r}{\sqrt{1+r^2}} dr d\theta = \int_0^{2\pi} \int_0^a \frac{r}{\sqrt{1+r^2}} dr \, d\theta$$
$$= \int_0^{2\pi} \left[\sqrt{1+r^2} \right]_{r=0}^{r=a} d\theta = 2\pi(\sqrt{1+a^2} - 1)$$

厳密にいえば，解の中の $r=0$ のところでは定理 9.3 が使えないから，次のようにすればよい．

$$I = \lim_{\varepsilon \to +0} \int_\varepsilon^{2\pi} \int_0^a \frac{r}{\sqrt{1+r^2}} dr \, d\theta$$
$$= \lim_{\varepsilon \to +0} 2\pi \left(\sqrt{1+a^2} - \sqrt{1+\varepsilon^2} \right) = 2\pi \left(\sqrt{1+a^2} - 1 \right)$$

通常は，このことを念頭においた上で，上の解答の形で計算することが多い．

問題 9.3

(1) $I = \iint_D xy \, dxdy, \quad D : x^2 + y^2 \leqq 1, \, x \geqq 0, \, y \geqq 0$

(2) $I = \iint_D \frac{1}{x^2 + y^2} dxdy, \quad D : 1 \leqq x^2 + y^2 \leqq 4$

章末問題

次の重積分を計算せよ．

(1) $\displaystyle\int_0^1 \int_1^3 (2x+3y)\,dydx$

(2) $\displaystyle\int_0^1 \int_0^{2y} ye^x \,dxdy$

(3) $\displaystyle\iint_D (x+y)\,dxdy, \quad D: 0 \leqq x \leqq 1,\ 0 \leqq y \leqq x^2$

(4) $\displaystyle\iint_D (x+2y)\,dxdy, \quad D: x^2 \leqq y \leqq x+2$

(5) $\displaystyle\iint_D \frac{x}{y}\,dxdy, \quad D: 1 \leqq y \leqq x,\ 1 \leqq x \leqq 2$

(6) $\displaystyle\iint_D x\,dxdy, \quad D: 0 \leqq y \leqq \cos x,\ 0 \leqq x \leqq \frac{\pi}{2}$

(7) $\displaystyle\iint_D \sqrt{4-x^2}\,dxdy, \quad D: x^2+y^2 \leqq 4,\ x \geqq 0,\ y \geqq 0$

(8) $\displaystyle\iint_D ye^{xy}\,dxdy, \quad D: 1 \leqq x \leqq 2,\ \frac{1}{x} \leqq y \leqq 2$

第 10 章

数値計算

　方程式や微分方程式の厳密解を求めることは一般に不可能であるが，現在ではコンピュータを用いて十分精度の高い近似解を求めるができる．このような近似解を扱う数学の分野を数値解析という．この章では，数値解析の入門として，方程式の解を求めるニュートン法，定積分の値を求める台形公式とシンプソンの公式，微分方程式の近似解を求めるオイラー法とルンゲ・クッタ法を紹介する．

　基本的な考え方の説明に力点をおき，誤差の評価や補間関数にはここでは触れない．また，これらの方法を用いて手計算するのは限界があり，コンピュータを用いて初めて実用的な応用ができるので，この章では例題や問題は極めて簡単なものを少し挙げるだけにとどめる．ウェブ上の資料を見て，たとえば *Mathematica* でどのように処理されるかを参照してほしい．

　キーワード　ニュートン法，台形公式，シンプソンの公式，オイラー法，ルンゲ・クッタ法．

10.1　方程式の数値解

　この章で紹介する数値計算（近似計算，numerical calculation）のさまざまな方法はコンピュータ出現以前からあったのだが，コンピュータプログラミングを学ぶ上での好例の役割も果たしている．

[1] ニュートン法

関数 $f(x)$ が与えられたとき，方程式 $f(x) = 0$ の解を厳密に求めることは一般に不可能である[1]．ここで述べる**ニュートン**[2]**法**は曲線 $y = f(x)$ の接線を用いて $f(x) = 0$ の実数解の近似値を求める方法で，名前のとおり古くから知られてはいたのだが，手計算では実用的でなかった．しかし，現在のコンピュータのハードウェアとソフトウェアの環境の下では極めて有効な方法である．

関数 $f(x)$ は微分可能であるとする．方程式 $f(x) = 0$ の実数解は，関数 $y = f(x)$ のグラフと x 軸との交点の x 座標である．図 10-1 の曲線は $y = f(x)$ のグラフを表し，x 軸との交点の座標を α で表してある．

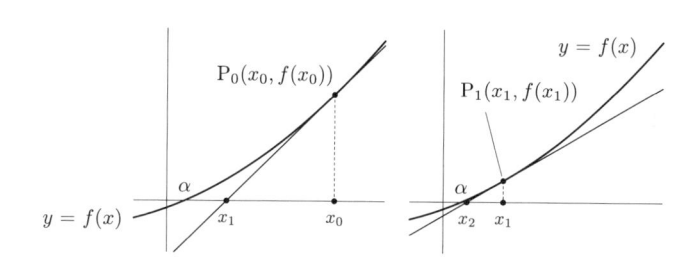

図 10-1　ニュートン法

α がわからないとき，まず図 10-1 左図に示すように適当に x 軸上の点 x_0 をとる．x_0 に対応したグラフ上の点 $P_0(x_0, f(x_0))$ におけるこの曲線の接線を考え，接線が水平でなければ，x 軸と 1 点で交わる．その交点の x 座標を x_1 とする．図 10-1 左図のような状況では，x_1 は x_0 より α に近い．

次に，x_1 に対応したグラフ上の点 $P_1(x_1, f(x_1))$ における接線と x 軸との交点の x 座標を x_2 とする．図 10-1 右図では，x_2 は x_1 より α に近い．この操作を繰り返

---

[1]. $f(x)$ が x の n 次式の場合でも，$n \geq 5$ ならば四則演算と根号による解の公式を作ることはできない（ガロア理論．E. Galois, 1811–1832）．一方，複素数を係数とする n 次方程式には，複素数の範囲で重複度をこめて n 個の解が存在する（代数学の基本定理）．解は存在するのだが，それらを係数から具体的に求めることが一般にはできないということである．

[2]. I. Newton, 1642–1727.

して数列

$$x_0, x_1, x_2, \cdots, x_n, \cdots$$

をとれば，この数列は求める解 α に収束することが期待される．つまり，n を十分大きくとれば x_n は十分精度の高い α の近似値となるであろう．数列 $\{x_n\}$ の定義から，この数列は次のような漸化式で表現される．

$$x_n = x_{n-1} - \frac{f(x_{n-1})}{f'(x_{n-1})} \quad (f'(x_{n-1}) \neq 0) \tag{10.1}$$

この数列が収束するかどうかは，関数と初めの点 x_0 のとり方によってさまざまである（ウェブ上の例を参照）．また，有限項で打ち切ったときの真の値との間の誤差の評価も別な考察を要する．詳細は数値解析に譲ることにして，ここでは簡単な例を挙げる．

例題 10.1 関数 $f(x) = x^2 - \dfrac{5}{2}$ に，$x_0 = 2$ から始めて 2 回のニュートン法の操作で求められた近似解を a とする（真の解は $\sqrt{5/2}$）．a を小数で表したときの，小数第 4 位以下を切り捨てた近似値を求めよ．このとき，小数第 3 位までは正しい値といえるか．

解答 $f'(x) = 2x$ だから $x_n = x_{n-1} - \dfrac{{x_{n-1}}^2 - 5/2}{2x_{n-1}}$．したがって

$$x_1 = 2 - \frac{2^2 - 5/2}{2 \cdot 2} = \frac{13}{8}$$

$$x_2 = 13/8 - \frac{(13/8)^2 - 5/2}{2 \cdot (13/8)} = \frac{329}{208} = 1.581\cdots$$

ここで

$$f(1.581) = 1.581^2 - 2.5 = -0.000439 < 0$$
$$f(1.582) = 1.582^2 - 2.5 = 0.002724 > 0$$

となるが，関数 $f(x)$ は $x \geqq 0$ の範囲で単調増加だから，$f(x) = 0$ は $x = 1.581$ と $x = 1.582$ の間でただ一つの解をもつ．したがって，この近似解 $x = 1.581$ は小数第 3 位まで正しい．

問題 10.1　関数 $f(x) = x^2 - \dfrac{5}{3}$ に，$x_0 = 2$ から始めて 2 回のニュートン法の操作で求められた近似解を a とする（真の解は $\sqrt{5/3}$）．a の小数第 4 位以下を切り捨てた近似値を求めよ．また，この近似解は小数第何位までが正しい値か．

10.2　数値積分

定積分は区分求積法によって長方形の面積の和の極限として計算される（6.5 節）．極限ではなく有限個の和をとれば，定積分の近似値を計算できる．長方形の代わりに上の辺を斜めの線分で置き換えた台形を用いれば，より良い近似が計算されるであろう（図 10-2）．さらに，台形の上の辺を放物線の一部で置き換えれば，もっと良い近似が得られるであろう．前者が**台形公式**，後者が**シンプソンの公式**の考え方である．

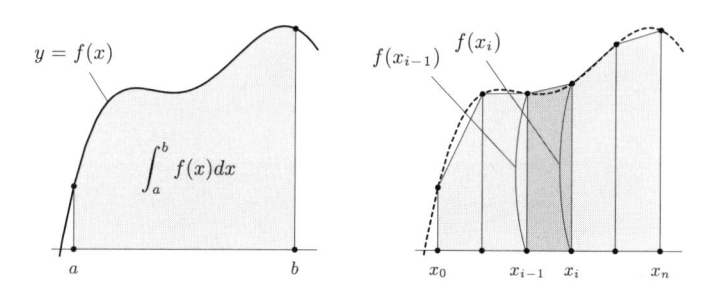

図 10-2　定積分（左図）を台形公式（右図）で近似する

区間 $a \leqq x \leqq b$ を n 等分して分点を $a = x_0, x_1, \cdots, x_n = b$ とし $h = \dfrac{b-a}{n}$ とおけば，細長い台形の面積の和は

$$S = \sum_{i=1}^{n} \dfrac{(f(x_{i-1}) + f(x_i))h}{2}$$
$$= \{(f(x_0) + f(x_n)) + 2(f(x_1) + \cdots + f(x_{n-1}))\} \dfrac{b-a}{2n}$$

これにより，次の台形公式が得られる．

台形公式

区間 $a \leqq x \leqq b$ を n 等分して分点を $a = x_0, x_1, x_2, \cdots, x_n = b$ とするとき, $f_k = f(x_k)$ とおけば

$$\int_a^b f(x)dx \approx \{(f_0 + f_n) + 2(f_1 + \cdots + f_{n-1})\}\frac{b-a}{2n}$$

シンプソンの公式の準備として,図 10-3 に示すような 3 点 P_1, P_2, P_3 を通る放物線の囲む面積を k_1, k_2, k_3, h で表したい.

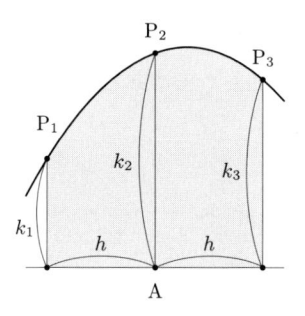

図 10-3 3 点を通る放物線の囲む面積

点 A が原点に来るように座標軸をとり,放物線を $y = f(x) = ax^2 + bx + c$ とおいて,これが 3 点 P_1, P_2, P_3 を通るように係数を定めると

$$a = -\frac{-k_1 + 2k_2 - k_3}{2h^2}, \quad b = -\frac{k_1 - k_3}{2h}, \quad c = k_2$$

これを $f(x)$ に代入して $-h$ から h で積分すると,次の式が得られる.

$$\int_{-h}^{h} f(x)dx = \frac{2}{3}h(ah^2 + 3c) = \frac{1}{3}h(k_1 + 4k_2 + k_3)$$

ここで区間 $a \leqq x \leqq b$ を $2n$ 等分し,分点を $a = x_0, x_1, x_2, \cdots, x_{2n}$ とする. 3 点 $(x_{2i-2}, f(x_{2i-2}))$, $(x_{2i-1}, f(x_{2i-1}))$, $(x_{2i}, f(x_{2i}))$ を通る放物線と 2 直線 $y = x_{2i-2}$, $y = x_{2i}$ および x 軸の囲む面積をすべて加えたものを S とする(図 10-4 左図).

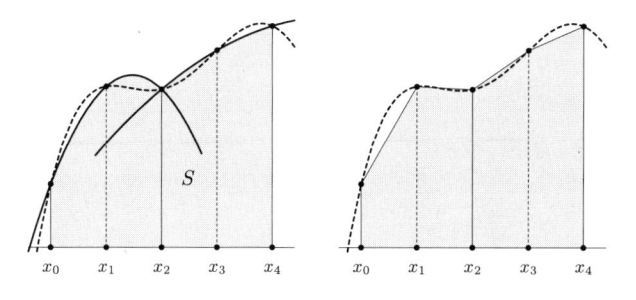

図 10-4　シンプソンの公式（左図）と台形公式（右図）

$h = \dfrac{b-a}{2n}$ とおいて前の計算を用いれば

$$S = \sum_{i=1}^{n} \frac{1}{3}h(f(x_{2i-2}) + 4f(x_{2i-1}) + f(x_{2i}))$$
$$= \frac{b-a}{6n}\{(f(x_0) + f(x_{2n})) + 2(f(x_2) + f(x_4) + \cdots + f(x_{2(n-1)}))$$
$$+ 4(f(x_1) + f(x_3) + \cdots + f(x_{2n-1}))\}$$

まとめると，次のシンプソンの公式が得られる．

シンプソンの公式

区間 $a \leqq x \leqq b$ を $2n$ 等分して分点を $a = x_0, x_1, x_2, \cdots, x_{2n} = b$ とするとき，$f_k = f(x_k)$ とおけば

$$\int_a^b f(x)dx \approx \frac{b-a}{6n}\{(f_0 + f_{2n}) + 2(f_2 + f_4 + \cdots + f_{2(n-1)}) + 4(f_1 + f_3 + \cdots + f_{2n-1})\}$$

例題 10.2　関数 $f(x) = -x^2 + 2x + 8$ と区間 $0 \leqq x \leqq 4$ に対し，この区間を 4 等分したときの台形公式による値，シンプソンの公式による値，積分を実行して得られる値を比較せよ．

解答　分点における関数の値は

$$f_0 = 8,\ f_1 = 9,\ f_2 = 8,\ f_3 = 5,\ f_4 = 0$$

台形公式を用いると

$$\frac{4}{8}\{(8+0)+2(9+8+5)\}=26$$

シンプソンの公式を用いると

$$\frac{4}{12}\{(8+0)+2\times 8+4(9+5)\}=\frac{80}{3}$$

積分を実行すると

$$\int_0^4 (-x^2+2x+8)dx = \left[-\frac{x^3}{3}+x^2+8x\right]_0^4 = \frac{80}{3}$$

この例では $f(x)$ が 2 次関数なので，シンプソンの近似が積分自体に一致している．

|問題 10.2| 関数 $f(x)=-x^3+8$ と区間 $0\leqq x\leqq 2$ に対し，この区間を 4 等分したときの台形公式による値，シンプソンの公式による値，積分を実行して得られる値を比較せよ．

10.3 微分方程式の数値解

〔1〕積分曲線

たびたび述べてきたように，微分方程式の解を具体的な関数として表現することは一般に不可能である．したがって，微分方程式の数値解を求めることは，特に物理現象解析の観点からは，数式処理ソフトウェアの極めて重要な役割の一つである．この節では，初期条件の下での正規形 1 階常微分方程式

$$y'=f(x,y), \quad y(x_0)=y_0 \tag{10.2}$$

について，オイラー法とルンゲ・クッタ法を紹介し，微分方程式の数値解の考え方の基本を説明する．

第 7 章で述べたように，微分方程式はベクトル場とみなされ，解の関数 $y=g(x)$ はこのベクトル場の積分曲線（解曲線）に対応する．図 10-5 左図は，$f(x,y)=xy$ として得られる具体的な微分方程式

$$y'=xy \tag{10.3}$$

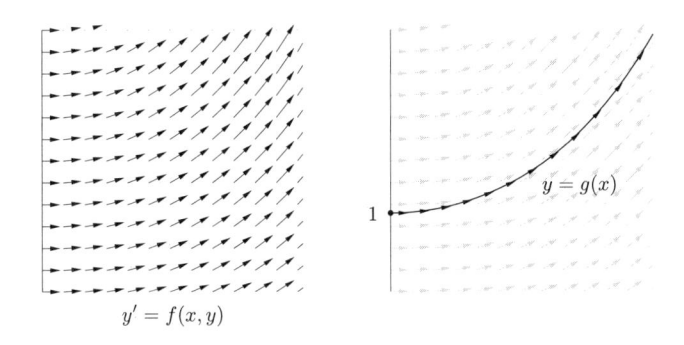

図 10-5　微分方程式のベクトル場（左図）と解曲線（右図）

のベクトル場を $0 \leqq x \leqq 1$, $0.7 \leqq y \leqq 1.7$ の範囲で描いたものである.

各点 (a,b) にベクトル $(1, f(a,b)) = (1, ab)$ が付随しているのだが，積分曲線を考える場合には，各ベクトルがこの曲線に接するか否かが問題で，長さは無関係である．図ではベクトルの矢印が重複して見づらくなるのを避けるため，ベクトル全体を 0.07 倍に縮小してある.

図 10-5 右図は，初期条件つきの微分方程式

$$y' = xy, \quad y(0) = 1 \tag{10.4}$$

の解を表す．式 (10.3) は変数分離形の微分方程式で，一般解は

$$y = Ce^{\frac{x^2}{2}} \tag{10.5}$$

となり，式 (10.4) の初期条件に対応する特殊解は

$$y = e^{\frac{x^2}{2}} \tag{10.6}$$

である．これは図 10-6 左図でいえば，点 $P_0 = (0,1)$ を通過する積分曲線である．図 10-6 右図に示すように，初期条件を変えれば，それに対応して無数の積分曲線が得られる．一般解 (10.5) はこの**曲線群**（無数の曲線の集合）を表している.

今の場合，式 (10.4) の初期条件つき微分方程式の解はわかっているのだが，この微分方程式を例にとって，数値解の求め方を説明しよう．図形的にいえば，図 10-6 左図の曲線を，点 $P_0 = (0,1)$ を出る折れ線で近似することである.

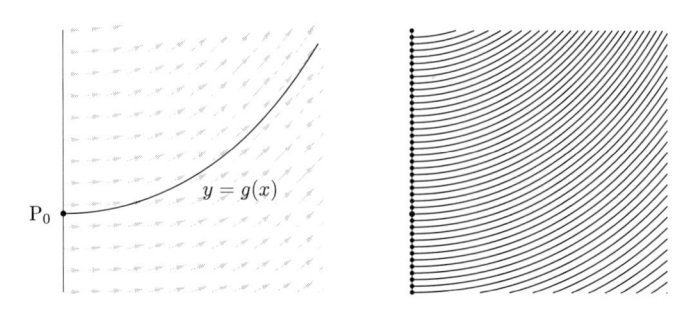

図 10-6　特殊解（左図）と一般解（右図）

〔2〕オイラー法

微分方程式 (10.2)

$$y' = f(x,y), \quad y(x_0) = y_0$$

の解を，$a \leqq x \leqq b$ の区間で考える．この微分方程式の解を $y = g(x)$ とし，曲線 $y = g(x)$ を折れ線で近似したい．

区間を n 等分し，分点を $a = x_0, x_1, x_2, \cdots, x_n = b$ とし，$h = \dfrac{b-a}{n}$ とおく．以下，図 10-7 から図 10-11 までは，$f(x,y) = xy$，$x_0 = 0$，$y_0 = 1$ とした式 (10.4) の微分方程式について，$a = 0$，$b = 1$ とした $0 \leqq x \leqq 1$ の範囲での解を例として図示してある．

まず，$P_0 = (x_0, y_0)$ から出発し，真の解 $y = g(x)$ のグラフの上の点 $Q_1 = (x_1, g(x_1))$ を点 $P_1 = (x_1, y_0 + hf(x_0, y_0))$ で近似する．これは，$y = g(x)$ の $x = x_0$ を中心とするテイラー展開の 1 次までの項による近似

$$g(x_1) = g(x_0 + h) \approx g(x_0) + g'(x_0)h = y_0 + f(x_0, y_0)h \tag{10.7}$$

を用いている．図 10-7 は $n = 2$，$h = 0.5$ の場合で，左図では $\mathbf{v}_0 = (1, f(0,1)) = (1,0)$（ただし，図では見やすいようにベクトルを縮小してある），$P_1 = (0.5, 1)$，$Q_1 = (0.5, g(0.5)) = (0.5, 1.13315\cdots)$ となっている．ここで

$$y_1 = y_0 + hf(x_0, y_0) \tag{10.8}$$

とおく．

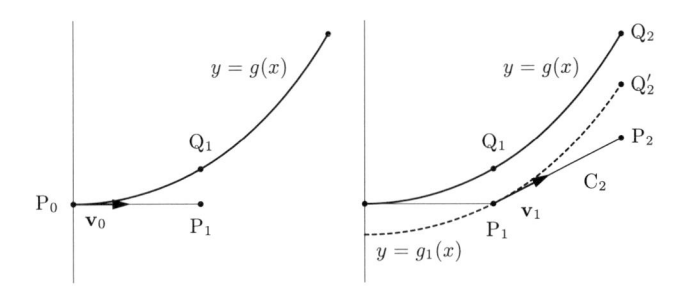

図 10-7　オイラー法：$n=2$ の折れ線と解曲線

次に，$P_1(x_1, y_1)$ を出発点として，$y = g(x)$ 上の点 $Q_2 = (x_2, g(x_2))$ を点 $P_2 = (x_2, y_1 + hf(x_1, y_1))$ で近似する．注意すべきことは，この近似が $y = g(x)$ の $x = x_1$ を中心とするテイラー展開に基づいてはいないということである．図 10-7 右図に示すように，点 P_1 を通る解曲線 $y = g_1(x)$，つまり初期条件 $y(x_1) = y_1$ の下での解 $y = g_1(x)$ のテイラー展開の 1 次までの項による近似

$$g_1(x_2) = g_1(x_1 + h) \approx g_1(x_1) + g_1'(x_1)h = y_1 + f(x_1, y_1)h \tag{10.9}$$

を用いているのである．点 P_2 は曲線 $y = g_1(x)$ 上の点 Q_2' を近似し，さらに Q_2' は Q_2 を近似する．図 10-7 右図では $\mathbf{v}_1 = (1, f(0.5, 1)) = (1, 0.5)$（図ではベクトルを縮小してある），$P_2 = (1, 1.25)$，$Q_2' = (1, g_1(1)) = (1, 1.45499\cdots)$，$Q_2 = (1, g(1)) = (1, 1.64872\cdots)$ となっている．ここで

$$y_2 = y_1 + hf(x_1, y_1) \tag{10.10}$$

とおく．これを繰り返し，漸化式

$$y_k = y_{k-1} + hf(x_{k-1}, y_{k-1}) \tag{10.11}$$

によって点 $P_k = (x_k, y_k)$ を決めていく方法が**オイラー**[3]**法**である．

n を増やせば，近似の誤差が小さくなる．図 10-8 左図は $n = 2$ として得られる折れ線 C_2 と $n = 10$ として得られる折れ線 C_{10} を示す．図 10-8 右図は折れ線 C_{10} と解曲線 $y = g(x)$ を示す．

---

[3] Leonhard Euler, 1707–1783, スイス.

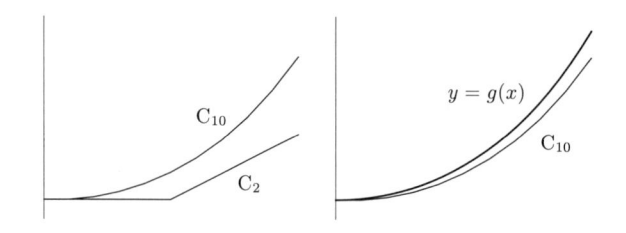

図 10-8　オイラー法：$n = 2, 10$ の折れ線と解曲線 $y = g(x)$

　図から，オイラー法は近似の精度があまり良くないことがわかる．その理由は式 (10.7) や式 (10.9) でテイラー展開の 1 次の項までの近似を用いているからである．微分方程式 (10.2) の右辺の関数 $f(x, y)$ が何階かまで偏微分可能ならば，テイラー展開の高次の項までの近似を用いることもできる．しかし，オイラー法の特徴は，有限個の点 $P_0, P_1, \cdots, P_n$ における $f(x, y)$ の値しか用いていないということである．したがって，$f(x, y)$ の関数表現がわからない場合（たとえば，$f(x, y)$ 自身が近似関数として与えられている場合）や，測定によって値を定めるような場合（まず P_0 での $f(x, y)$ の値を測定し，それに基づいて点 P_1 を定め，次に P_1 での $f(x, y)$ の値を測定し，これを繰り返す場合で，$f(x, y)$ の偏導関数はわからない場合）でも使えることである．

〔3〕ルンゲ・クッタ法

　オイラー法の改良型の代表的なものが，次に述べる**ルンゲ**[4]**の台形法**である．
　オイラー法で P_1 を定めるとき，P_0 での $f(x, y)$ の値のみを用いた．つまり，$y = g(x)$ の $x = x_1$ における値を近似するのに $g'(x_0) = f(x_0, y_0)$ のみを用いた．平均値の定理によれば，うまい具合に θ $(0 < \theta < 1)$ をとり $g'(x_0 + \theta h)$ を用いれば，$y = g(x_1)$ の値が正確に表現される．θ の値は具体的にはわからないので，$g'(x_0 + \theta h)$ を $g'(x_0) = f(x_0, y_0)$ と $g'(x_1) = f(x_1, g(x_1))$ の平均で代用してみる．しかし $y = g(x)$ も未知関数なので，さらに $f(x_1, g(x_1))$ を $f(x_1, y_0 + f(x_0, y_0)h)$，つまり図 10-7 の点 P_1 での $f(x, y)$ の値で代用する．

---

[4]　C. Runge, 1856–1927.

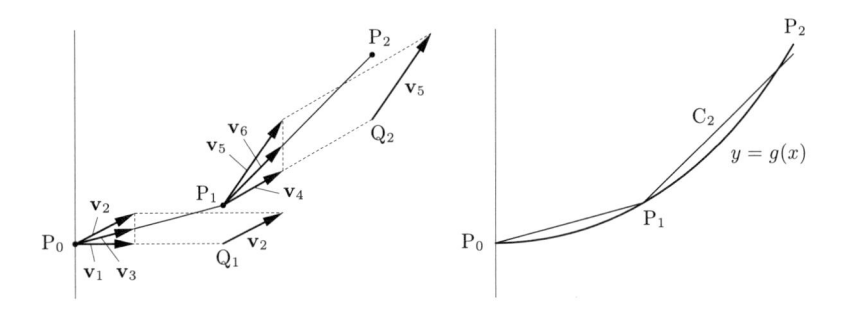

図 10-9　ルンゲの台形法：$n=2$ の折れ線と解曲線

図 10-9 左図でいえば，P_0 から出発してオイラー法で Q_1 を決め，P_0 での $f(x,y)$ の値 (図ではベクトル $\mathbf{v}_1$ で示す) と Q_1 での $f(x,y)$ の値 ($\mathbf{v}_2$ で示す) の平均 ($\mathbf{v}_3$ で示す) を用いて Q_1 を修正した点を P_1 とするのである．式で表せば，$P_1=(x_1,y_1)$ としたとき

$$y_1 = y_0 + \frac{1}{2}\{f(x_0,y_0) + f(x_1, y_0 + hf(x_0,y_0))\}h$$

この $P_1=(x_1,y_1)$ を用いて，同様に $P_2=(x_2,y_2)$ を定めればよい．図では $\mathbf{v}_4$ は P_1 での $f(x,y)$ の値を示し，$\mathbf{v}_5$ は $\mathbf{v}_4$ で定まる点 Q_2 での $f(x,y)$ の値を示し，$\mathbf{v}_6$ はその平均を示す．$\mathbf{v}_6$ を用いて P_2 を定める．式で表せば

$$y_2 = y_1 + \frac{1}{2}\{f(x_1,y_1) + f(x_2, y_1 + hf(x_1,y_1))\}h$$

となる．図 10-9 右図は $n=2$ として得られた折れ線 C_2 と解曲線 $y=g(x)$ を示す．オイラー法に比べると，精度がかなり改善されていることがわかる．ルンゲの台形法の漸化式は次のようになる．

$$y_k = y_{k-1} + \frac{1}{2}\{f(x_{k-1},y_{k-1}) + f(x_k, y_{k-1} + hf(x_{k-1},y_{k-1}))\}h \tag{10.12}$$

図 10-10 左図は $n=10$ として得られた折れ線 C_{10} と C_2 を示す．右図は C_{10} と解曲線 $y=g(x)$ を示す．この図では 2 曲線が重なって区別できないが，一部を拡大したのが図 10-11 である．

ルンゲの台形法の変形はさまざまにあって，総称して**ルンゲ・クッタ**[5]**法**と呼ばれる．

---

[5]. W.M. Kutta, 1867–1944.

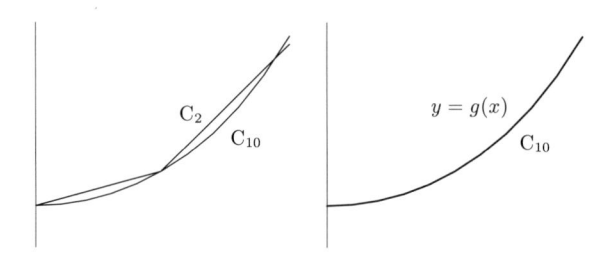

図 10-10　ルンゲの台形法：$n = 2, 10$ の折れ線と解曲線

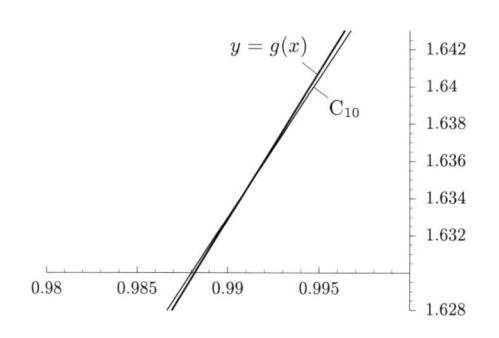

図 10-11　図 10-10 右図の拡大図

例題 10.3　式 (10.4) の微分方程式で，区間 $0 \leqq x \leqq 2$ を 2 等分した場合のオイラー法とルンゲの台形公式による近似を計算し，近似曲線を描け．

解答　$f(x, y) = xy$, $x_0 = 0$, $x_1 = 1$, $x_2 = 2$, $y_0 = 1$, $h1$ とおく．
オイラー法では，漸化式

$$y_k = y_{k-1} + hf(x_{k-1}, y_{k-1}) = y_{k-1} + x_{k-1}y_{k-1}$$

より

$$y_0 = 1, \quad y_1 = y_0 + x_0 y_0 = 1, \quad y_2 = y_1 + x_1 y_1 = 2$$

したがって，近似曲線は 3 点 $(0, 1), (1, 1), (2, 2)$ を結ぶ折れ線となる（図 10-12 の太い折れ線）．

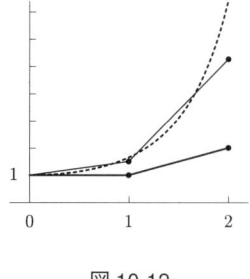

図 10-12

ルンゲの台形公式では，漸化式

$$y_k = y_{k-1} + \frac{1}{2}\{f(x_{k-1}, y_{k-1}) + f(x_k, y_{k-1} + hf(x_{k-1}, y_{k-1}))\}h$$
$$= y_{k-1} + \frac{1}{2}\{x_{k-1}y_{k-1} + x_k(y_{k-1} + x_{k-1}y_{k-1})\}$$

より

$$y_0 = 1, \quad y_1 = \frac{3}{2}, \quad y_2 = \frac{21}{4}$$

したがって近似曲線は 3 点 $(0,1)$, $\left(1, \frac{3}{2}\right)$, $\left(2, \frac{21}{4}\right)$ を結ぶ折れ線となる（図の細い折れ線）．図の破線は解曲線を示す．

問題 10.3　例題 10.3 で区間を 4 等分した場合を試みよ．

章末問題（参考）

現在（2008 年）の代表的数式処理ソフトウェア *Mathematica* で処理する問題を，参考までに挙げておく．ちなみに *Mathematica* 自身は数値計算を内包しているので，実際に，たとえば $\boxed{2}$ の π の近似値は簡単なコマンド N[pi] で，5000 桁の近似値なら N[pi,5000] で求められる．

$\boxed{1}$　手計算と *Mathematica* で，$\int_1^2 \frac{1}{x}dx$ の積分区間を 4 等分した台形公式とシンプソンの公式により，定積分の近似値を求めよ．また，*Mathematica* を用いて 100 等分した数値積分を求め，それを用いて $\log 2$ の近似値を求めよ．

$\boxed{2}$　定積分 $\int_0^1 \dfrac{4}{1+x^2} dx$ に，区間を 100 等分したシンプソンの公式を用いて *Mathematica* で計算し，円周率 π の近似値を求めよ．

$\boxed{3}$　初期条件つき微分方程式 $y'(x) = x^2 - (y(x))^2$, $y(0) = 0$ に，区間 $0 \leqq x \leqq 1$ を 10 等分したルンゲの台形公式を用いることにより，$y(1)$ を *Mathematica* で計算せよ．

Mathematica による処理については，ウェブ上の資料を参照されたい．

付録 A

放物運動

　変化を伴う現象は微分方程式で表現され，現象を解析するためには微分方程式を解く必要がある．これがニュートンの物理学の出発点であった．この付録では，微分方程式の応用の最も基本的な例として放物運動を考える．コンピュータの数値解による運動のシミュレーションについては，ウェブ上の資料を参照されたい．

　キーワード　運動法則，単位，座標系，質点，速度，加速度，力，運動方程式，自由落下，放物運動，外力の影響．

A.1　ニュートンの運動方程式

〔1〕運動法則

　ニュートンは 17 世紀後半に微分積分学をもとにして物理学を体系づけた[1]．そのとき論理の出発点としたのは，次の三つの**運動法則**であった．

　第 1 法則　すべての物体は，力の作用を受けなければ，静止または直線等速度運動を続ける（慣性の法則）．

---

[1]. Isaac Newton, "Principia mathematica philosophiae naturalis"（自然哲学の数学的原理），1686–1687.

第2法則　物体が力の作用を受けたときは，その向きに，その大きさに比例した加速度を生ずる（運動の法則）．

第3法則　物体が他の物体に力を作用させたときには，常にその物体から同じ大きさで逆向きの反作用を受ける（作用反作用の法則）．

現在，ニュートンの物理学は古典物理学と呼ばれる．20世紀初頭にアインシュタインが，慣性の法則を見直す立場からリーマン幾何学（正確には，擬リーマン幾何学）に基づいて，相対性理論を構築した．また，原子核内の微小な粒子（素粒子）の動向を解析する立場から，プランク，ボーアらによって量子力学が導入された．これらは現代物理学である．この本では，微分方程式の応用の観点から，古典物理学の基本的な項目のうち，放物運動を付録Aで，振動現象を付録Bで紹介する．

〔2〕単位・座標系・質点

運動法則をもう少し詳しく説明する前に，いくつか前提になる事項を確認しておこう．

まず単位であるが，物理現象は単位を伴った式で表現される．長さの単位はメートル (m)，質量（重さ，mass）の単位はキログラム (kg)，時間の単位は秒 (s = second) である[2]．次に，物理現象を表す座標系は，通常の平面あるいは空間の直交座標系をそのまま用いる[3]．

物体は質量とともに大きさと形をもっているのだが，式を用いて扱うときには，大きさと形を1点で代表させると便利である．直感的には，考えている物体と同じ質量をもった小さな球を想定すればよい．これを**質点**という．物理現象には，物体を質点とみなして処理できる場合とそうでない場合があるが，ここで扱う放物運動や付録Bの振動現象では，質点とみなしてよい．

---

[2] 長さ・質量・時間およびその単位については，本当は厳密な定義が必要なのだが，ここでは日常使われる意味において話を始める．

[3] これは当たり前のように感じられようが，相対性理論では座標系そのものが重要な役割を果たし，素朴な直感とは矛盾する現象が論じられる．ここではあくまでニュートン的に，つまり日常の経験の範囲内で話を進めることにする．

〔3〕速度・加速度・力

空間に O-xyz 座標系を固定する．ここでは，2 点間の距離やベクトルの長さは m を単位として測られている．質点 p が動いているとすると，その座標は時間の関数で表される（図 A-1）．

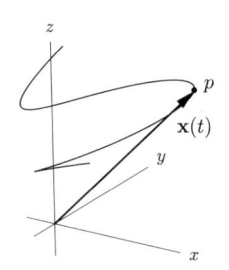

図 A-1 質点の位置ベクトルとその軌跡

ある時刻を基点として（それぞれ考えている現象により設定すればよい）t 秒後の p の座標を $(x(t), y(t), z(t))$ で表し，p の位置ベクトルを $\mathbf{x}(t) = (x(t), y(t), z(t))$ と表す．t の増加に伴って，$\mathbf{x}(t)$ の終点の軌跡は空間曲線を描く．ベクトル関数 $\mathbf{x}(t)$ の微分[4]

$$\mathbf{v}(t) = \mathbf{x}'(t) = (x'(t), y'(t), z'(t))$$

を**速度**（あるいは速度ベクトル，v = velocity（速度））という（図 A-2 左図）．$\mathbf{v}(t)$

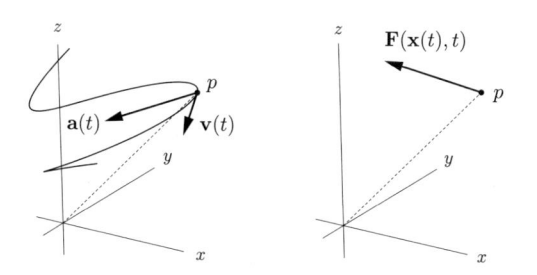

図 A-2 速度 $\mathbf{v}(t)$ と加速度 $\mathbf{a}(t)$（左図），質点に加わる力 $\mathbf{F}(\mathbf{x}(t), t)$（右図）

---

[4] 物理学では微分を $\dot{\mathbf{x}}(t) = (\dot{x}(t), \dot{y}(t), \dot{z}(t))$ のようにドット $\cdot$ で表すことが多いが，ここでは数学で使うプライム $'$ をそのまま用いる．

は $\mathbf{x}(t)$ の描く空間曲線の接線ベクトルであり，質点 p がどの方向にどのくらいのスピードで進むかを示す．速度の大きさ（ベクトルとしての長さ）

$$v(t) = ||\mathbf{v}(t)|| = \sqrt{(x'(t))^2 + (y'(t))^2 + (z'(t))^2}$$

を**速さ**（speed）という．日常用語では，速度と速さは同じ意味で用いられるが，ここでは区別する．また，速度の微分

$$\mathbf{a}(t) = \mathbf{v}'(t) = \mathbf{x}''(t) = (x''(t), y''(t), z''(t))$$

を**加速度**（あるいは加速度ベクトル，a = acceleration（加速度））という．

速度の単位は m/s（1 秒当たり 1m 進む）であり，加速度の単位は m/s² （1 秒間当たり速度が 1 m/s 増える，(m/s)/s）である．

なお，ベクトルに単位がつくということは，たとえば加速度 $\mathbf{a}(t)$ は単位なしで表現すれば $(x''(t), y''(t), z''(t))$ であるが，単位をこめて表せば $(x''(t)\,[\mathrm{m/s^2}], y''(t)\,[\mathrm{m/s^2}], z''(t)\,[\mathrm{m/s^2}])$ のように各成分に単位がつくということである．

次に，質点に**力**（force）が加わる場合を考える．力は，どの方向にどのくらいの大きさ（強さ）で加えられるかというように，方向と大きさをもった量であるからベクトルであり，$\mathbf{F} = (a, b, c)$ のように表す．力が時刻とともに変化している場合には，成分は t の関数となり

$$\mathbf{F}(t) = (a(t), b(t), c(t))$$

のように表される（図 A-2 右図）．

〔4〕運動方程式

以上に述べた用語と記号を用いて，ニュートンの第 2 法則（運動の法則）を式で表そう．時刻 t と位置 $\mathbf{x}$ によって定まる力 $\mathbf{F}(\mathbf{x}, t)$ があって，質点が移動しながらこの力の作用を受けているとする．時刻 t における質点の位置を $\mathbf{x}(t)$ とすると，質点の受ける力は $\mathbf{F}(\mathbf{x}(t), t)$ であり，質点の加速度 $\mathbf{a}(t) = \mathbf{x}''(t)$ はこの力に比例するから，比例定数を k とすると

$$\mathbf{x}''(t) = k\mathbf{F}(\mathbf{x}(t), t) \tag{A.1}$$

この比例定数は質点によって，つまりその質点の質量によって異なり，質量に反比例することが実験的に知られている．そこで，質点の質量を m〔kg〕，加速度を $\mathbf{x}''(t)$〔m/s^2〕としたとき，$\mathbf{x}''(t) = \dfrac{1}{m}\mathbf{F}(\mathbf{x}(t), t)$ つまり

$$m\mathbf{x}''(t) = \mathbf{F}(\mathbf{x}(t), t) \tag{A.2}$$

となるように力の単位を定めると，式の表現が簡潔となり都合が良い．この単位をニュートンといい，N で表す．式 (A.2) の両辺の単位を比較することにより

$$\mathrm{N} = \mathrm{kg} \cdot \mathrm{m/s^2} \tag{A.3}$$

となる．式 (A.2) で特に $\mathbf{F}(\mathbf{x}(t), t) = 0$ とすると，$\mathbf{x}''(t) = 0$ つまり $\mathbf{v}(t) = \mathbf{x}'(t)$ = const = 定ベクトルとなり，第 1 法則（慣性の法則）となる．式 (A.2) をニュートンの**運動方程式**という．

運動方程式

$$m\mathbf{x}''(t) = \mathbf{F}(\mathbf{x}(t), t) \tag{A.2}$$

A.2　落下運動

〔1〕重力

リンゴが樹の枝から落ちるのを見て万有引力の構想を得た，というニュートンの逸話は象徴的である．リンゴが落ちる，つまり高さを変えるばかりでなく，そのスピード（高さの時間による微分）も増加する．スピードが増加するのは，重力が働くからであり，スピードの増加の割合（高さの時間による 2 次微分）は，この重力に比例するというのである．

ロケットなどで地球から離れれば別であるが，測定によれば地表で質量 m〔kg〕の物体が受ける重力の強さは約 $9.80\,m$〔N〕であり，記号では gm〔N〕と表記される（g = gravity (重力)．重さの単位の g（グラム）と混同しないように．イタリック体とローマン体の違い）．地球は完全な球形ではなく，地球の内部も均質で

はないので，地域により重力にはわずかな違いがある．質点に重力のみが作用している場合には，地球の中心に向かう単位ベクトルを $-\mathbf{j}$ で表せば，式(A.2)より

$$m\,\mathbf{a}(t) = g\,m\,(-\mathbf{j}) \quad \therefore \ \mathbf{a}(t) = -g\,\mathbf{j} \tag{A.4}$$

となり，加速度 $\mathbf{a}(t)$ は質量 m に無関係で，その大きさは g となる．また，質量 m 〔kg〕の質点に働く重力は

$$-g\,m\,\mathbf{j} \ \text{〔N〕} \tag{A.5}$$

である．g を**重力加速度**という．

物に重力が働くという落下現象を，より具体的に，次項で自由落下，次節で水平投射，放物運動，そして外力が加わった場合に分けて述べる．

〔2〕自由落下

図 A-3 は，高さ 10 m の位置にあった質点の自由落下，つまり，重力以外の力を受けない落下について，0.2 秒ごとの位置を示す．

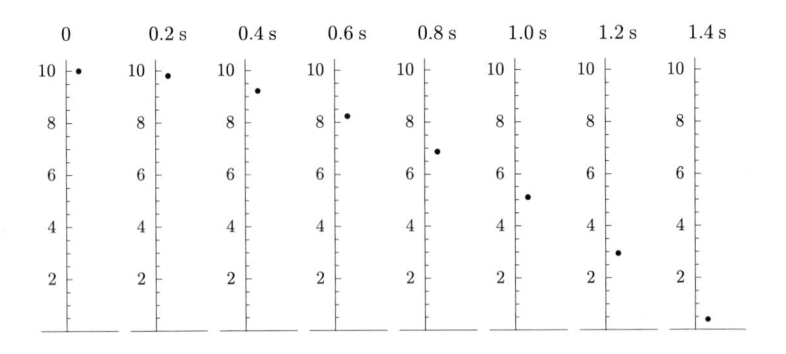

図 A-3 自由落下

図 A-4 は，同じ質点の 0.1 秒ごとの位置を同一のグラフ上に表示したものである．

この質点の運動を数式で表してみよう．出発点を原点とし下に向かう数直線をとり，出発後 t 秒の質点の位置を $x(t)$ とする．式(A.4)より

$$x''(t) = g \tag{A.6}$$

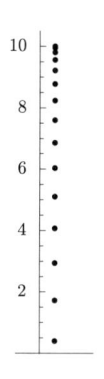

図 A-4 自由落下

念のため，直感にマッチするように垂直に z 軸をとり，初めの点の直下の地表の点を原点とするO-xyz座標系をとり，落下距離を $l(t)$ とすると，式(A.4)より

$$(0,0,10-l(t))'' = g\,(0,0,-1) \qquad \therefore\ l''(t) = g \tag{A.7}$$

今の場合は直線上の運動だから，出発点を原点とし下に向かう数直線をとれば，その座標系での質点の位置 $x(t)$ は式(A.7)の $l(t)$ に一致する．この意味で式(A.7)すなわち式(A.6)が成り立つ．

式(A.6)は $x(t)$ についての2階の微分方程式であるが，この場合には両辺を t で2度積分することによって簡単に解くことができ

$$x'(t) = \int x''(t)dt = \int g\,dt = g\,t + C_1$$

$$x(t) = \int x'(t)dt = \int (g\,t + C_1)dt = \frac{1}{2}g\,t^2 + C_1 t + C_2$$

ここで，C_1, C_2 は微分方程式の一般解に含まれる任意定数であるが，今の場合には，$t=0$ のときの位置と速度を考えると

$$x(0) = 0, \quad x'(t) = 0 \tag{A.8}$$

を満たしているから，この初期条件により $C_1 = C_2 = 0$ となり，

$$x(t) = \frac{1}{2}g\,t^2 \tag{A.9}$$

が得られる．つまり，t 秒後の落下距離(A.9)は，微分方程式(A.6)を初期条件(A.8)の下に解いて得られる．今の例では地上10 mから落としたのであるが，高

さと違って落下距離は初めの高さには無関係で，しかも質点の質量に依存しないことがわかる．

もちろん以上は重力以外の力が加えられていないという条件での話である．実際の物体の落下には，空気の抵抗や風による影響は免れず，比重が軽いほどその影響を大きく受けることは，経験的によく知るところである．式(A.9)はその意味で一種のモデル化した状態を説明する式であり，これ以降の話も同様の前提を踏まえた上での論議である．まとめておくと

❖ 定理 A.1 ❖
地表付近において質点が重力のみの作用を受けて落下するとき，初めの速度が0ならばt秒後の落下距離は$\frac{1}{2}gt^2$ [m] である（$g = 9.80\cdots$）．

A.3　放物運動

[1] 水平に投げる

図 A-5 は，地上 10 m の高さから，10 m/s の速さで水平に物体を投げたときの，0.1 秒ごとの物体の位置を示す．この運動を水平方向と垂直方向に分解したのが，図 A-6 である．

この場合，質点に働く力は重力のみであるが，$t = 0$ のときの速度 $\mathbf{v}(0)$（これを

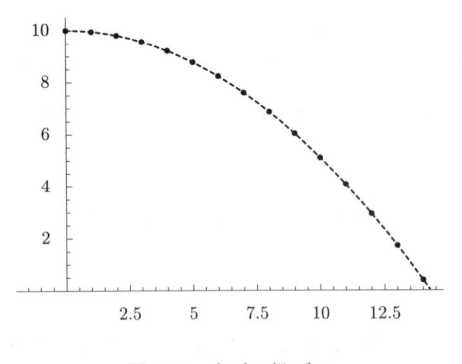

図 A-5　水平に投げる

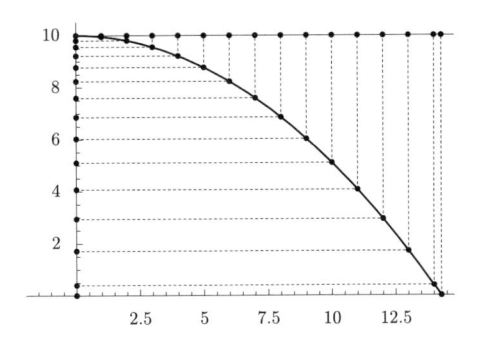

図 A-6　水平方向・垂直方向への分解

初速度という）が 0 ではないという点が，前の自由落下と異なる．より正確にいえば，物体に初速度を与えるためには，たとえば手に持って腕を振り，その質点に力を加え加速度を生じさせて，速度が $\mathbf{v}(0)$ になるようにしてやる必要がある．ここで論じているのは，その質点が初速度を獲得した後，たとえば手を離れた瞬間から後の，質点の運動である．

$\mathbf{v}(0)$ は水平成分のみで，垂直成分は 0 であり，一方，質点が受ける力は垂直方向の重力のみで水平方向は 0 だから，式 (A.4) によれば垂直方向には自由落下と同じ運動をし，水平方向には等速運動を続ける．このことは，図 A-6 からも読み取れるであろう．

2 次元の座標系 O-xy を，出発点を原点 O にし，初速度の方向に x 軸をとり，上向きに垂直に y 軸をとり，t 秒後の質点 p の座標を $(x(t), y(t))$ とすれば，定理 A.1 を用いて

$$x(t) = 10\,t, \quad y(t) = -\frac{1}{2}\,g\,t^2$$

t を消去すれば，点 $(x(t), y(t))$ は放物線

$$y = -\frac{1}{200}\,g\,x^2$$

の上を動くことがわかる．

同じことではあるが，3 次元の座標系をとって，より一般的に表現してみよう．O-xyz 座標を，O は出発点，x 軸は初速度の方向にとる．質点が受ける力は $g(0, 0, -1)$ であり，初速度は $(10, 0, 0)$ である．したがって，式 (A.4) により，

$\mathbf{x}(t) = (x(t), y(t), z(t))$ は,初期条件つき微分方程式

$$\mathbf{x}''(t) = g(0,0,-1) \qquad (\mathbf{x}'(0) = (10,0,0),\ \mathbf{x}(0) = (0,0,0))$$

の解である.成分で表せば

$$\begin{cases} x''(t) = 0, & x'(0) = 10, & x(0) = 0 \\ y''(t) = 0, & y'(0) = 0, & y(0) = 0 \\ z''(t) = -g, & z'(0) = 0, & z(0) = 0 \end{cases}$$

これらを解いて

$$x(t) = 10\,t, \quad y(t) = 0, \quad z(t) = -\frac{1}{2}\,g\,t^2$$

したがって質点の描く空間曲線は

$$\mathbf{x}(t) = \left(10\,t,\, 0,\, -\frac{1}{2}\,g\,t^2\right)$$

であり,その xz 平面への射影が,放物線

$$z = -\frac{1}{200}\,g\,x^2$$

となる.

〔2〕放物運動

図 A-7 は,たとえば小高い崖のふちのようなところから,仰角(水平方向から上方に測った角度)40°の方向に初速度 15 m/s で投げた物体の 0.15 秒ごとの位置を示す.このような物体の運動を**放物運動**という.自由落下や水平に投げるのは,放物運動の特別の場合である.

この場合も,加えられる力は重力のみであり,初速度が異なるだけである.状況をより一般的にして,仰角 θ(ラジアン)方向に v_0〔m/s〕の速さで投げたとする.初速度は,仰角 θ の単位ベクトル $(\cos\theta, 0, \sin\theta)$ を v_0 倍すればよいから $v_0(\cos\theta, 0, \sin\theta)$ となり,$\mathbf{x}(t)$ の満たすべき初期条件つき微分方程式は

$$\mathbf{x}''(t) = g(0,0,-1) \qquad (\mathbf{x}'(0) = v_0(\cos\theta, 0, \sin\theta),\ \mathbf{x}(0) = (0,0,0))$$

となる.これを解いて

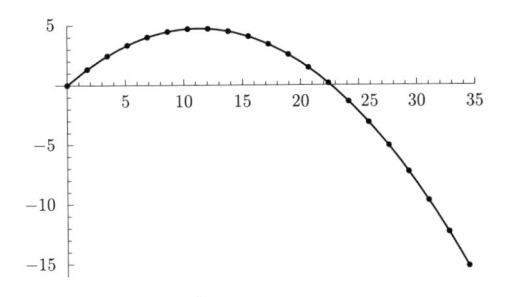

図 A-7　放物運動

$$\mathbf{x}(t) = \left((v_0 \cos\theta)\, t,\, 0,\, -\frac{1}{2}\, g\, t^2 + (v_0 \sin\theta)\, t \right)$$

したがって，$-\pi/2 < \theta < \pi/2$ の範囲で x と z から t を消去すれば，つまり xz 平面に射影すれば，放物線

$$z = -\frac{g}{2\, v_0^2 \cos^2\theta}\, x^2 + (\tan\theta)\, x$$

が得られる．

図 A-8 は，初めの速さ $v_0 = 20$ [m/s] を一定にして，方向 θ を $0°$ から $5°$ ずつ増やして投げたときの軌跡の曲線群を表す．

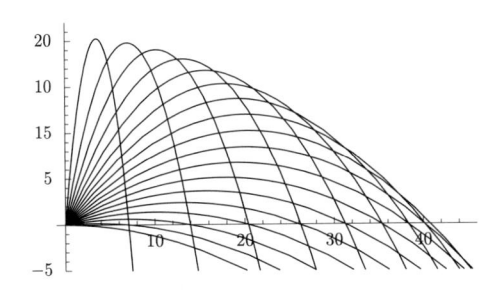

図 A-8　放物運動：投げる角度（投射角）の変化

図 A-9 は，方向 $\theta = 45°$ を一定にして，初めの速さ v_0 を 0 m/s から 60 m/s まで 4 m/s ずつ増やして投げたときの軌跡の曲線群を表す．

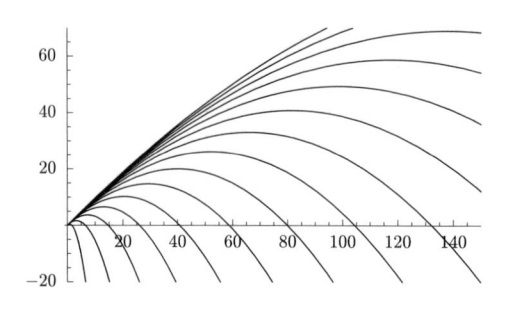

図 A-9　放物運動：初速度の変化

〔3〕外力が加わった場合

　以上では重力のみが作用する放物運動を考えたが，ここでは，それ以外の力（外力）が加わった場合を考える．質量 m〔kg〕の質点 p が放物運動をしているとき，時間とともに変化する $\mathbf{F}(t)$〔N〕の力（たとえば風力）が p に作用しているとする．

　質点 p には重力 $m g\,(0,0,-1)$ と外力 $\mathbf{F}(t)$ が同時に作用する．このようなときの二つの力の合成は，ベクトルとしての和に等しいことが実験的に立証されている．したがって，合成した力によって生じる加速度 $\mathbf{x}''(t)$ は，運動方程式 (A.2) より

$$m\,\mathbf{x}''(t) = m\,g\,(0,0,-1) + \mathbf{F}(t)$$

すなわち

$$\mathbf{x}''(t) = g\,(0,0,-1) + \frac{1}{m}\mathbf{F}(t) \tag{A.10}$$

となり，これが $\mathbf{x}(t)$ の満たすべき微分方程式となる．前の例と同様に，初速度 $v_0(\cos\theta, 0, \sin\theta)$ で原点から投げたとすれば，初期条件は

$$\mathbf{x}'(0) = v_0(\cos\theta, 0, \sin\theta), \quad \mathbf{x}(0) = (0,0,0) \tag{A.11}$$

となる．初期条件式 (A.11) の下で微分方程式 (A.10) を解けば，質点の軌跡が求められる．

　図 A-10 は，$m = 2$〔kg〕，$v_0 = 20$〔m/s〕，$\theta = \pi/6$，

$$\mathbf{F}(t) = \left(2\,e^{t/64},\, 0,\, -128\cos(12t)\sqrt{\sin^2(12t)+1}\,\right) \tag{A.12}$$

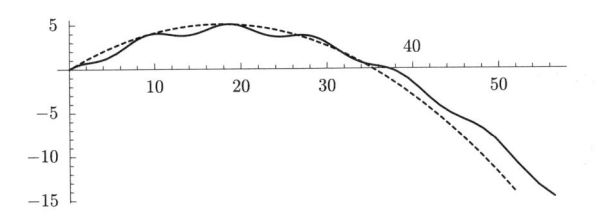

図 A-10　放物運動：外力の影響

とした場合の p の軌跡を示す（この $\mathbf{F}$ は特定の意味をもたない）．破線は外力を受けないときの軌跡である．

付録 B

振動

振動は日常的に見られる現象である．ここではバネに吊るした錘(おもり)の振動を例にとって，その運動を単振動・減衰振動・強制振動に分け，微分方程式を用いて解析する．この付録は，この本の姉妹書『しっかり学ぶ線形代数』第 12 章「電気回路」の準備となる．

なお，ウェブ上の資料を参照すれば，コンピュータを用いた振動のシミュレーションのさまざまな例を，アニメーションとして見ることができる．

キーワード 復元力，バネ定数，フックの法則，単振動，振幅，周期，過減衰運動，減衰振動，臨界減衰運動，強制振動，うなり，共振．

B.1　単振動

〔1〕フックの法則

図 B-1 A のように，一方の端 P を固定したバネを考える．図では，天井から吊るした状態を示す．

もう一方の端 Q を引き下げたり押し上げたりすると，バネには元の状態に戻ろうとする力が働く．これを**復元力**という．復元力を数量的に捉えるため，固定していないほうの端点 Q を原点として，垂直に下に向かう座標軸をとる．図では，

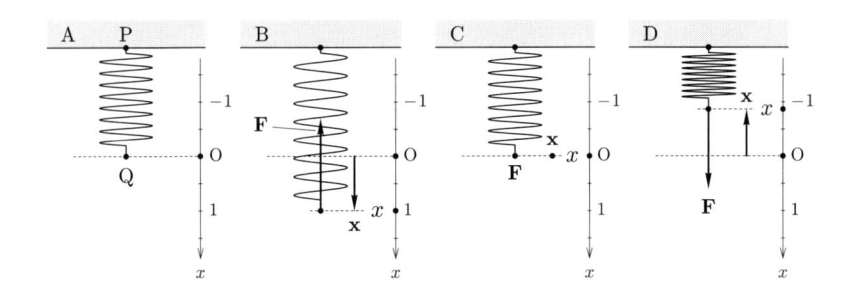

図 B-1 バネの復元力 **F**

見やすいように座標軸を少し右にずらして描いてある．

Q の座標を x とし，原点から Q に向かうベクトルを **x** とする．実験の結果，点 Q に働く復元力 **F** は，次の**フックの法則**を満たすことが知られている．

フックの法則
$$\mathbf{F} = -k\mathbf{x} \quad (k > 0) \tag{B.1}$$

k はバネによって決まる定数で，**バネ定数**と呼ばれる．したがって，Q が原点の下側にあれば **F** は上向きに働き（図 B-1 B），Q が原点の上側にあれば **F** は下向きに働き（図 B-1 D），その大きさは原点からの距離 $|x|$ に比例する．

〔2〕単振動

バネの端点 Q に錘をつけて，錘を少しずつ静かに下げると，それにつれてバネは伸びるが，バネの復元力 **F** と錘に働く重力 **G** が釣り合ったところで止まる（図 B-2 A, B）．これを**平衡の状態**という．

錘の質量を m とし，平衡の状態の Q の座標を q_0 とすれば，$\mathbf{G} + \mathbf{F} = 0$ より

$$mg - kq_0 = 0 \quad \therefore \quad q_0 = \frac{mg}{k}$$

錘を移動して図 B-2 C の位置に来たときには，平衡の状態に戻そうとする力は $\mathbf{G} + \mathbf{F}$ で，その成分は

$$mg - kx = (mg - kq_0) - (kx - kq_0) = -k(x - q_0)$$

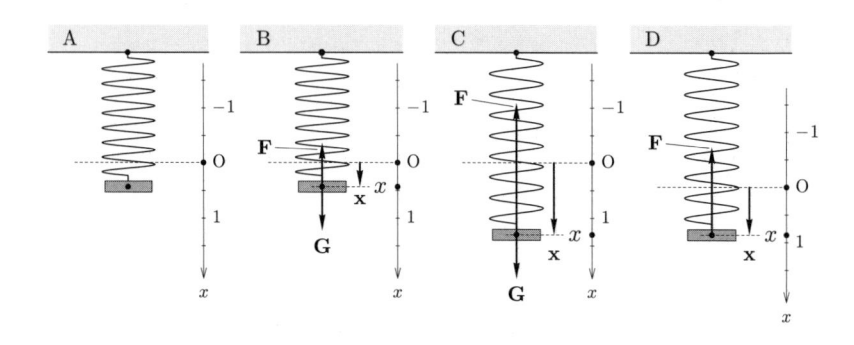

図 B-2　錘をつけたバネの復元力

と表すことができる．したがって，平衡の状態の点 Q の位置 q_0 を原点とするように座標系を取り直し，新しい座標系における Q の位置ベクトルを $\mathbf{x}$ とすれば，平衡の状態に戻ろうとする復元力 $\mathbf{F}$ は

$$\mathbf{F} = -k\mathbf{x} \quad (k \,[\mathrm{N/m}] \text{はバネ定数}\,(> 0)) \tag{B.2}$$

となり，錘を吊るす前の復元力の式 (B.1) と同じ形になる．

次に，このバネに吊るした錘を運動させよう．平衡の状態にある錘を運動させるためには，錘に力を加えて加速度を生じさせればよいのだが，最も簡単なのは錘を平衡の状態から引き下げるか引き上げるかして，バネの復元力で錘を動かす方法である．

図 B-3 の 1 は，平衡の状態から下に錘を引っ張った様子を示す．復元力 $\mathbf{F}$ は上向きに働いている．この状態で手を離すと，$\mathbf{F}$ の作用で錘は上に移動する．上に

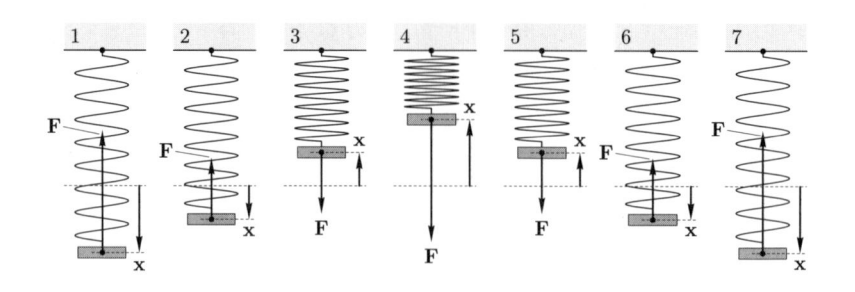

図 B-3　錘を下に引いて離す

移動すると原点からの距離は小さくなるから，**F** は小さくなるが，原点より下にある間は上向きに加速し続ける（同図 2）．原点を通過すると力は下向きとなり，上向きの速度は減速される（同図 3）．やがて速度は 0 となり，そこから下向きの速度となり，下降を始める（同図 4）．5, 6 と下降を続け，7 で初めの状態に戻り，この動作を繰り返す．これを**単振動**（または調和振動）という．

この運動を数式で表すと，以下のようになる．錘を平衡の状態から引き下げて手を離した瞬間から t 秒後の点 Q の座標を $x(t)$ とする．t 秒後の加速度は $x''(t)$ だから，錘の質量を m〔kg〕とすると，式 (B.2) を下向きの x 軸に関する成分で表せば

$$m\, x''(t) = -k\, x(t) \quad (m, k > 0) \tag{B.3}$$

$t = 0$ での Q の座標を x_0 とすれば，その瞬間の速度は 0 だから

$$x'(0) = 0, \quad x(0) = x_0 \tag{B.4}$$

したがって，定数係数 2 階線形斉次微分方程式 (B.3) を初期条件 (B.4) の下で解けば，錘の動きを表す関数 $x(t)$ が得られる．まとめると

単振動

錘の質量を m，バネ定数を k とすると

$$m\, x''(t) = -k\, x(t) \tag{B.3}$$

$$x'(0) = 0, \quad x(0) = x_0 \tag{B.4}$$

---

〔3〕微分方程式の解法

式 (B.3) を書き直すと

$$x''(t) + \frac{k}{m} x(t) = 0$$

だから，第 7 章の定理 7.2 (p.167) に従ってこの微分方程式を解くと，特性方程式は

$$\varphi(t) = t^2 + \frac{k}{m} = 0 \quad \therefore\ t = \pm i \sqrt{\frac{k}{m}}$$

簡単のため $\omega_0 = \sqrt{\dfrac{k}{m}}$ とおくと，定理 7.2 (3) により，式 (B.3) の一般解は

$$x(t) = C_1 \cos\omega_0 t + C_2 \sin\omega_0 t \tag{B.5}$$

三角関数の合成を用いれば

$$x(t) = C \sin(\omega_0 t + \delta) \tag{B.6}$$

ここで，$C = \sqrt{C_1^2 + C_2^2}$，$\delta = \arctan\dfrac{C_1}{C_2}$ とおいた．初期条件 (B.4) を用いれば式 (B.5) より $C_1 = x_0$，$C_2 = 0$ となり，求める解は次のようになる．

$$x(t) = x_0 \cos\omega_0 t, \quad \omega_0 = \sqrt{\dfrac{k}{m}} \tag{B.7}$$

ω_0 を**角振動数**といい，単位は rad/s である．

図 B-4 は $m = 3.2$，$k = 12$，$C = x_0 = 1.2$，$0 \leqq t \leqq 10$ のときの解 $x(t)$ と速度関数 $x'(t)$（破線）を示す．

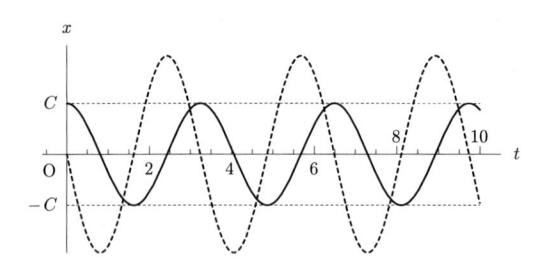

図 B-4 単振動：$m = 3.2$，$k = 12$，$C = x_0 = 1.2$

同様に，図 B-5 は $m = 3.2$，$k = 12$，$C = x_0 = 0.6$，$0 \leqq t \leqq 10$，図 B-6 は $m = 1.6$，$k = 12$，$C = x_0 = 1.2$，$0 \leqq t \leqq 10$ とした振動を示す．

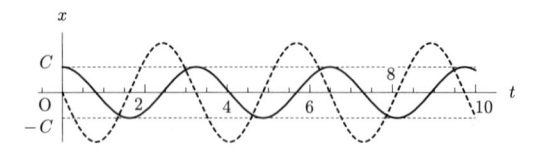

図 B-5 単振動：$m = 3.2$，$k = 12$，$C = x_0 = 0.6$

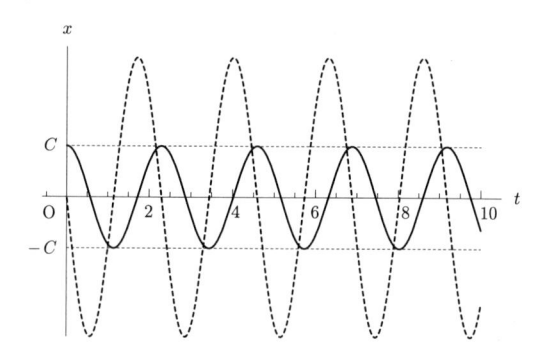

図 B-6　単振動：$m = 1.6$, $k = 12$, $C = x_0 = 1.2$

式 (B.6) の係数 C, つまり波形の中心から波のピークまでの距離を**振幅**という．また，波形のピークから次のピークまでの距離，つまり式 (B.6) の ω_0 で表せば

$$\frac{2\pi}{\omega_0} = 2\pi\sqrt{\frac{m}{k}} \tag{B.8}$$

を**周期**という．周期はバネ定数 k と錘の質量 m で定まり，振幅には依存しない．図 B-4 と図 B-5 は振幅が違うだけでバネ定数や錘の質量は共通であり，両者の周期が等しいことが図からも読み取れる．図 B-6 は図 B-5 と同じバネ定数であるが，錘の質量が小さくなっているので，周期も小さくなっていることが図からも読み取れる．これらの関係は我々が日常体験することと合致している．

以上に述べたことは，微分方程式 (B.3) を解いて得られ，力としてはバネの復元力のみが考慮されている．バネは錘に復元力を与える役割しか持っていない．現実には，錘をつけなくてもバネを引き下げて離せばバネ自体の振動が起こり，錘をつけたときの振動にはバネ自体の振動が影響を及ぼす．バネの質量が小さければ，バネ自体の振動の影響も微小なので，ここでの議論はそれを無視したものになっている．同様に，錘やバネが運動中に空気から受ける抵抗も無視されている．

例題 B.1　天井から吊るしたバネの先に錘をつけて下に引っ張って手を離した．錘の質量を 2 kg，バネ定数を 8 N/m とするとき，錘の振動の周期はいくらか．また，20 回振動するのには何秒かかるか．小数点以下 2 桁の近似値で答えよ．

解答 式 (B.8) より，求める周期 p は

$$p = 2\pi\sqrt{\frac{2}{8}} = \pi \approx 3.14 \text{ [s]}$$

20 回振動するまでの時間を t_0 とすると，

$$t_0 = 20 \times p \approx 3.14 \times 20 = 62.8 \text{ [s]}$$

B.2 減衰振動

〔1〕抵抗力のある振動

例題 B.1 の前に述べた空気の抵抗は，空気中を運動する物体の速さにほぼ比例することが知られている．空気の抵抗は微小で観察しづらいので，速度に比例する抵抗力を発生させる器具をつけて振動への影響を考察しよう．この場合，抵抗力によって振動は次第に弱まるから，**減衰振動**と呼ばれる．

図 B-7 の錘の下にあるのは，ダッシュポットと呼ばれる装置で，シリンダの中をピストンが上下に移動する．シリンダには液体が密封されていて，ピストンには上下に貫通する穴がいくつかあり，ピストンが移動すると穴を通過する液体から抵抗力（液体の粘性抵抗力）を受ける．この抵抗力がピストンの速さに比例するように装置が設計されていると仮定する．したがって，時刻 t におけるピスト

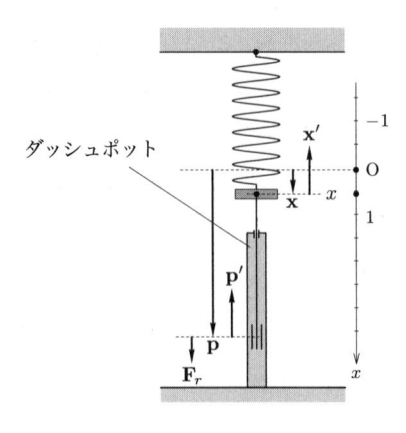

図 B-7 ダッシュポット

ンの位置ベクトルを $\mathbf{p}(t)$ とすると，ピストンが受ける抵抗力 $\mathbf{F}_r(t)$ は，ピストンの進む方向 $\mathbf{p}'(t)$ の逆の向きに作用するから

$$\mathbf{F}_r(t) = -c\,\mathbf{p}'(t) \quad (c > 0)$$

と表される．

　図のように，ダッシュポットがバネの先の錘に連結されているとして，錘を下に引き下げて手を離し，バネの復元力で運動を始める状態を考えよう．ダッシュポットは，速さに比例する抵抗力を与えるだけの働きをするものと仮定し，ピストンに働く重力，シリンダ内の液体がピストンに与える浮力，ピストン自身の運動にかかわる力などはすべて無視しうるほど小さいとして話を進める．

　錘がバネに対して平衡の状態にある点を原点とし，下向きに軸をとる（図では，前と同様に右にずらしてある）．錘の位置ベクトルを $\mathbf{x}(t)$ とすれば $\mathbf{x}'(t) = \mathbf{p}'(t)$ だから，錘の運動方程式は，バネの復元力 $\mathbf{F}(t)$ とピストンの抵抗力 $\mathbf{F}_r(t)$ を用いて

$$m\,\mathbf{x}''(t) = \mathbf{F}(t) + \mathbf{F}_r(t) = -k\,\mathbf{x}(t) - c\,\mathbf{x}'(t) \quad (k > 0,\ c > 0)$$

と表現される．成分で表してまとめると

減衰振動

錘の質量を m，バネ定数を k，ダッシュポットの抵抗係数を c とすると

$$m\,x''(t) = -k\,x(t) - c\,x'(t) \tag{B.9}$$

錘を $x = x_0$ まで引き下げて手を離した瞬間を $t = 0$ とすれば，初期条件は式 (B.4) と同じ次の形となる．

$$x'(0) = 0, \quad x(0) = x_0 \tag{B.10}$$

[2] 微分方程式の解法

　式 (B.9) を計算しやすいように書き直せば

$$x''(t) + 2\gamma\,x'(t) + \omega_0^2\,x(t) = 0 \tag{B.9$'$}$$

$$(\gamma = c/2m,\ \omega_0 = \sqrt{k/m},\ k, c, m > 0)$$

となる．定数係数 2 階線形斉次微分方程式 (B.9′) を再び第 7 章の定理 7.2 (p.167) に従って解く．特性方程式は

$$\varphi(t) = t^2 + 2\gamma t + \omega_0^2 = 0 \tag{B.11}$$

であり，判別式は $D/4 = \gamma^2 - \omega_0^2 = (\gamma + \omega_0)(\gamma - \omega_0)$ だから，解の状態に応じて場合分けすると

(1) $\gamma > \omega_0$ の場合．式 (B.11) の解は実数解 $-\gamma \pm \sqrt{\gamma^2 - \omega_0^2}$ で，一般解は

$$x(t) = e^{-\gamma t}\left(C_1 e^{t\sqrt{\gamma^2 - \omega_0^2}} + C_2 e^{-t\sqrt{\gamma^2 - \omega_0^2}}\right) \tag{B.12}$$

(2) $\gamma = \omega_0$ の場合．式 (B.11) の解は重複解 $-\gamma$ で，一般解は

$$x(t) = e^{-\gamma t}(C_1 + C_2 t) \tag{B.13}$$

(3) $\gamma < \omega_0$ の場合．式 (B.11) の解は虚数解 $-\gamma \pm i\sqrt{\omega_0^2 - \gamma^2}$ で，一般解は

$$x(t) = e^{-\gamma t}\left\{C_1 \sin\left(t\sqrt{\omega_0^2 - \gamma^2}\right) + C_2 \cos\left(t\sqrt{\omega_0^2 - \gamma^2}\right)\right\} \tag{B.14}$$

以下，この三つの場合に分けて解を調べる．

[3] 過減衰運動

(1)(2) の場合は $x'(t) < 0$ となり，$x(t)$ は単調減少関数であることが確かめられる．具体的に係数を与えれば，図 B-8 は，$m = 0.8$ [kg]，$k = 18$ [N/m]，$c = 8$ [kg/s] とし，$\gamma > \omega_0$ の場合の，式 (B.12) の $x = x(t)$ のグラフを示す．このときの錘の運動を示せば，図 B-9 のようになる．

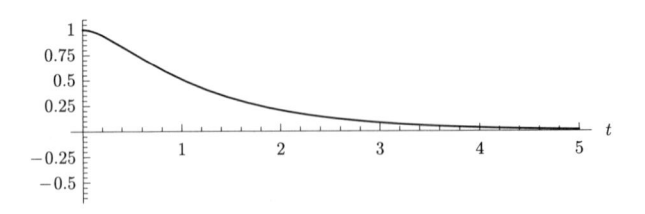

図 B-8　過減衰のグラフ：$m = 0.8$ [kg]，$k = 18$ [N/m]，$c = 8$ [kg/s]

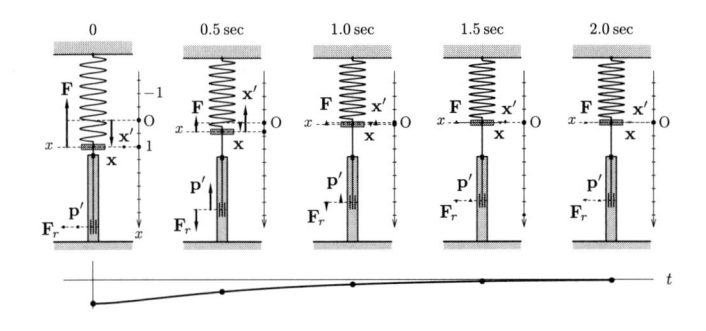

図 B-9 過減衰：$m = 0.8$ [kg], $k = 18$ [N/m], $c = 8$ [kg/s]

この場合には，ダッシュポットの抵抗係数 c が大きいので（それはたとえば図 B-9 の $t = 0.5$ の $\mathbf{F}_r$ に現れている），バネの復元力を大きく削ぎ，錘が平衡の状態を通過するだけの速度をもち得ずに終わってしまうことが，図からも読み取れるであろう．この現象を**過減衰運動**という．

[4] 減衰振動

図 B-10 は，$m = 0.8$ [kg], $k = 18$ [N/m], $c = 1.2$ [kg/s] とし，$\gamma < \omega_0$ の場合の，式 (B.14) の $x = x(t)$ のグラフを示す．

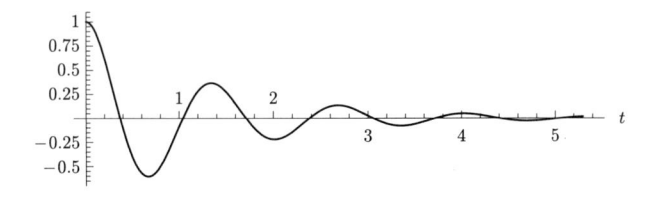

図 B-10 減衰振動のグラフ：$m = 0.8$ [kg], $k = 18$ [N/m], $c = 1.2$ [kg/s]

図 B-11 は，対応する錘の運動を示す．この場合にはダッシュポットの抵抗 c が小さいので，錘の動きは単振動に近いのだが，抵抗力の働きで速度が次第に減衰し，振幅が時間とともに減少する．このときの錘の運動を**減衰振動**という．

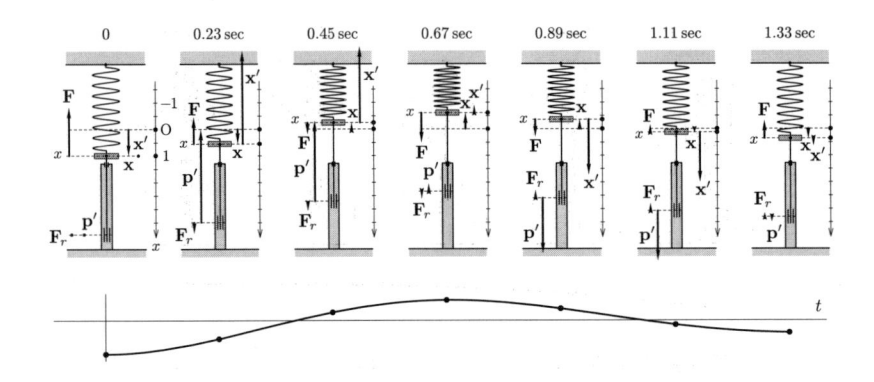

図 B-11　減衰振動：$m = 0.8$ [kg], $k = 18$ [N/m], $c = 1.2$ [kg/s]

〔5〕臨界減衰運動

図 B-9 の現象と図 B-11 の現象の間に，〔2〕の (2) に対応する現象がある．このときの錘の運動は図 B-9 に似ているが，その $x = x(t)$ のグラフは図 B-12 の C になる．この運動を**臨界減衰運動**という．図 B-12 に，質量 $m = 1$ とバネ定数 $k = 20$ を一定とし，ダッシュポットの抵抗係数 c を $c = 0, 1, 8.94\cdots, 30$ とした場合の $x = x(t)$ のグラフを，それぞれ A, B, C, D で示す．

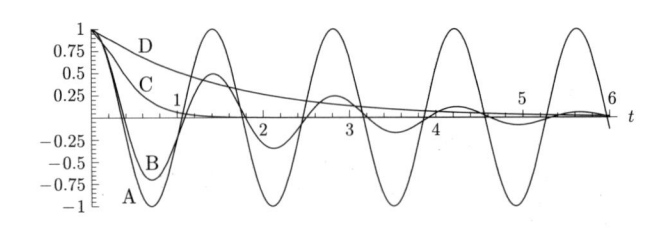

図 B-12　A：単振動，B：減衰振動，C：臨界減衰，D：過減衰

例題 B.2　図 B-7 のように，天井から吊るしたバネの先に錘をつけ，さらにその先にダッシュポットを取り付けてある．錘を下に 1.2 m 引っ張って手を離した．錘の質量を 1.2 kg，バネ定数を 10 N/m，ダッシュポットの抵抗係数を 3 kg/s とするとき，この錘は過減衰運動，臨界減衰運動，減衰振動のうちのどの運動をするか．

解答 式 (B.9′) において $m = 1.2, \; k = 10, \; c = 3$ として

$$\gamma = \frac{c}{2m} = \frac{5}{4} = 1.25, \quad \omega_0 = \sqrt{\frac{k}{m}} = \sqrt{\frac{10}{1.2}} = \frac{5\sqrt{3}}{3} \approx 2.89$$

したがって $\gamma < \omega_0$ だから，減衰振動をする．今の場合，微分方程式 (B.9) は

$$x''(t) + \frac{5}{2}x'(t) + \frac{25}{3}x(t) = 0$$

となり，初期条件 $x(0) = 1.2, \; x'(0) = 0$ の下でコンピュータを用いて得られた解を図示すると，図 B-13 のようになる．

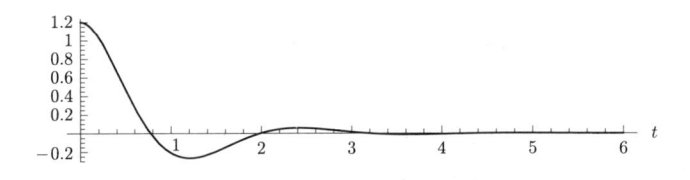

図 B-13 減衰振動の例

B.3 　強制振動

〔1〕強制振動

バネの先に吊るした錘に，バネの復元力だけでなく別な力が働いている場合を考えよう．このような運動を**強制振動**という．

たとえば図 B-14 は，回転する円板に伴って上下運動する棒の先にバネが取り付けられ，そのバネの先に錘が吊り下げられている状態を示す．図の A は，円板が回転する前の状況で，錘はバネの復元力と錘に働く重力との平衡の状態にある．このときの錘の位置を原点 O として下向きに x 軸をとり，バネの長さを a とすると，バネの上端の座標は $-a$ となる．

円板が回転を始めてから t 秒後の錘の座標を $x(t)$，バネの上端の座標を $y(t)$ とする．図 A のように半径を r とし，図 B のように回転角を ωt（ω は正の定数）とすると

$$y(t) = -a - r\sin \omega t$$

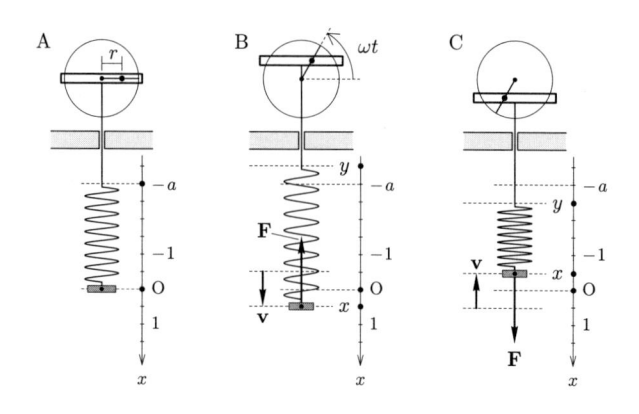

図 B-14　バネの上端を振動させる

となる．したがってバネの伸びは $x(t) - y(t) - a = x(t) + r\sin\omega t$ だから，この場合の錘の運動方程式は次の形となる．

強制振動

錘の質量 m，バネ定数 k の単振動に，半径 r 角速度 ω の外力を加えたとき

$$m\,x''(t) = -k\,(x(t) + r\sin\omega t) \tag{B.15}$$

〔2〕強制振動の微分方程式の解

前と同様に $\omega_0 = \sqrt{k/m}$ とおけば

$$x''(t) + \omega_0^2\, x(t) = -\omega_0^2 r\sin\omega t \tag{B.15$'$}$$

となり，定数係数 2 階線形非斉次微分方程式となる．したがって，式 (B.15$'$) の一つの解 $x_0(t)$ がわかれば，第 7 章の定理 7.3（p.168）により式 (B.15$'$) の一般解は対応する斉次微分方程式

$$x''(t) + \omega_0^2\, x(t) = 0$$

の一般解と $x_0(t)$ の和となる．この斉次方程式は式 (B.3) と同じだから，一般解は

式 (B.6) により

$$x(t) = C \sin(\omega_0 t + \delta)$$

と表される．

一方，もし式 (B.15') の一つの解が $x_0(t) = A \sin \omega t$ のように表されたと仮定すると，$x_0'(t) = A\omega \sin \omega t$, $x_0''(t) = -A\omega^2 \sin \omega t$ を式 (B.15') に代入して，$\sin \omega t$ について整頓すると

$$\left\{ A(\omega_0^2 - \omega^2) + \omega_0^2 r \right\} \sin \omega t = 0$$

が得られる．したがって，

$$A = -\frac{\omega_0^2 r}{\omega_0^2 - \omega^2}$$

とおけば $x_0(t) = A \sin \omega t$ は式 (B.15') の解であり，式 (B.15') の一般解は

$$x(t) = C \sin(\omega_0 t + \delta) + A \sin \omega t$$

と表される．初期条件 $x'(0) = 0$, $x(0) = 0$ より

$$C\omega_0 \cos \delta + A\omega = 0, \quad C \sin \delta = 0 \quad \therefore \delta = 0, \quad C = \frac{\omega_0 \omega r}{\omega_0^2 - \omega^2}$$

よって，求める解は

$$x(t) = \frac{\omega_0 r}{\omega_0^2 - \omega^2} \left\{ \omega \sin \omega_0 t - \omega_0 \sin \omega t \right\}, \quad \omega_0 = \sqrt{\frac{k}{m}} \tag{B.16}$$

となる．

図 B-15 下図は，具体的に係数を $k = 12$, $m = 0.8$, $r = 0.3$, $\omega = \dfrac{\sqrt{15}}{4}$ としたときの強制振動

$$x = x(t) = 0.08 \sin\left(\sqrt{15}\, t\right) - 0.32 \sin\left(\frac{\sqrt{15}\, t}{4}\right)$$

のグラフを表す．やや複雑な曲線であるが，図 B-15 上図に示す第 1 項の曲線（周期の短い曲線）と第 2 項の曲線（周期の長い曲線）を合成したものである．

図 B-16 は，$k = 12$, $m = 0.8$, $r = 0.3$, $\omega = 0.95\sqrt{15}$ としたときの $x(t)$ のグラフである．

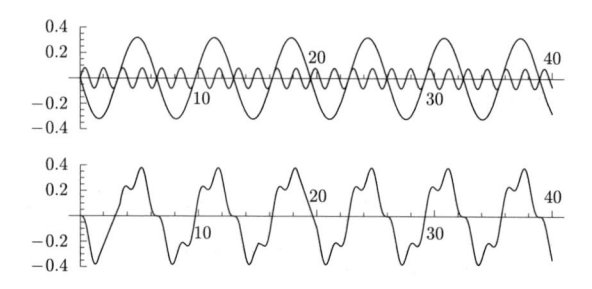

図 B-15　強制振動：$k = 12$, $m = 0.8$, $r = 0.3$, $\omega = \dfrac{\sqrt{15}}{4}$

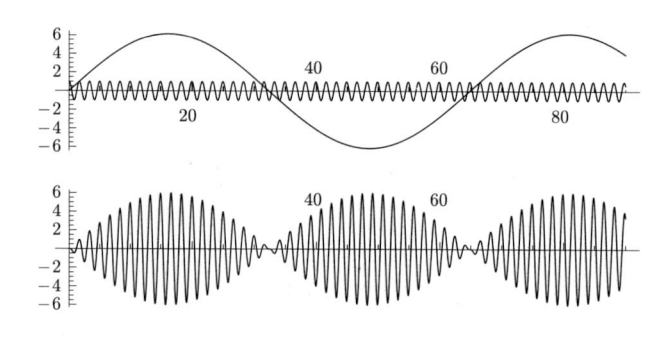

図 B-16　うなり

このときは，$\omega_0 = \sqrt{15}$ で，ω_0 と ω は近い値となっている．$\omega = \omega_0 + \varepsilon$ とおくと ε は微小な値であり，式 (B.16) の { } の中を三角関数の差を積に直す公式で書き直すと

$$\omega \sin \omega_0 t - \omega_0 \sin \omega t = (\omega_0 + \varepsilon) \sin \omega_0 t - \omega_0 \sin \omega t$$
$$= \omega_0 (\sin \omega_0 t - \sin \omega t) + \varepsilon \sin \omega_0 t$$
$$= 2\omega_0 \cos \frac{(\omega_0 + \omega) t}{2} \sin \frac{(\omega_0 - \omega) t}{2} + \varepsilon \sin \omega_0 t$$

したがって，式 (B.16) は次のように書き換えられる．

$$x(t) = \frac{\omega_0 r}{\omega_0^2 - \omega^2} \left\{ 2\omega_0 \cos \frac{(\omega_0 + \omega) t}{2} \sin \frac{(\omega_0 - \omega) t}{2} + \varepsilon \sin \omega_0 t \right\}$$
$$= \frac{2\omega_0^2 r}{\omega_0^2 - \omega^2} \left\{ \cos \frac{(\omega_0 + \omega) t}{2} \sin \frac{(\omega_0 - \omega) t}{2} + \frac{\varepsilon}{2\omega_0} \sin \omega_0 t \right\}$$

{ } の中の第 2 項は第 1 項に比べて微小であるから,

$$x(t) \approx \cos\frac{(\omega_0 + \omega)t}{2} \cdot \frac{2\omega_0^2 r}{\omega_0^2 - \omega^2} \sin\frac{(\omega_0 - \omega)t}{2} \tag{B.17}$$

具体的に $k = 12$, $m = 0.8$, $r = 0.3$, $w = 0.95\sqrt{15}$ を代入し, 係数を近似値で表すと

$$x(t) \approx \cos 3.78\,t \times 6.14 \sin 0.097\,t \tag{B.18}$$

$\cos 3.78\,t$ の周期は約 1.66 s であり, $6.14 \sin 0.097\,t$ の周期は約 64.89 s である. つまり, 式 (B.18) の右辺は, 図 B-16 上図に示す振幅も周期も小さい関数 $\cos 3.78\,t$ と, 振幅も周期も大きい関数 $6.14 \sin 0.097\,t$ との積となり, そのグラフが図 B-16 下図の形になることが理解されるであろう.

音波(空気の振動)の場合には, このような波形の音はある高さの音が周期的に強まったり弱まったりする現象, いわゆるうなりとなる. その類推から, 図 B-16 下図のような波形の振動を**うなり**という. 図 B-17 は, このような振動の錘の運動を表す. このように複雑な運動を紙上に示すことはできないので, 1 コマだけ挙げてあるが, モニタ上のアニメーションで観察してほしい. 現実の実験装置でもそうであるが, この場合も図 B-14 のサイズの装置に合うように, たとえば, 振幅がバネの長さを超えないように, 係数を $k = 10$, $m = 0.5$, $r = 0.05$, $\omega = 0.95\omega_0$ と調整してある. 微小な振幅の外力でも, 効果が大きいことが理解されよう.

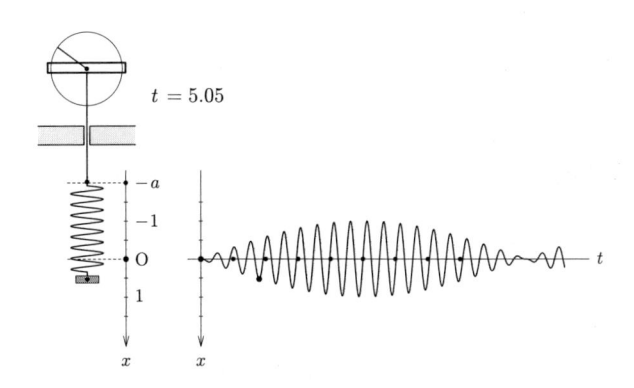

図 B-17 強制振動:$k = 10$, $m = 0.5$, $r = 0.05$, $\omega = 0.95\omega_0$

図 B-18 は，図 B-16 と同じように $k=12$, $m=0.8$, $r=0.3$ とし，したがって $\omega_0 = \sqrt{15}$ であるが，ω を $\omega = 0.99\sqrt{15}$ に変えたときの $x(t)$ のグラフである．このときは，ω_0 と ω はさらに接近し，うなりの周期（つまり式 (B.17) 右辺の sin の周期）はさらに長くなり，振幅はさらに大きくなる．このように，バネと錘の固有の単振動の周期に近い周期の外力を加えると，たとえその力が微小でも錘を大きく動かすことになる．実際にはバネには長さがあり，振幅が限りなく大きくなることはできない．ω を ω_0 に近づけたときの振動を**共振**（共鳴）という．

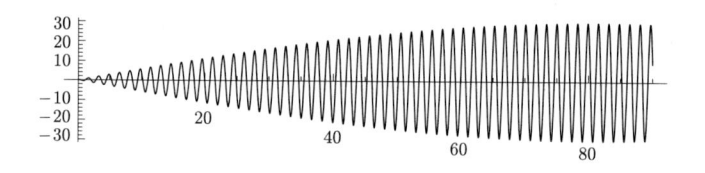

図 B-18　共振

[3] 抵抗つき強制振動

次に，上で述べた強制振動に，速さに比例する抵抗力が働く場合を考えよう．

図 B-19 のようにモータで振動する棒の先にバネがあり，その先に錘が，さらにその先にダッシュポットが取り付けられているとする．今までと同様に平衡の状態にある錘の位置を原点にして下向きに x 軸をとる．バネ定数を k，錘の質量を m，棒の振動を（上向きに）$r\sin\omega t$，ダッシュポットの抵抗力の係数を c とする．今までの話を総合すれば，錘の運動方程式は次の形となる．

抵抗つき強制振動
$$m\,x''(t) = -k\,(x(t) + r\sin\omega t) - c\,x'(t) \tag{B.19}$$

前の例と同様に $\omega_0 = \sqrt{\dfrac{k}{m}}$, $\gamma = \dfrac{c}{2m}$ とおけば，運動方程式は式 (B.9′) と式 (B.15′) を合わせた次のような定数係数 2 階線形非斉次微分方程式で表される．

$$x''(t) + 2\gamma\,x'(t) + \omega_0^2\,x(t) = -\omega_0^2 r\sin\omega t \tag{B.20}$$

対応する斉次微分方程式

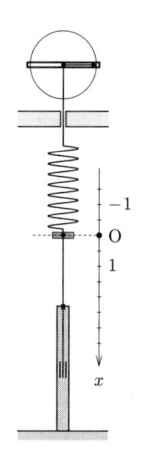

図 B-19　抵抗つき強制振動

$$x''(t) + 2\gamma\, x'(t) + \omega_0^2\, x(t) = 0 \tag{B.21}$$

の一般解は，B.2 節〔2〕の最後に述べたように三つの場合に分かれるが，ここでは減衰振動が起こる (3) $\gamma < \omega_0$ の場合を考えることにする．したがって，一般解は式 (B.14) により

$$x(t) = e^{-\gamma t}\left(C_1 \sin t\sqrt{\omega_0^2 - \gamma^2} + C_2 \cos t\sqrt{\omega_0^2 - \gamma^2}\right)$$

となる．定理 7.3 (p.168) により，式 (B.20) の特殊解 $x_0(t)$ を一つ見つければよい．$x_0(t)$ が $A\sin(\omega t + B)$ の形をしていると仮定して，$x_0(t)$ を求めてみよう[1]．

$$x_0(t) = A\sin(\omega t + B)$$
$$x_0'(t) = A\omega\cos(\omega t + B)$$
$$x_0''(t) = -A\omega^2\sin(\omega t + B)$$

を式 (B.20) に代入してまとめると

$$(\omega_0^2 - \omega^2)\sin(\omega t + B) + 2\gamma\omega\cos(\omega t + B) = -\frac{\omega_0^2 r}{A}\sin\omega t$$

左辺に三角関数の合成を用いれば

---

[1] 式 (B.15′) の例では $A\sin\omega t$ としたのに，ここでは $A\sin(\omega t + B)$ とするのは，試行錯誤の結果と言っておこう．非斉次の場合の特殊解の求め方については，いくつかのパターンが知られている．

$$\sqrt{(\omega_0^2 - \omega^2)^2 + (2\gamma\omega)^2} \sin(\omega t + B + \alpha) = -\frac{\omega_0^2 r}{A} \sin \omega t$$

ただし，$\alpha = \arctan\left(\dfrac{2\gamma\omega}{\omega_0^2 - \omega^2}\right)$

したがって，たとえば

$$B + \alpha = 0, \quad \sqrt{(\omega_0^2 - \omega^2)^2 + (2\gamma\omega)^2} = -\frac{\omega_0^2 r}{A}$$

つまり

$$A = -\frac{\omega_0^2 r}{\sqrt{(\omega_0^2 - \omega^2)^2 + (2\gamma\omega)^2}}, \quad B = -\arctan\left(\frac{2\gamma\omega}{\omega_0^2 - \omega^2}\right) \tag{B.22}$$

とおけば，式 (B.20) の一つの解が得られる．定理 7.3 より式 (B.20) の一般解は，この A, B を用いて次のように表される．

$$x(t) = e^{-\gamma t}\left(C_1 \sin t \sqrt{\omega_0^2 - \gamma^2} + C_2 \cos t \sqrt{\omega_0^2 - \gamma^2}\right) + A \sin(\omega t + B) \tag{B.23}$$

図 B-20 の一番上の曲線 A は，$k = 10$, $m = 0.5$, $r = 0.8$, $c = 0.2$, $\omega = 0.18$, $x_0 = 1$ の条件の下での $x = x(t)$ $(0 \leqq t \leqq 36)$ のグラフを表す．曲線 B は，

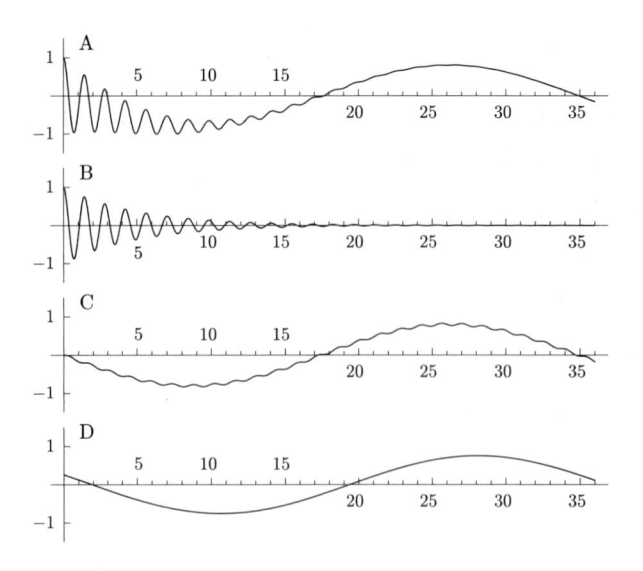

図 B-20　抵抗のある強制振動

同じ条件の下で棒の振動を止めた場合の減衰振動だけのグラフである．曲線 C は，ダッシュポットを外した場合の強制振動だけのグラフである．曲線 D は，式 (B.23) の第 2 項だけが表す曲線である．曲線 A は，曲線 B と C の状況を反映するのは当然であるが，曲線 C ではいつまでも残る微小な振動が，曲線 A では，次第に減衰するのが見て取れるであろう．時間の経過とともに，式 (B.23) の第 1 項は急速に減少し，第 2 項の表す滑らかな曲線 D に漸近していくのである．

図 B-21 はこの例の錘の動きを示す．

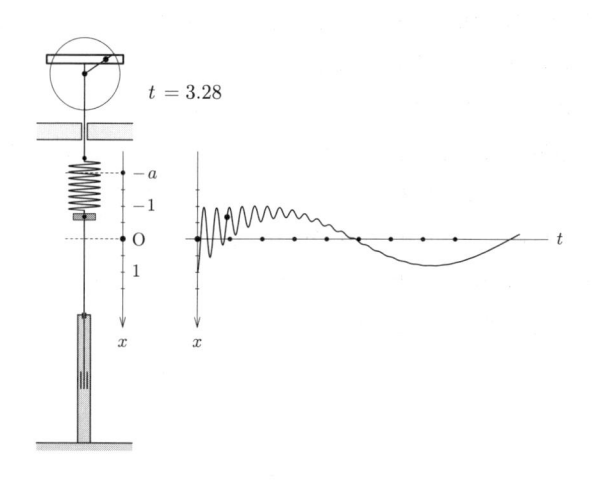

図 B-21　抵抗のある強制振動

例題 B.3 （参考問題）バネ定数 $k=12$ 〔N/m〕のバネに吊り下げられた $m=1.2$ 〔kg〕の錘がある．平衡の状態にあるときの錘の位置を原点として下向きに x 軸をとり，時刻 t 〔s〕における錘の位置を $x(t)$ 〔m〕で表す．バネの上端は，上向きに $0.1\sin 0.2t$ で表される振動をしているとする．バネを下に $x_0 = 0.8$ 〔m〕引っ張って，$t=0$ のとき手を離した．錘には速度に比例して比例定数 $c=0.5$ 〔kg/s〕の抵抗が働くものとする．このとき，$x(t)$ の運動方程式を示せ．また，その運動方程式の $0 \leqq t \leqq 50$ の範囲の数値解を *Mathematica* で求め，グラフを描け．

解答　$1.2\, x''(t) = -12\,(\,x(t) + 0.1\sin 0.2t\,) - 0.5\, x'(t)$

後半は，*Mathematica* コマンドのみ示す．

```
 f[x_]=x[t]/.NDSolve[{
    1.2*x''[t]==-12*(x[t]+0.1*Sin[0.2*t])-0.5*x'[t],
    x[0]==0.8,x'[0]==0},x[t],{t,0,50}];
 Plot[f[t]//Evaluate,{t,0,50},
        PlotPoints->256,PlotRange->All];
```

　上の例題の解に見るように，現象を表現する微分方程式を記述できれば，それを *Mathematica* コマンドに翻訳して解の近似関数を得ることができ，そのグラフを描くこともできる．簡単で短い命令文で処理されていることに注意されたい．詳細はウェブ上の資料を参照されたい．

　この本の姉妹書である拙著『しっかり学ぶ線形代数』で述べているように，電気回路の中の電流は振動と同じタイプの微分方程式で記述される．電流は目で見ることができないが，振動はシミュレーションで可視化できるので理解しやすいであろう．この付録で述べた振動の微分方程式と，『しっかり学ぶ線形代数』に示してある行列の固有値による連立微分方程式の解法とを理解すれば，電気回路に必要な数学の基礎は獲得できるであろう．

問題の解答

第1章

1.1 (1) 151, 157, 163, 167, 173, 179, 181, 191, 193, 197, 199

(2) (a) 最大公約数 3, 最小公倍数 18　(b) 最大公約数 6, 最小公倍数 60　(c) 最大公約数 2, 最小公倍数 390　(d) 最大公約数 1, 最小公倍数 864

1.2 (1) c は整数 a, b の公約数だから，$a = a'c$, $b = b'c$, $a', b' \in \mathbb{Z}$ と表される．このとき，$ha + kb = ha'b + kb'c = c(ha' + kb')$ で $ha' + kb' \in \mathbb{Z}$ だから，c は $ha + kb$ の約数である．

(2) (a) 最大公約数 12, 最小公倍数 310620　(b) 最大公約数 66, 最小公倍数 35904　(c) 最大公約数 11, 最小公倍数 376673　(d) 最大公約数 23, 最小公倍数 78706

1.3 (1) 背理法で証明する．$\sqrt{2}$ が有理数であると仮定すると，整数 m, n ($n \neq 0$) を用いて $\sqrt{2} = \dfrac{m}{n}$ と表される．必要ならば約分し尽くして，m, n の最大公約数が 1 であるようにすることができる．$\sqrt{2} = \dfrac{m}{n}$ の両辺を 2 乗して分母を払うと，$2m^2 = n^2$ となり，n^2 は偶数である．奇数の 2 乗は奇数だから，n は偶数でなければならない．したがって整数 k を用いて $n = 2k$ と表すことができる．$n = 2k$ を $2m^2 = n^2$ に代入して両辺を 2 で割ると，$m^2 = 2k^2$ となり，m^2 は偶数となる．したがって m も偶数である．m, n がともに偶数ということは，m, n の最大公約数が 1 であることに矛盾する．ゆえに，$\sqrt{2}$ が有理数であるとした仮定は誤りであり，$\sqrt{2}$ は無理数である．

(2) 背理法で証明する．ξ を無理数，a を有理数とする．a は $a = \dfrac{m}{n}$ ($m, n \in \mathbb{Z}$) の形に表される．もし積 $\xi \times a$ が有理数ならば，$\xi \times a = \dfrac{k}{\ell}$ ($k, \ell \in \mathbb{Z}$) と表されるから，$\xi \times \dfrac{m}{n} = \dfrac{k}{\ell}$．したがって，$\xi = \dfrac{k}{\ell} \times \dfrac{n}{m} = \dfrac{kn}{\ell m}$．$kn \in \mathbb{Z}$, $\ell m \in \mathbb{Z}$ だから，最後の式は ξ が有理数であることを示し，条件に矛盾する．したがって，積 $\xi \times a$ が有理数という仮定は誤りであり，$\xi \times a$ は無理数となる．

1.4 (1) 実部 1, 虚部 1, 絶対値 $\sqrt{2}$, 偏角 $\dfrac{\pi}{4}$　(2) 実部 1, 虚部 $-\sqrt{3}$, 絶対値 2,

偏角 $-\dfrac{\pi}{3}$　(3) 実部 $\sqrt{3}$, 虚部 1, 絶対値 2, 偏角 $\dfrac{\pi}{6}$　(4) 実部 0, 虚部 -2, 絶対値 2, 偏角 $-\dfrac{\pi}{2}$

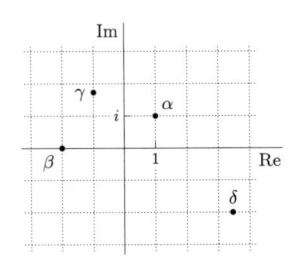

1.5　(1) $29-16i$　(2) $34-13i$　(3) $4i$　(4) $1+i$　(5) 1　(6) $256+256i$

1.6　(1) $(1,0)$, $\left(1,\dfrac{\pi}{2}\right)$, $\left(4,-\dfrac{2\pi}{3}\right)$, $\left(1,-\dfrac{\pi}{2}\right)$, $\left(5\sqrt{2},-\dfrac{\pi}{4}\right)$

(2) $(1,0)$, $(0,0)$, $\left(1,-\sqrt{3}\right)$, $\left(-\sqrt{3},-1\right)$, $\left(-\dfrac{3}{2},-\dfrac{3\sqrt{3}}{2}\right)$

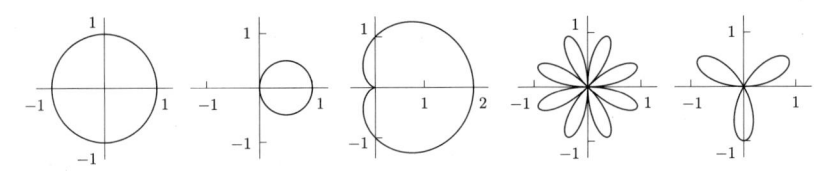

1.7

1.8　(1) $(101101101)_2$　(2) $(1001100010)_2$　(3) 59　(4) 19

第 2 章

2.1　5 の倍数の全体の集合，キク科の植物の集合

2.2　$\{3(m-1)+1 \mid m \in \mathbb{N}\}$

2.3　集合 $\{1,2,3\}$ の部分集合は $2 \times 2 \times 2 = 8$ 個ある．一般に集合 $\{1,2,\cdots,n\}$ の部分集合は 2^n 個ある．

2.4　$A \cup B = \{2,3,4,6,8,9,10,12,14,15,16,18,21,24,27,30\}$, $A \cap B = \{6,12\}$, $A - B = \{2,4,8,10,14,16\}$

2.5　$A^{\mathrm{C}} = \{2,4,8,10,14,16,20,22,26,28,32,34,38,40,44,46,50\}$

2.6　$A \times B = \{(3,-2),(6,-2),(9,-2),(12,-2),(3,0),(6,0),(9,0),(12,0),(3,2),(6,2),(9,2),(12,2)\}$

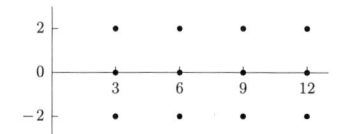

[グラフ: 点が (3,0), (3,2), (6,0), (6,2), (9,0), (9,2), (12,0), (12,2) 付近に配置されている]

2.7 1対1写像は (1) (4) (9) (12)，上への写像は (1) (3) (4) (8) (9) (11) (12)

2.8 写像 $f: A \to B$ を $f(x) = 2x + 2$ で定めれば，f は A から B への1対1対応となる．したがって，A と B の濃度は等しい（1対1対応の与え方は無数にある）．

2.9 (1) いずれも命題で，真理値は順に 1, 0, 1, 1, 1.
(2) 真の命題の例：「三角形の内角の和は 180° である」「奇数と奇数の和は偶数である」「偶数の 2 乗は偶数である」，偽の命題の例：「2 次関数と 2 次関数の和は 2 次関数である」「平面において，直線 ℓ 上にない点 P を通り ℓ に平行な直線は無数に存在する」「空間において，直線 ℓ 上にない点 P を通り ℓ に平行な直線はただ一つ存在する」，命題でない叙述の例：「-10^{10} は十分小さな数である」「2^{-10} は絶対値の小さな数である」「3.1415926535897932385 は円周率の正確な近似値である」

2.10 (1) 1 (2) 0 (3) 0 (4) 0 (5) 0 (6) 1 (7) 1 (8) 0

2.11 (1)(a) 記号どおり文章に直せば「すべての自然数 a に対して，$x^2 = a$ となる有理数 x が存在する」となるが，以下の問題との区別を明確にするため，ややニュアンスを込めた表現にすると，「a が自然数ならば，$x^2 = a$ となるように有理数 x をとることができる」（(b) 以下も同様）．たとえば $a = 2$ とすると，そのような有理数は存在しないから，真理値は 0.
(b) 「a が実数ならば，$x^2 = a$ となるように複素数 x をとることができる」．真理値は 1.
(c) 「特別な自然数 a をとって，すべての自然数 b に対して $b \times a = b$ が成り立つようにすることができる」．$a = 1$ とすればよいから，真理値は 1.
(d) 「特別な自然数 a をとって，すべての自然数 b に対して $b \times a = b + a$ が成り立つようにすることができる」．$b = 1$ とすればどのような自然数 a に対しても $b \times a = a$, $b + a = a + 1$ で $b \times a \neq b + a$ だから，真理値は 0.
(2)(a) $\exists x \in \mathbb{R} \, (3x = 5)$. 真理値は 1. (b) $\exists a \in \mathbb{R} \, (\exists x \in \mathbb{C} - \mathbb{R} \, (x^2 + ax + 4 = 0))$. 真理値は 1. (c) $\forall a \in \mathbb{R} \, (\exists x \in \mathbb{R} \, (a \times x = 1))$. $a = 0$ の逆数は存在しないから真理値は 0.
(3) 前者は，任意の実数 a に対して $b = -a$ とおけばよいから，真の命題（b の値は a に伴って変化する）．後者は，任意の実数 a に対して $a + b = 0$ を満たすような（a に無関係な特定の）b をとることはできないので，偽の命題．

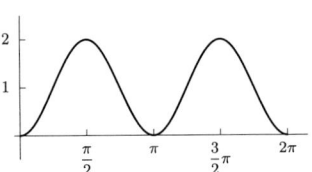

第3章

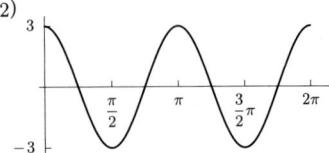

3.1 (1) [グラフ] (2) [グラフ] (3) [グラフ] (4) [グラフ]

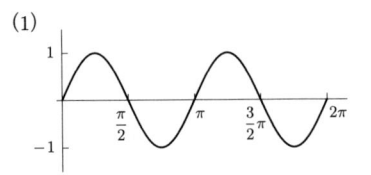

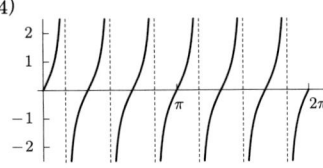

3.2 指数法則と例題 3.2 の解の注意から，$c^{\log_c a - \log_c b} = \dfrac{c^{\log_c a}}{c^{\log_c b}} = \dfrac{a}{b}$. したがって，対数の定義から $\log_c \dfrac{a}{b} = \log_c a - \log_c b$. 後半も指数法則と同じ注意から，$c^{b \log_c a} = \left(c^{\log_c a}\right)^b = a^b$. したがって，対数の定義から $\log_c a^b = b \log_c a$.

3.3 (1) 54 (2) 1 (3) 50 (4) $\dfrac{3}{2}$ (5) $-\infty$ (6) 1

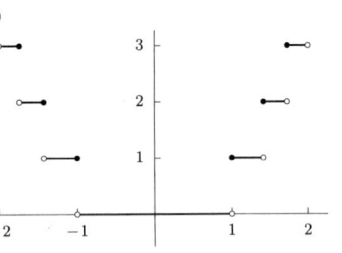

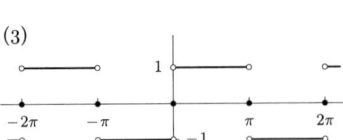

3.4 (1) [グラフ] (2) [グラフ] (3) [グラフ] (4) [グラフ]

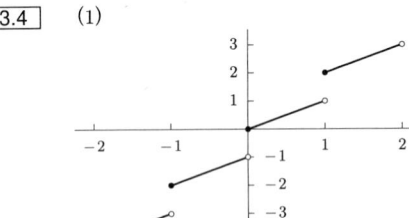

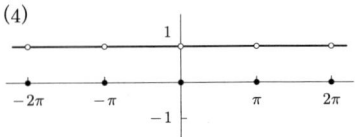

不連続点：(1) $x = n,\ n \in \mathbb{Z}$ (2) $x = \pm\sqrt{n},\ n \in \mathbb{N}$ (3) $x = n\pi,\ n \in \mathbb{Z}$ (4) $x = n\pi,\ n \in \mathbb{Z}$

3.5 (1) $\dfrac{5\pi}{6}$ (2) $-\dfrac{\pi}{2}$ (3) $\dfrac{\pi}{3}$ (4) 0 (5) $\dfrac{\pi}{2}$

第4章

4.1 (1) 3 (2) $\dfrac{9}{4}$ (3) 2

4.2 (1) $4x-1$ (2) $8x^3+12x^2+2x-2$ (3) $-\dfrac{1}{(x+1)^2}$ (4) $\dfrac{4}{(x+2)^2}$
(5) $y'=-\dfrac{(x-1)(x+3)}{(x^2+3)^2}$

4.3 (1) $4(2x-3)$ (2) $3(4x-1)(2x^2-x+1)^2$ (3) $9x^2(x^3+1)^2$
(4) $-\dfrac{3(2x+1)}{(x^2+x+1)^4}$ (5) $-\dfrac{2x(x^2+9)}{(x^2+1)^3}$

4.4 (1) $-2\sin(2x)$ (2) $3x^2\sin x+x^3\cos x$ (3) $-2x\sin(x^2)$
(4) $-\dfrac{2\sin x\cos x}{(1+\sin^2 x)^2}$ (5) $-\dfrac{1}{\cos^2 x}$ (6) $-\dfrac{1}{x^2}\cos\left(\dfrac{1}{x}\right)$ (7) $\dfrac{x-2\sin x\cos x}{x^3\cos^2 x}$
(8) $2\cos(2x)\cos(3x)-3\sin(2x)\sin(3x)$ (9) $(2x+1)\tan x+\dfrac{x^2+x+1}{\cos^2 x}$
(10) $2\sin x\cos x+3\cos x$

4.5 $\dfrac{2}{4x^2+1}$

4.6 (1) $2e^{2x}$ (2) $\dfrac{2}{2x-1}$ (3) $\dfrac{e^{\sqrt{x}}}{2\sqrt{x}}$ (4) $\dfrac{(x+1)(x-1)}{x(x^2+1)}$
(5) $-e^{-x}\log(x^2+1)+\dfrac{2x(e^{-x}+1)}{x^2+1}$ (6) $x^{\sin x}\left(\cos x\log x+\dfrac{\sin x}{x}\right)$
(7) $\dfrac{3x^2+12x+11}{2\sqrt{(x+1)(x+2)(x+3)}}$ (8) $e^x(\sin x+\cos x)$ (9) $\log x+1$
(10) $e^{\sin x}x^2(3+x\cos x)$

4.7 (1) $x=\dfrac{5}{4}$ で極小値 $-\dfrac{17}{8}$ (2) $x=-3$ で極大値 1, $x=-1$ で極小値 -3

4.8 (1) (a) $\dfrac{1}{3}$ (b) $\dfrac{1}{3}$ (2) (a) $\sqrt{7}$ (b) $\dfrac{9}{4}$

第5章

5.1 (1) $f^{(4)}(x)=16e^{2x}$ (2) $g^{(4)}(x)=81\cos(3x)$

5.2 (1) $x-\dfrac{x^3}{6}+\dfrac{x^5}{120}$ (2) $x-\dfrac{x^2}{2}+\dfrac{x^3}{3}-\dfrac{x^4}{4}+\dfrac{x^5}{5}-\dfrac{x^6}{6}$
(3) $1-x+x^2-x^3+x^4-x^5+x^6$ (4) $1+\dfrac{x}{2}-\dfrac{x^2}{8}+\dfrac{x^3}{16}-\dfrac{5}{128}x^4+\dfrac{7}{256}x^5-\dfrac{21}{1024}x^6$

5.3 (1) $-\dfrac{1}{6}$ (2) 0 (3) 0

5.4 $y=\log x$ を次々に微分して
$y'=\dfrac{1}{x}=x^{-1}$
$y''=\left(x^{-1}\right)'=(-1)x^{-2}$
$y'''=\left((-1)x^{-2}\right)'=(-1)(-2)x^{-3}$
$\vdots$
$y^{(n)}=(-1)(-2)\cdots(-(n-1))x^{-n}=(-1)^{n-1}\dfrac{(n-1)!}{x^n}$

5.5　$\sin(3x) = 3x - \dfrac{3^3}{3!}x^3 + \dfrac{3^5}{5!}x^5 - \dfrac{3^7}{7!}x^7 + \cdots$

$e^{3x+1} = e + 3ex + \dfrac{3^2 e}{2!}x^2 + \dfrac{3^3 e}{3!}x^3 + \cdots$

第 6 章

6.1　(1) $-\dfrac{1}{4x^4} + C$　(2) $\dfrac{3}{5}\sqrt[3]{x^5} + C$　(3) $\dfrac{4}{3}\sqrt{x^3} - 2\sqrt{x} + C$

(4) $3x - 2\sin x + C$　(5) $-\cos x + 2\sin x + C$　(6) $-\cos x - 2\cot x + C$

(7) $3e^x - 2x^2 + C$　(8) $\dfrac{2^x}{\log 2} + C$　(9) $\dfrac{x^3}{3} - \log|x| + C$

6.2　(1) $\dfrac{(3x+2)^5}{15} + C$　(2) $\dfrac{\sqrt{(2x+1)^3}}{3} + C$　(3) $-\dfrac{1}{3}\log|3x-2| + C$

6.3　(1) $\dfrac{1}{2}\sin\left(2x - \dfrac{\pi}{6}\right) + C$　(2) $-e^{-x+1} + C$　(3) $\dfrac{2}{3}\sqrt{(x-1)^3} + 2\sqrt{x-1} + C$

(4) $\dfrac{2}{3}\sqrt{(x^2+1)^3} + C$　(5) $\log|\sin x| + C$　(6) $\log(x^2+1) + C$

6.4　(1) $-x\cos x + \sin x + C$　(2) $-xe^{-x+1} - e^{-x+1} + C$

(3) $(x-1)\sin x + \cos x + C$　(4) $\dfrac{x^2}{2}\log|x| - \dfrac{x^2}{4} + C$　(5) $(x+1)\log|x+1| - x + C$

(6) $\dfrac{2}{3}\sqrt{x^3}\log|x| - \dfrac{4}{9}\sqrt{x^3} + C$

6.5　(1) $\dfrac{1}{3}$　(2) $\dfrac{2}{3}$

6.6　(1) $\dfrac{\pi r^2 h}{3}$　(2) $\dfrac{4}{3}\pi r^3$

6.7　(1) $2\pi r$　(2) $\dfrac{3}{4} + \dfrac{1}{2}\log 2$

6.8　(1) $\dfrac{-1}{6(3x+1)^2} + C$　(2) $\log\left|\dfrac{x}{x+1}\right| + C$

(3) $\dfrac{1}{4}\log(4x^2 + 4x + 5) - \dfrac{1}{2}\arctan\left(x + \dfrac{1}{2}\right) + C$

(4) $-\dfrac{1}{29}\log|2x+1| + \dfrac{1}{58}\log\left(9x^2 - 6x + 2\right) + \dfrac{7}{87}\arctan(3x-1) + C$

6.9

(1) 部分積分を用いて

$$\begin{aligned}
I_n &= \int \cos^{n-1} x \cos x \, dx = \int \cos^{n-1} x \, (\sin x)' \, dx \\
&= \cos^{n-1} x \sin x + (n-1) \int \cos^{n-2} x \sin^2 x \, dx \\
&= \cos^{n-1} x \sin x + (n-1) \times \int \cos^{n-2} x \left(1 - \cos^2 x\right) dx \\
&= \cos^{n-1} x \sin x + (n-1) I_{n-2} - (n-1) I_n
\end{aligned}$$

したがって $I_n = \cos^{n-1} x \sin x + (n-1)I_{n-2} - (n-1)I_n$. $(n-1)I_n$ を移項して n で割る.

(2) $I_0 = x$, $I_1 = \sin x$, $I_2 = \dfrac{x}{2} + \dfrac{\sin(2x)}{4}$, $I_3 = \dfrac{1}{3}\cos^2 x \sin x + \dfrac{2}{3}\sin x$

$\boxed{6.10}$ (1) $-\dfrac{2}{1+\tan(\frac{x}{2})} + C$ (2) (分母)$' = -$(分子) に注意. $-\log(2+\cos x) + C$

(3) $\log\left|\dfrac{1+\tan(\frac{x}{2})}{1-\tan(\frac{x}{2})}\right| + C$

$\boxed{6.11}$ (1) $-\dfrac{2}{3}\sqrt{1-x}(x+2) + C$ (2) $\dfrac{1}{\sqrt{2}}\log\dfrac{|\sqrt{x+1}-\sqrt{2}|}{\sqrt{x+1}+\sqrt{2}} + C$

$\boxed{6.12}$ (1) $-x + 2\log(e^x + 1) + C$ (2) $\dfrac{1}{4}x - \dfrac{1}{4}\log(e^x + 2) + \dfrac{1}{2(e^x+2)} + C$

$\boxed{6.13}$ (1) -1 (2) 2

$\boxed{6.14}$ (1) $\dfrac{\pi}{4}$ (2) 2 (3) $1 - \dfrac{\pi}{4}$

第7章

$\boxed{7.1}$ (1) $y = \pm\sqrt{2x+C}$, つまり $\dfrac{1}{2}y^2 - x = C$ (2) $y = Ce^{\frac{x^2}{2}} - 2$

(3) $y = \dfrac{1}{2}x^2 - \log x - \dfrac{1}{2}$

$\boxed{7.2}$ (1) $\sqrt{x^2+y^2} = Ce^{-\arctan(\frac{y}{x})}$ $(C > 0)$ (2) $y^2 - x^2 = Cy$

(3) $x - y = Ce^{-\frac{x}{x-y}}$

$\boxed{7.3}$ (1) $y = Cx^3 - \dfrac{1}{2}x - \dfrac{1}{3}$ (2) $y = C\cos^2 x + \cos x$

$\boxed{7.4}$ (1) $y = C_1 e^x + C_2 e^{-3x}$ (2) $y = C_1 e^{-x}\sin(2x) + C_2 e^{-x}\cos(2x)$

(3) $y = C_1 e^{-2x} + C_2 x e^{-2x}$

$\boxed{7.5}$ $y = C_1 e^x + C_2 e^{2x} + \dfrac{1}{4}(2x+3)$

第8章

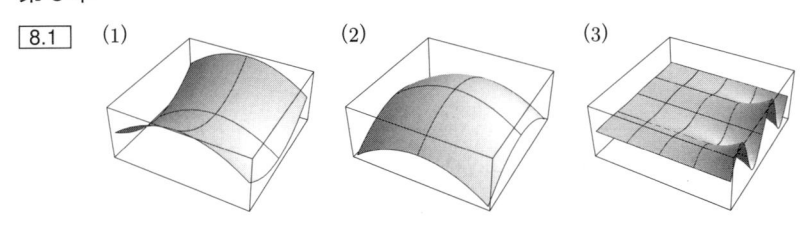

$\boxed{8.1}$ (1) (2) (3)

$\boxed{8.2}$ (1) $z_x = 12x^2$, $z_y = 4y$ (2) $z_x = y\cos(xy)$, $z_y = x\cos(xy)$

(3) $z_x = -2xe^{-x^2-4y^2}$, $z_y = -8ye^{-x^2-4y^2}$

$\boxed{8.3}$ (1) $z_x = 2ax + 2by$, $z_y = 2bx + 2cy$, $z_{xx} = 2a$, $z_{xy} = 2b$, $z_{yy} = 2c$

(2) $z_x = \dfrac{2y}{(x+y)^2}$, $z_y = \dfrac{-2x}{(x+y)^2}$, $z_{xx} = \dfrac{-4y}{(x+y)^3}$, $z_{xy} = \dfrac{2(x-y)}{(x+y)^3}$, $z_{yy} = \dfrac{4x}{(x+y)^3}$

(3) $z_x = \dfrac{x}{x^2+y^2}$, $z_y = \dfrac{y}{x^2+y^2}$, $z_{xx} = \dfrac{-x^2+y^2}{(x^2+y^2)^2}$, $z_{xy} = \dfrac{-2xy}{(x^2+y^2)^2}$, $z_{yy} = \dfrac{x^2-y^2}{(x^2+y^2)^2}$

$\boxed{8.4}$ (1) $e^{-x^2-y^2} \approx 1 - x^2 - y^2$ (2) $e^x \sin y \approx y + xy$

(3) $\cos x \cos(y+\pi) \approx -1 + \dfrac{x^2}{2} + \dfrac{y^2}{2}$

$\boxed{8.5}$ (1) $(-2,1)$ で極小値 -4 (2) $(3, \pm\sqrt{2})$ で極小値 -3

$\boxed{8.6}$ (1) $\left(\pm\sqrt{2}, \pm\dfrac{1}{\sqrt{2}}\right)$ で極大値 1, $\left(\pm\sqrt{2}, \mp\dfrac{1}{\sqrt{2}}\right)$ で極小値 -1 (複号同順)

(2) $\left(\dfrac{2}{\sqrt{13}}, \dfrac{3}{\sqrt{13}}\right)$ で極大値 $\sqrt{13}$, $\left(-\dfrac{2}{\sqrt{13}}, -\dfrac{3}{\sqrt{13}}\right)$ で極小値 $-\sqrt{13}$

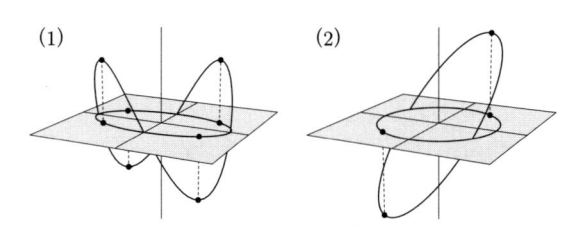

(1)　　　　　　　　(2)

第 9 章

$\boxed{9.1}$ (1) $\dfrac{3}{2}$ (2) 3 (3) 2 (4) $\left(e - \dfrac{1}{e}\right)^2$

$\boxed{9.2}$ (1) $\dfrac{1}{6}$ (2) $\dfrac{1}{3}$ (積分領域は下図)

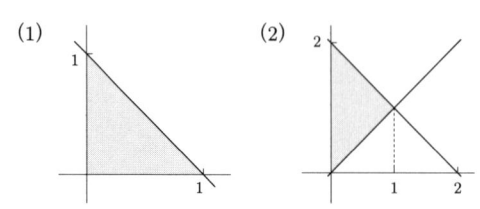

(1)　　　　　　　　(2)

$\boxed{9.3}$ (1) $\dfrac{1}{8}$ (2) $2\pi \log 2$ (積分領域は下図)

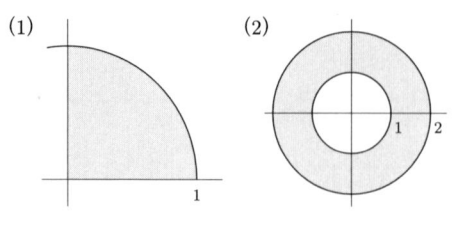

(1)　　　　　　　　(2)

第 10 章

10.1 1.2965, 3 位まで正しい.

10.2 台形公式：$\dfrac{47}{4}$, シンプソンの公式：12, 積分値：12

10.3 オイラー法：$y_0 = 1$, $y_1 = 1$, $y_2 = 2$, ルンゲの台形公式：$y_0 = 1$, $y_1 = \dfrac{3}{2}$, $y_2 = \dfrac{21}{4}$

章末問題の解答

第1章

[1] まず，$\beta \neq 0$ だから $|\beta| \neq 0$ であることに注意．$\dfrac{\alpha}{\beta} = \gamma$ とおくと，$\alpha = \gamma\beta$．式 (1.7) により，$|\alpha| = |\gamma\beta| = |\gamma||\beta|$，$\arg\alpha = \arg(\gamma\beta) = \arg\gamma + \arg\beta$ だから，$|\gamma| = \dfrac{|\alpha|}{|\beta|}$，$\arg\gamma = \arg\alpha - \arg\beta$．$\dfrac{\alpha}{\beta} = \gamma$ を代入すると，式 (1.8) となる．

[2] $\alpha = r(\sin\theta + i\sin\theta)$ とおくと $|\alpha| = r$, $\arg\alpha = \theta$ だから，式 (1.7) により $|\alpha^2| = r^2$, $\arg\alpha^2 = 2\arg\alpha = 2\theta$．したがって，$\alpha$ を極形式で表せば，$\alpha^2 = r^2(\cos 2\theta + i\sin 2\theta)$ となる．以下，同様の操作を，$\alpha^n = \alpha^{n-1}\alpha$ だから $|\alpha^n| = |\alpha^{n-1}| \times |\alpha|$, $\arg\alpha^n = \arg\alpha^{n-1} + \arg\alpha$ であることに着目して繰り返せばよい．

[3] 前半は加法定理を用いて

$$e^{i\theta}e^{i\omega} = (\cos\theta + i\sin\theta)(\cos\omega + i\sin\omega)$$
$$= (\cos\theta\cos\omega - \sin\theta\sin\omega) + i(\sin\theta\cos\omega - \cos\theta\sin\omega)$$
$$= \cos(\theta + \omega) + i\sin(\theta + \omega) = e^{i(\theta + \omega)}$$

後半は式 (1.19) を用いて

$$(e^{i\theta})^n = (\cos\theta + i\sin\theta)^n = (\cos n\theta + i\sin n\theta) = e^{n\theta}$$

[4] $44257 = (ACE1)_{16}$, $(BEAF)_{16} = 48815$

第2章

[1] $A \cup B = \{$ 1, 4, 5, 7, 9, 10, 13, 16, 17, 19, 21, 22, 25, 28, 29, 31, 33, 34, 37, 40, 41, 43, 45, 46, 49, 53, 57, 61, 65, 69, 73, 77 $\}$, $A \cap B = \{$ 13, 25, 37 $\}$, $A - B = \{$ 4, 7, 10, 16, 19, 22, 28, 31, 34, 40, 43, 46 $\}$

[2] $A^C = \{-20, -19, -17, -16, -14, -13, -11, -10, -8, -7, -5, -4, -2, -1, 1, 2, 4, 5, 7, 8, 10, 11, 13, 14, 16, 17, 19, 20\}$

3

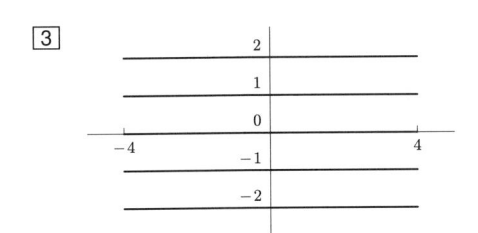

(図: 数直線上に $-4, 4$ と水平線が $-2, -1, 0, 1, 2$ の位置に描かれている)

4 1 対 1 写像は (3),上への写像は (2)(3)

5 A から B への写像 $f: A \to B$ を $f(x) = \pi x - \dfrac{\pi}{2}$ と定めると,f は A から B への 1 対 1 対応となる.したがって,A と B の濃度は等しい.同様に,B から $\mathbb{R}$ への写像 $g: B \to \mathbb{R}$ を $g(x) = \tan x$ と定めると,g は B から $\mathbb{R}$ への 1 対 1 対応となる.したがって,B と $\mathbb{R}$ の濃度は等しい.このとき,合成写像 $g \circ f: A \to \mathbb{R}$ は A から $\mathbb{R}$ への 1 対 1 対応となるから,A と $\mathbb{R}$ の濃度は等しい.したがって,A と B と $\mathbb{R}$ は同じ濃度をもつ.

6 $\sharp(A \cup B) = 314$, $\sharp(A \cap B) = 28$

第 3 章

1 (1) グラフは下図.$x + 1 = \dfrac{3}{x-1}$ の分母を払って,$x^2 = 4$.したがって $x = \pm 2$.交点は $(-2, -1)$, $(2, 3)$.

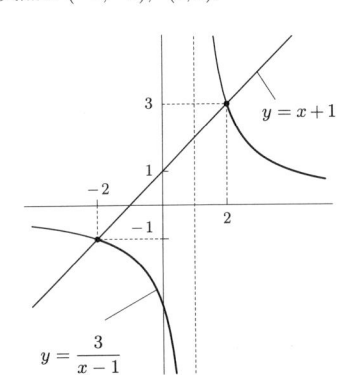

(図: $y = x+1$ と $y = \dfrac{3}{x-1}$ のグラフ,交点 $(-2,-1)$, $(2,3)$)

(2) 不等式の解は,双曲線が直線の下にある区間で,$-2 < x < 0$, $x > 2$.

2 (1) グラフは下図.$\sqrt{x+1} = x - 1$ の両辺を 2 乗して $x(x-3) = 0$.∴ $(x, y) = (0, -1), (3, 2)$.$y = \sqrt{x+1} \geqq 0$ に注意して,交点は $(3, 2)$.

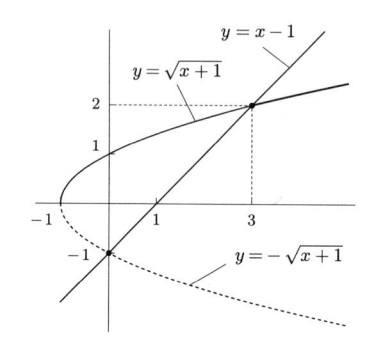

(2) 図より, $x > 3$.

$\boxed{3}$ (1) $\sqrt{3}\sin x + \cos x = 2\left(\sin x \dfrac{\sqrt{3}}{2} + \cos x \dfrac{1}{2}\right) = 2\left(\sin x \cos \dfrac{\pi}{6} + \cos x \sin \dfrac{\pi}{6}\right) = 2\sin\left(x + \dfrac{\pi}{6}\right)$ (2) 前の結果を用いて, $y = \sin x$ のグラフを上下に 2 倍し, x 軸方向に $-\pi/6$ 平行移動すればよい. 図は $y = \sqrt{3}\sin x$ (細線), $y = \cos x$ (点線), $y = \sqrt{3}\sin x + \cos x$ (太線) を示す.

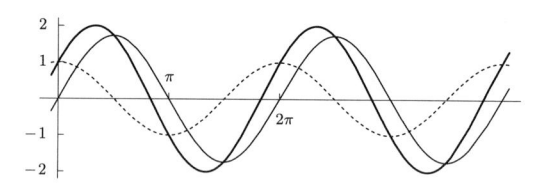

$\boxed{4}$ $\arcsin \dfrac{\sqrt{3}}{2} = \dfrac{\pi}{3}$, $\arccos(-1) = \pi$, $\arctan \dfrac{1}{\sqrt{3}} = \dfrac{\pi}{6}$, $\arccos 1 = 0$, $\arcsin \dfrac{1}{\sqrt{2}} = \dfrac{\pi}{4}$

$\boxed{5}$ $(\sinh x)^2 - (\cosh x)^2 = \left(\dfrac{e^x - e^{-x}}{2}\right)^2 - \left(\dfrac{e^x + e^{-x}}{2}\right)^2$
$= \dfrac{1}{4}\left((e^{2x} - 2 + e^{-2x}) - (e^{2x} + 2 + e^{-2x})\right) = \dfrac{-4}{4} = -1$

第 4 章

$\boxed{1}$ (1)(a) 2 (b) $6x - 1$ (c) $3x^2 + 8x + 7$ (d) $10x$
(2)(a) $x = \dfrac{3}{2}$ のとき極小値 $\dfrac{7}{4}$ (b) $x = -2$ のとき極大値 49, $x = 3$ のとき極小値 -76
(3)(a) $x = -1$ のとき最大値 3, $x = \dfrac{1}{2}$ のとき最小値 $\dfrac{3}{4}$ (b) $x = 1$ のとき最大値 5, $x = 0$ のとき最小値 0
(4)(a) 接線 $y = 2x$, 法線 $y = -\dfrac{1}{2}x + \dfrac{5}{2}$ (b) 接線 $y = 2x$, 法線 $y = -\dfrac{1}{2}x + \dfrac{5}{2}$

$\boxed{2}$ (1) $4x - 1$ (2) $4x^3 - 2x - 2$ (3) $-\dfrac{1}{(x-1)^2}$ (4) $\dfrac{-x^2 + 4x + 2}{(x^2 + 2)^2}$

(5) $\dfrac{x^2 + 2x - 1}{(x+1)^2}$

$\boxed{3}$ (1) (a) $6(2x-1)^2$ (b) $2(2x+1)(x^2+x+1)$
(c) $2(3x^2+2x+1)(x^3+x^2+x+1)$ (d) $-\dfrac{2(2x-1)}{(x^2-x-1)^3}$ (e) $-\dfrac{2x(4x^2+1)}{(x^2+1)^4}$

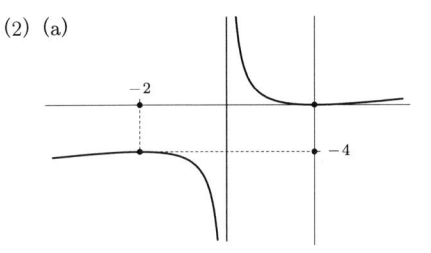

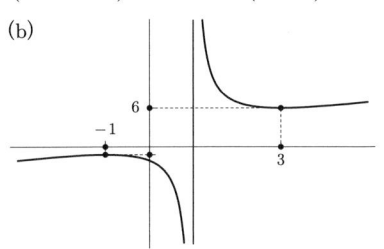

(2) (a) (b)

$\boxed{4}$ (1) (a) $3\cos(3x)$ (b) $\cos x - x\sin x$ (c) $-2x\sin(x^2+1)$ (d) $3\sin^2 x \cos x$
(e) $\dfrac{2}{\cos^2(2x)}$ (f) $-\dfrac{\cos x}{\sin^2 x}$ (g) $\dfrac{\cos x}{x^2} - \dfrac{2\sin x}{x^3}$ (h) $5\cos(5x)\cos x - \sin(5x)\sin x$
(i) $(2x+1)\cos x - (x^2+x+1)\sin x$ (j) $-2\sin x \cos x - 4\cos(2x)$

(2) (a) 最大値 3, 最小値 1 (b) 最大値 $\dfrac{1}{2}$, 最小値 $-\dfrac{1}{2}$

$\boxed{5}$ (1) (a) $10x^9$ (b) $\dfrac{1}{2\sqrt{x}}$ (c) $-\dfrac{5}{x^6}$ (d) $2e^{2x+1}$ (e) $\dfrac{2x}{x^2+1}$
(f) $e^{\sin x}\cos x$ (g) $\dfrac{9-4x^2}{x(4x^2+9)}$ (h) $-e^{-x}\sin(x^2+1) + 2x(e^{-x}+1)\cos(x^2+1)$
(i) $(x^2+1)^{\cos x}\left(-\sin x \log(x^2+1) + \dfrac{2x\cos x}{x^2+1}\right)$
(j) $\dfrac{5x^4+12x^3-69x^2-102x+94}{2\sqrt{(x+1)(x-2)(x+3)(x-4)(x+5)}}$ (k) $e^x(\sin x + \cos x)$ (l) $\log x + 1$
(m) $e^{\sin x}(3x^2 + x^3\cos x)$

(2) (a) (b)

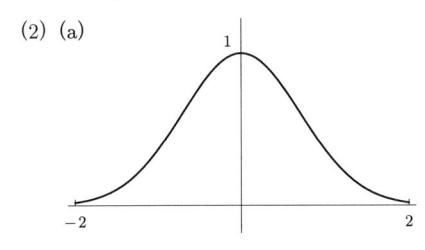

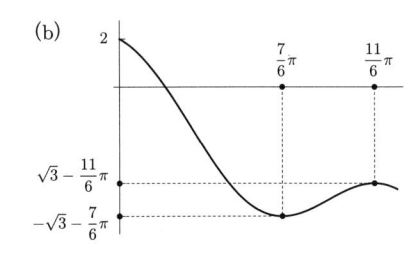

第 5 章

$\boxed{1}$ (1) $-243\cos(3x)$ (2) $\dfrac{768}{(2x+1)^5}$ (3) $32e^{2x-1}$ (4) $\dfrac{105}{32\sqrt{(x+1)^9}}$

2 (1) $\log(x+2) \approx \log 2 + \dfrac{x}{2} - \dfrac{x^2}{8} + \dfrac{x^3}{24} - \dfrac{x^4}{64} + \dfrac{x^5}{160} - \dfrac{x^6}{384}$

(2) $\cos(2x) \approx 1 - 2x^2 + \dfrac{2x^4}{3} - \dfrac{4x^6}{45}$

(3) $e^{2x-1} \approx \dfrac{1}{e} + \dfrac{2x}{e} + \dfrac{2x^2}{e} + \dfrac{4x^3}{3e} + \dfrac{2x^4}{3e} + \dfrac{4x^5}{15e} + \dfrac{4x^6}{45e}$

(4) $\sqrt{2x+1} \approx 1 + x - \dfrac{x^2}{2} + \dfrac{x^3}{2} - \dfrac{5x^4}{8} + \dfrac{7x^5}{8} - \dfrac{21x^6}{16}$

第 6 章

1 (1) $\dfrac{x^2}{2} + x + C$ (2) $\dfrac{x^3}{3} + x^2 + 3x + C$ (3) $y^3 + y^2 + y + C$ (4) 0

(5) $\dfrac{52}{3}$ (6) 0

2 (1) $\dfrac{1}{3}$ (2) $\dfrac{8}{3}$

3 (1) $\dfrac{x^6}{6} + C$ (2) $\dfrac{2}{3}\sqrt{x^3} + C$ (3) $\dfrac{2}{5}\sqrt{x^5} + 2\sqrt{x} + C$ (4) $-\cos x + \sin x + C$

(5) $\dfrac{1}{5}\sin 5x + C$ (6) $-\cot x - \tan x + C$ (7) $e^x - \cos x + C$ (8) $\dfrac{2}{\log 3}$

(9) $3 + \log 2$

4 (1) $\dfrac{27}{4}$ (2) $2\sqrt{2}$

5 (1) $\dfrac{1}{10}(2x-1)^5 + C$ (2) $\dfrac{2}{9}\sqrt{(3x+2)^3} + C$ (3) $\dfrac{1}{4}\log|4x+3| + C$

(4) $-\dfrac{1}{2}\cos\left(2x - \dfrac{\pi}{3}\right) + C$ (5) $\dfrac{1}{2}e^{2x-1} + C$ (6) $\dfrac{2}{3}(x-8)\sqrt{x+1} + C$

(7) $\dfrac{4\sqrt{2}}{3} - \dfrac{2}{3}$ (8) $\log 6$ (9) 1 (10) $\dfrac{1}{3a}\sqrt{(ax^2+b)^3} + C$ (11) $\dfrac{5}{3} - 2\log 2$

6 (1) $\dfrac{x\sin(2x)}{2} + \dfrac{1}{4}\cos(2x) + C$ (2) $(2x-1)e^x + C$

(3) $-(3x+2)\cos x + 3\sin x + C$ (4) $\dfrac{x^2}{2}\log(3x) - \dfrac{x^2}{4} + C$

(5) $\dfrac{2x+1}{2}\log(2x+1) - x + C$ (6) $-\dfrac{x^2}{2}\log x + \dfrac{x^2}{4} + x\log x - x + C$

(7) $e^x(x^2 - 2x + 2) + C$ (8) $2x\sin x - (x^2 - 2)\cos x + C$ (9) $\dfrac{1}{9}(-7 + 24\log 2)$

(10) $e - \dfrac{5}{e} + \dfrac{2}{3}$

7 (1) 4π (2) $-e + 3$

8 (1) $e - 1$ (2) $\dfrac{2}{\pi}$

9 (1) $\dfrac{16\pi}{15}$ (2) $\dfrac{\pi}{6}$

10   (1) $\dfrac{1}{27}(13\sqrt{13}-8)$ (2) $(e-1)\sqrt{1+4\pi^2}$

第7章

(1) $y = Ce^{\frac{1}{x}}$ (2) $x^2+y^2=1$ (3) $y = \dfrac{Ce^{2x}-1}{Ce^{2x}+1}$ (4) $y = Ce^{\frac{y}{x}}$

(5) $y = (x^2-2x+2)+Ce^{-x}$ (6) $y = C_1e^{-x}+C_2e^{-2x}$

(7) $y = C_1e^{2x}\sin(3x)+C_2e^{2x}\cos(3x)$ (8) $y = xe^{-3x}$

(9) $y = C_1e^x + C_2e^{-\frac{1}{2}x}+(-x+3)$ (10) $y = C_1e^{-3x}+C_2e^x+\dfrac{2}{3}e^{-2x}$

第8章

1   (1) $z_x = 2xy^2 e^{x^2y^2}$, $z_y = 2x^2y e^{x^2y^2}$, $z_{xx} = 2y^2 e^{x^2y^2}+4x^2y^4 e^{x^2y^2}$, $z_{xy} = 4xy e^{x^2y^2}+4x^3y^3 e^{x^2y^2}$, $z_{yy} = 2x^2 e^{x^2y^2}+4x^4y^2 e^{x^2y^2}$ (2) $z_x = \dfrac{y}{(x+y)^2}$, $z_y = \dfrac{-x}{(x+y)^2}$, $z_{xx} = \dfrac{-2y}{(x+y)^3}$, $z_{xy} = \dfrac{x-y}{(x+y)^3}$, $z_{yy} = \dfrac{2x}{(x+y)^3}$ (3) $z_x = \dfrac{2x}{x^2-y^2}$, $z_y = \dfrac{-2y}{x^2-y^2}$, $z_{xx} = \dfrac{-2(x^2+y^2)}{(x^2-y^2)^2}$, $z_{xy} = \dfrac{4xy}{(x^2-y^2)^2}$, $z_{yy} = \dfrac{-2(x^2+y^2)}{(x^2-y^2)^2}$
(4) $z_x = 5x^4-3x^2y+2xy^2-y^3$, $z_y = -x^3+2x^2y-3xy^2+4y^3$, $z_{xx} = 20x^3-6xy+2y^2$, $z_{xy} = -3x^2+4xy-3y^2$, $z_{yy} = 2x^2-6xy+12y^2$

2   (1) $\sqrt{1+x^2+y^2} \approx 1+\dfrac{x^2}{2}+\dfrac{y^2}{2}$ (2) $e^{xy} \approx 1+xy$

(3) $\dfrac{1}{1+x+y} \approx 1-x-y+x^2+2xy+y^2$

3   (1) $(2,0)$ で極大値 4 (2) $(\pm 1, \pm 2)$ で極小値 -1 (複号同順)

4   $\left(\pm\dfrac{1}{\sqrt{5}}, \pm\dfrac{2}{\sqrt{5}}\right)$ で極大値 5 (複号同順), $\left(\pm\dfrac{2}{\sqrt{5}}, \mp\dfrac{1}{\sqrt{5}}\right)$ で極小値 0 (複号同順)

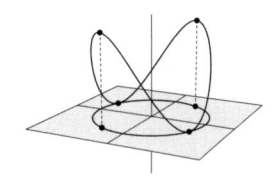

第9章

(1) 14 (2) $\dfrac{1}{4}(e^2-1)$ (3) $\dfrac{7}{20}$ (4) $\dfrac{333}{20}$ (5) $2\log 2 - \dfrac{3}{4}$ (6) $\dfrac{\pi}{2}-1$

(7) $\dfrac{16}{3}$ (8) $\dfrac{e^4}{2}-e^2$ (3)〜(8) の積分領域は図のとおり

(3) $y = x^2$, 1

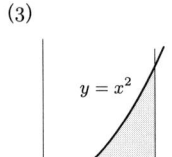

(4) $y = x+1$, $y = x^2$, -1, 2

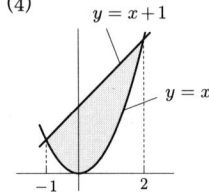

(5) $y = x$, $y = 1$, 1, 2

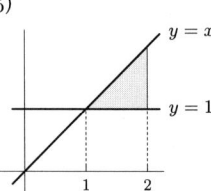

(6) $y = \cos x$, $\frac{\pi}{2}$

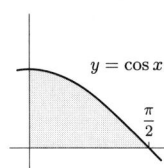

(7) $y = \sqrt{4-x^2}$, 1

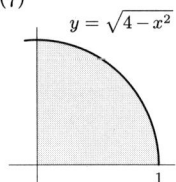

(8) $y = 2$, $y = \frac{1}{x}$, 1, 2

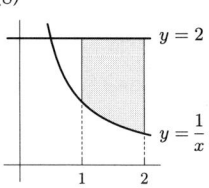

第 10 章

1 4 等分：台形公式：0.697024, シンプソンの公式：0.693155
100 等分：台形公式：0.693153, シンプソンの公式：0.693147
$\int_1^2 \frac{1}{x}\,dx = \log 2 \approx 0.6931471805599453\cdots$

2 100 等分のシンプソンの公式：3.14159 $\int_0^1 \frac{4}{1+x^2}\,dx = \pi \approx 3.14159265358979\cdots$

3 $y(1) \approx 0.319989$

参考文献

　まず，本文で引用した本を挙げる．[1] は新しいが，その他はいわば古典である．[2], [3] は平明ながら本質を解説している．[4], [5] は日本語で書かれた微積分の定評ある教科書である．

　[1] 宮島静雄『微分積分学 I, II』共立出版
　[2] 吉田洋一『零の発見』岩波新書
　[3] 遠山 啓『無限と連続』岩波新書
　[4] 一松 信『解析学序説（上下）』裳華房
　[5] 高木貞治『解析概論』岩波新書

第 10 章に関連して [6] を挙げておく．

　[6] 一松 信『数値解析』朝倉書店

　[7] は工科系の応用数学の全体像を見るのに好都合であり，[8] はそのための微積分の教科書である（これらも古典である）．

　[7] C.R. ワイリー『工業数学（上下）』ブレイン図書出版
　[8] C.R. ワイリー『微分積分学（上下）』ブレイン図書出版

　20 世紀の数学は集合論以来の『無限と連続』をベースにしてきたのだが，[9] はコンピュータサイエンスの大御所の著書である．原題は "Concrete Mathematics" で，concrete（具体的）は continuous（連続的）と discrete（離散的）の合成語との掛け言葉でもある．

　[9] D.E. クヌース『コンピュータの数学』共立出版

最後に,「はじめに」で述べた本書の姉妹編と,「ウェブ上の資料について」で述べた VOD 講義付きの本を挙げておく.

[10] 田澤義彦『しっかり学ぶ 線形代数』東京電機大学出版局
[11] 田澤義彦『大学新入生の数学』東京電機大学出版局

索引

■ 英数字

1 階線形微分方程式　163
1 対 1
　　——対応　35
　　——の写像　33
2 階の偏導関数　185
2 次導関数　104

C^n 級の関数　105, 185

n 次元実数空間　31
n 次導関数　104

■ あ

アークコサイン　72
アークサイン　71
アークタンジェント　72
アルキメデスの螺旋　21

一般解　159
陰関数　200
　　——の定理　197

上への写像　34
うなり　261
運動
　　——法則　233
　　——方程式　237

オイラー法　227

■ か

解　158
　　——曲線　172
開区間　63
ガウスの記号　61

角振動数　250
過減衰振動　255
可算無限の濃度　40
加速度　236
合併集合　28
加法定理　52
関数　32, 47
　　——行列式　213

帰謬法　3
基本解　167
逆
　　——関数　37
　　——三角関数　73
　　——写像　36
急速に減少　56
急速に増大　55
共振　262
強制振動　257
共通集合　28
共役　16
極
　　——形式　14
　　——座標　19
　　——方程式　21
極限　57, 85
極小　192
　　——値　192
曲線群　225
極大　192
　　——値　192
曲面のパラメータ表示　181
虚部　13

空集合　27
区間で連続　63
区分求積法　133

元　26
原始関数　119
減衰振動　252, 255

高次導関数　105
合成
　　——関数　34
　　——写像　34
　　——数　3
恒等写像　35
誤差の限界　117
弧度法　50

■ さ _____

最小公倍数　3
最大公約数　3
差集合　29

指数関数　17
自然対数　92
　　——の底　92
質点　234
実部　13
写像　32
周期　251
集合　26
重積分　207
　　——可能　207
重力加速度　238
常微分方程式　158
剰余項　108
初期条件　161
初速度　241
振幅　251
シンプソンの公式　221
真部分集合　28

数値解析　117

正規形　173
整級数　114
　　——展開　114
斉次　164
積分
　　——曲線　173
　　——定数　120

絶対値　13
接平面　186
線形結合　165

素因数分解　3
速度　235
素数　3

■ た _____

台形公式　221
対数微分法　94
互いに素　3
多項式　48
単位　234
単振動　249
単調
　　——減少　55
　　——増加　55

値域　47
置換積分　128
稠密　11
直積集合　30

定義域　47
定数係数 2 階線形微分方程式　164
定積分　121
テイラー
　　——級数　114
　　——展開　115
　　——の式　108

導関数　78
同次形　161
特異積分　151
特殊解　161
特性方程式　165
ドモアブルの公式　16

■ な _____

ニュートン法　219

熱伝導方程式　158

濃度は等しい　39

■ は

倍数　3
配列　28
波動方程式　158
バネ定数　247
速さ　236
パラメータ　140
　　　――表示　140

左極限　59
微分
　　　――係数　77
　　　――方程式　158

復元力　246
複素平面　13
符号関数　59
フックの法則　247
不定積分　119
部分
　　　――集合　28
　　　――積分　132
　　　――分数分解　147
普遍集合　29
不連続　63
　　　――関数　63

平均変化率　76
閉区間　63
平衡　247
ベクトル場　172
偏角　13
変数
　　　――分離形　158
　　　――変換　213
偏導関数　184
偏微分　184
　　　――方程式　158

法線ベクトル　186
放物運動　242
補集合　30

■ ま

マクローリン
　　　――級数　114
　　　――展開　115
　　　――の式　109

右極限　59
未知関数　158

無限大　60
無理式　49

■ や

約数　3

有界領域　209
ユークリッドの互除法　7
有効桁数　117
有理式　49, 145
床関数　60

要素　26

■ ら

ラグランジュの乗数法　202
ラジアン　50

離散的に　2
臨界減衰振動　256

累次積分　208
ルンゲ
　　　――・クッタ法　229
　　　――の台形法　228

連続　63, 184
　　　――関数　63, 184
　　　――体の濃度　41

ロピタルの定理　110

■ わ

ワイヤフレーム　180

＜著者紹介＞

田澤 義彦
（たざわ よしひこ）

　　　　　　1942 年生まれ
　学 歴　　北海道大学理学部数学科卒業
　　　　　　北海道大学大学院修士課程修了（数学専攻）
　　　　　　ミシガン州立大学大学院博士課程修了（数学専攻），Ph.D
　現 在　　東京電機大学情報環境学部教授

しっかり学ぶ　微分積分

2008年 9月20日　第1版1刷発行	著　者　田澤義彦
	発行所　学校法人　東京電機大学 　　　　東京電機大学出版局 　　　　代表者　加藤康太郎
	〒101-8457 東京都千代田区神田錦町2-2 振替口座 00160-5- 71715 電話 (03) 5280-3433 (営業) 　　 (03) 5280-3422 (編集)

制作　（株）グラベルロード　　Ⓒ Tazawa Yoshihiko　2008
印刷　新灯印刷（株）
製本　渡辺製本（株）
装丁　福田和雄（FUKUDA DESIGN）　　Printed in Japan

＊ 無断で転載することを禁じます．
＊ 落丁・乱丁本はお取替えいたします．
ISBN978-4-501-62360-9　C3041